全国机械行业高等职业教育"十二五"规划教材

高等职业教育教学改革精品教材

UG 机械设计

张士军　陈红娟　编著

U0273670

机 械 工 业 出 版 社

本书以高等职业院校学生为对象,按照"任务驱动"的教学模式,由简单到复杂的进程,引导读者学会应用 UG 软件进行机械工程方面的设计。

全书分为 6 个单元:拉伸建模、回转建模、形体建模、扫掠建模、装配设计和制图设计。前 4 个单元主要讲述各种类型实体模型的构建。第 5 单元讲述由下至上和由上至下两种实体零部件的装配设计方法。第 6 单元讲述由实体零部件转换为机械工程图的设计方法。

全书所介绍的内容都是以典型零部件为载体开展的,共设计了 16 个项目,根据项目的要求和工作情境,引导读者巧妙地应用 UG,在完成项目的过程中,掌握必要的软件知识和操作技能。

本书适用于高等职业院校数控技术、机械设计与制造、模具设计与制造、机电一体化等机械类相关专业,也可供相关工程技术人员参考。

本书配有电子课件,凡使用本书作为教材的教师可登录机械工业出版社教材服务网 www.cmpedu.com 注册后下载。咨询邮箱:cmpgaozhi@sina.com。咨询电话:010-88379375。

图书在版编目(CIP)数据

UG 机械设计/张士军,陈红娟编著. —北京:机械工业出版社,2013.2 (2017.7 重印)

全国机械行业高等职业教育"十二五"规划教材 高等职业教育教学改革精品教材

ISBN 978-7-111-41600-5

Ⅰ.①U… Ⅱ.①张…②陈… Ⅲ.①机械设计 – 计算机辅助设计 – 应用软件 – 高等职业教育 – 教材 Ⅳ.①TH122

中国版本图书馆 CIP 数据核字(2013)第 035338 号

机械工业出版社(北京市百万庄大街 22 号 邮政编码 100037)
策划编辑:边 萌 责任编辑:边 萌 王丽滨
版式设计:陈 沛 责任校对:张 嫒
封面设计:鞠 杨 责任印制:李 飞
北京机工印刷厂印刷(三河市南杨庄国丰装订厂装订)
2017 年 7 月第 1 版第 2 次印刷
184mm×260mm·19 印张·471 千字
3 001—4 900 册
标准书号:ISBN 978-7-111-41600-5
定价:44.80 元

前　言

本书集课堂教学、操作演练、实训指导和自学参考为一体，UG NX4 为技术平台，介绍了实体建模设计、装配设计和制图设计实用技术。

本书重点放在设计思路和操作方法的介绍上，并匹配相应的技能训练项目。同时以工作情境和任务为导向，以典型零件（工件）为载体，展开理论与实践一体化的训练，使之更贴近企业的生产实际，更符合职业人才培养的要求。

本书的主要特色是以典型零件的设计为教学主线，通过对典型零件的实体设计、装配设计和制图设计，由简单到复杂，使学生逐步地掌握 UG 软件的各项操作技能。全书按教学内容，共设计了 16 个项目（典型零部件）、16 个训练项目。每个单元还布置了相应的训练作业。

全书按教学内容划分为 6 个单元，介绍用拉伸、回转、形体、扫掠等方法构建零件实体的操作技能和设计技巧。还介绍了由下至上和由上至下两种产品（部件）的装配设计思路和设计方法，以及由实体零件和装配部件转换为机械工程图的设计步骤和操作方法。

本书在每个典型项目中都设计了项目目标、学习内容、任务分析、设计路线、操作步骤和训练项目 6 个教学环节。在每个教学单元结束时，都安排了知识梳理的内容，总结归纳本单元的知识要点和操作注意事项。书中选用典型零部件（产品）作为教学实例，既注重贴近生产实践的真实性，又兼顾教学内容的有序性和衔接性，由浅入深，将设计技术理论和实际操作技能有机地融合到一起。

使用本书作为教材的前提是，学生应掌握基本的机械制图、机械零件设计和加工制造知识。作为高等职业院校的教材，本书适用于数控技术、机械设计与制造、模具设计与制造、机电一体化等机械类相关专业。

本书由大连职业技术学院张士军、陈红娟二人合作编著。由于对"工作任务导向"教学模式仍处于探索阶段，经验不足，编写中难免存在缺陷和不足，敬请读者批评指正。

编 著 者

目　　录

第1单元　拉　伸　建　模

拉伸建模是指将截面轮廓曲线沿其垂直面方向进行拉伸而生成实体的建模方法。拉伸时选取的对象可以是草图轮廓曲线、实体表面、实体边缘、空间封闭曲线、片体等几何要素。

项目 1-1　固定座的设计

项目目标

在"建模"应用模块环境下，用拉伸建模方法及形体特征、添加特征等实体建模命令，完成图 1-1 所示"固定座"零件的实体设计。

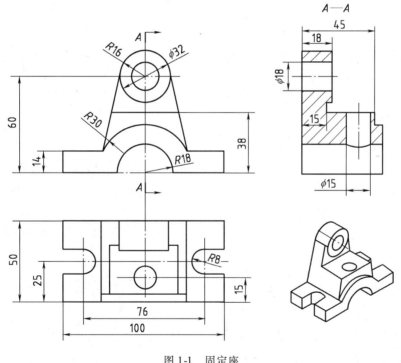

图 1-1　固定座

学习内容

进入建模工作环境，熟悉操作命令，绘制草图、曲线，曲线标注和约束，拉伸实体、打孔操作等。

任务分析

此零件由开有半月孔槽的底板、半圆柱体、R18 半圆柱孔、圆顶棱体、圆柱凸缘、棱体切台、φ18 通孔和 φ15 通孔构成。在设计过程中要用到［绘制草图］、［拉伸实体］、［打孔操作］等命令。在草图绘制中要注意图形的正确性和尺寸约束关系。拉伸出的实体要保证空间尺寸准确，并注意形体之间的正确组合方式。

设计路线

固定座设计路线图如图 1-2 所示。

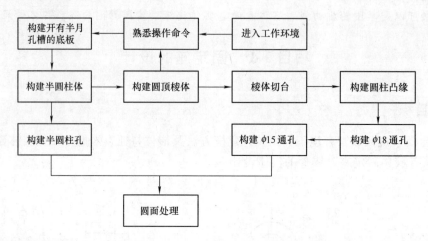

图 1-2　固定座设计路线图

操作步骤

1. 进入工作环境

首次进入 UG 界面时，其各功能模块并未调用，都处于初始状态。此时，用户可根据需要从左上角的"起始"下拉菜单中调入所需要的模块，如图 1-3 所示。当"起始"下拉菜单展开后，从中选择需要的模块，如本次要使用"建模"模块，直接用鼠标左键单击即可。调用"建模"模块后，其展现的工作界面如图 1-4 所示。

在"建模"模块的工作界面上有以下主要项目。

（1）标题栏　显示软件的版本、当前使用的模块名称和文件名等信息。

（2）菜单栏　显示所有的操作命令及对本系统的参数设置。

（3）工具栏　显示常用的命令工具条，调用命令工具条上的各个命令图标可以方便快捷地进行设计工作。

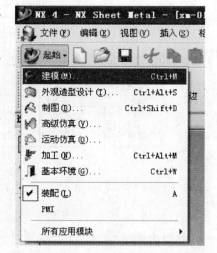

图 1-3　"起始"下拉菜单

（4）导航器栏　提供了设计对象各级工作进程的树状图，用于对象的修改和编辑。

（5）操作区　用户进行设计操作的区域，所有的操作都在这一区域里进行。

（6）提示栏　显示操作进程和操作状态，提示用户如何进行当前的操作。

（7）辅助工具栏　主要有两项，即选择过滤类型和图形关键点的捕捉方式。

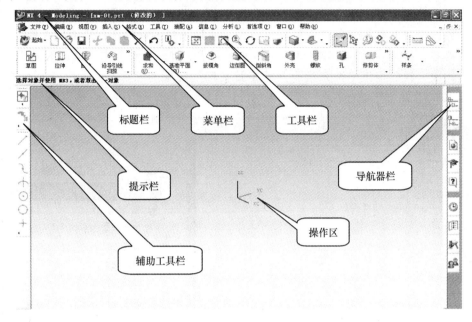

图 1-4　"建模"模块的工作界面

2. 熟悉操作命令

除了所有软件通用的"标准"、"视图"、"格式"等工具条之外，在"建模"模块中常用的工具条主要有三个，即"成形特征"工具条、"特征操作"工具条和"曲线"工具条，包括了常用建模操作命令，如图 1-5 所示，在后面的"固定座"设计中会反复地用到它们。

上面所介绍的内容在所有的三维实体造型设计中都会用到。下面的操作步骤是根据固定座零件的设计进行介绍的。

图 1-5　常用建模操作命令

3. 构建开有半月孔槽的底板

（1）进入"建模"模块工作界面　进入 UG 初始界面后，单击"新建"图标，弹出一个"新建部件文件"对话框，在"文件名"栏里，输入一个新文件名，如"1-1"，如图 1-6 所示。然后，单击"ok"按钮结束这一创建新文件的操作。此时，会进入一个初始界面，它与前面展示的 UG 工作界面不一样，还不是"建模"模块中的工作界面。

提示：在 UG 软件中，每当新创建一个模型文档时都会弹出这样一个对话框，要求用户输入一个文件名。这与其他应用软件有所不同，即需要首先建立一个新文档。在 UG 应用中，所有文件名和路径只能使用英文、拼音或数字，不能使用汉字。

　　单击初始界面左上角处的"起始"图标，会弹出如图 1-7 所示的"应用模块菜单"，其中有一项"建模"，选中它并单击，进入"建模"工作界面，如图 1-4 所示。

　　（2）绘制底板草图　单击［草图］命令图标█，进入绘制草图工作界面，如图 1-8 所示。这个界面的左上角有一个"草图"工具条，通过选择上面的选项来确定在哪个基准平面上绘制草图，即 XC-YC/XC-ZC/YC-ZC 基准平面或实体平面。其中，默认的是 XC-YC 基准平面。此次，就应用该平面来绘制开有半月孔槽的底板的轮廓草图，单击上面的"√"号，进入 XC-YC 基准平面。

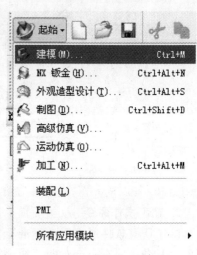

图 1-6　"新建部件文件"对话框　　　　　　　　　　图 1-7　应用模块菜单

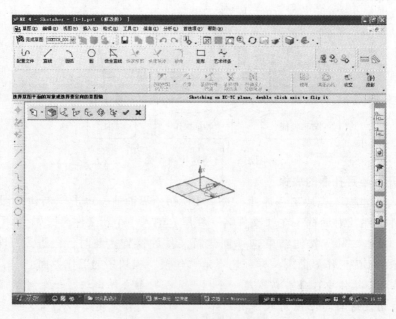

图 1-8　绘制草图工作界面

单击"草图曲线"工具条上的［矩形］命令图标，在工作区域内画一个初步的矩形，其具体位置和尺寸可先不必考虑，如图1-9所示。单击"草图约束"工具条上的［约束］命令图标，然后分别选取矩形的上边线和XC基准轴，当绘图区的左上角出现符号▨（共线）时，单击鼠标左键确定，使矩形的上边线与XC轴保持共线。再单击"草图约束"工具条上的［自动判断的尺寸］命令图标，在画出的矩形上标注尺寸，其结果如图1-10所示。为了减少设计步骤，在此矩形轮廓上将两侧的半月孔槽也画出来，并进行位置与尺寸约束。绘制这两个半月孔槽，要用到几种草图曲线命令和草图约束命令。

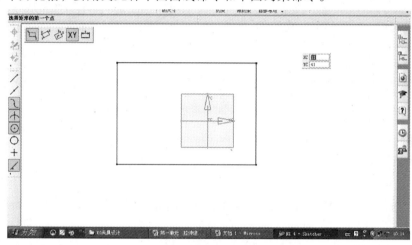

图1-9 在工作区域内画出一个初步的矩形

首先，用［圆］曲线命令在矩形的左右两侧分别画上两个直径为"16"的圆。用［自动判断的尺寸］命令，分别选中圆心和XC基准轴，标注出尺寸"25"；再分别选中圆心和YC基准轴，标注出尺寸"38"。这两项尺寸标注就限定了左面圆的圆心距离矩形上边线是25mm，距离YC基准轴是38mm。直线与圆的相接情况如图1-11所示。

画好两个圆后，用［直线］命令分别在两个圆的上下象限位置画出两条水平的直线。然后，用［约束］命令分别单击上直线与圆和下直线与圆，当左上角处出现图标▢（相切）时，单击它确认，即表示分别将两条直线与圆进行相切约束。

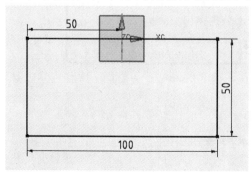

图1-10 在画出的矩形上标注尺寸

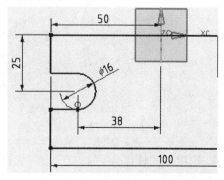

图1-11 直线与圆的相接情况

画好两条与圆相切的直线后，用［快速修剪］曲线命令，将多余的曲线剪切掉。注意，修剪完后的图形要求每两个相接的曲线接点处都保持端点相接。从图1-11中可以看出，下直线与半圆相接，而上直线与半圆不相接。这需要使用［约束］命令，分别选中此处两个端点，当出现图标 ⏄ （重合）时，单击它，使之保持相连接。最后完成的底板轮廓草图如图1-12所示。单击［完成草图］命令图标，结束绘制草图步骤，返回到三维状态界面，如图1-13所示。

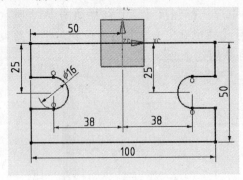

图1-12 完成的底板轮廓草图

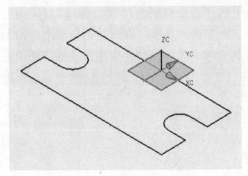

图1-13 三维状态界面的底板草图

（3）拉伸底板实体 单击"成形特征"工具条上的［拉伸］命令图标，此时，会同时出现"选择意图"和"拉伸"两个对话框。将"选择意图"对话框上的下拉菜单打开，选中"已连接的曲线"，然后，选中底板草图轮廓，在底板轮廓上会出现一个线框型实体模型，在"拉伸"对话框中分别输入起始值"0"和结束值"14"，表示从底平面开始拉伸，终止高度到"14"的位置，如图1-14所示。完成上面所述的操作后，单击"拉伸"对话框上面的"确定"按钮，结束底板实体拉伸操作，其完成的结果如图1-15所示。

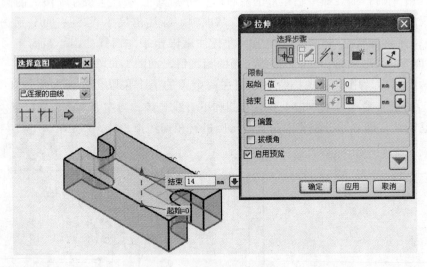

图1-14 拉伸操作及参数输入

4. 构建半圆柱体

（1）绘制半圆柱体草图 在绘制草图前，需要将实体模型转变成线框模式。单击"视图"工具条上的"带边着色"图标，将其右边的下拉菜单打开，选中［静态线框］命令图标，底板实体就会转换成线框模式的实体，如图1-16所示。

单击"成形特征"工具条上的［草图］命令图标，在绘图区的左上角出现一个工具条，

选择其中的 [ZC-XC 平面] 命令图标，即准备在 ZC-XC
基准平面上绘制草图。此时的工作状态如图 1-17 所示。
确认工作状态正确后，单击工具条上 "√" 图标，进入
ZC-XC 基准平面的草图工作界面。按照前面所介绍的方
法，先以坐标原点为圆心，画出一个直径为 "60" 的
圆。再绘制一条水平的直线，并将该直线与 XC 基准轴
保持共线。然后，用 [快速修剪] 命令，将多余的线条
修剪掉，形成一个封闭的半圆轮廓曲线，并用 [自动判

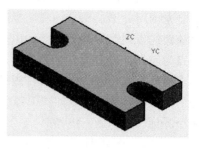

图 1-15　完成拉伸后的底板实体

断的尺寸] 命令，对圆的半径（$R30$）进行尺寸标注。画出的半圆柱体草图轮廓曲线如图 1-
18 所示。完成上面的全部操作后，单击 [完成草图] 命令，回到三维工作界面。

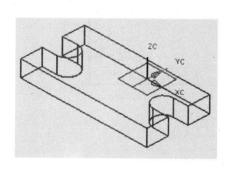

图 1-16　转换成线框模式的底板

图 1-17　选择 ZC-XC 基准平面作为草图平面

（2）拉伸半圆柱体　单击 "成形特征" 工具条上的 [拉伸] 命令，用鼠标选中所画出
的半圆柱体草图轮廓曲线，此时，又会弹出
"选择意图" 和 "拉伸" 两个对话框，如图 1-
19 所示。需要注意的是，此次在输入 "起始
值" 为 "0"，"结束值" 为 "50" 的拉伸长度
数值之后，还需要将上面 "选择步骤" 栏的第
四项用鼠标左键打开，并将 "求和" 项选中，
即将此次拉伸的实体与底板实体组合到一起，
形成一个实体。完成上面的操作后，单击 "确定" 按钮，结束半圆柱体的创建拉伸操作，
其结果如图 1-20 所示。

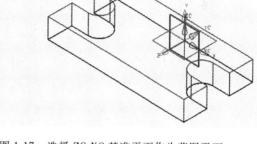

图 1-18　画出的半圆柱体草图轮廓曲线

提示：在设计过程中，为了观察图形和实体模型的方便，需要借助 "视图" 工具条上
的各种显示模式命令，经常变换所需的显示形式，如 [带边着色]、[静态线框] 等。

除了显示形式需要经常变换外，"视图" 工具条上还有许多命令要经常用到，如 [缩
放]、[平移]、[适合窗口]、[旋转]、[各种视角] 等，这些命令的使用与其他应用软件的
使用一样，这里不再详细介绍。

5. 构建圆顶棱体

（1）绘制圆顶棱体轮廓草图　选择 XC-ZC 基准平面作为草图平面，进入草图的二维界

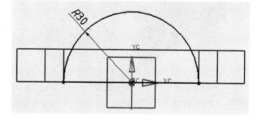

面。先调用［圆］命令，在底板矩形的上方画一个直径为"32"的圆，并用［共线］命令将该圆约束到YC基准轴上，在高度上标注为"60"。然后，用［直线］命令画一条直线，起点为底板矩形上边线与半圆柱曲线交点，终点为圆曲线的左上方相切点。用同样的方法画出右边的直线。最后，再用［直线］命令将两条倾斜直线下面的两个端点连接起来。绘制好的圆顶棱体轮廓曲线如图1-21所示。完成草图绘制后，仍如前面所述，单击［完成草图］命令图标，返回到三维界面。

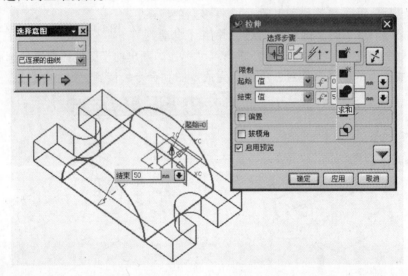

图1-19 输入"起始值"和"结束值"并选择［求和］项

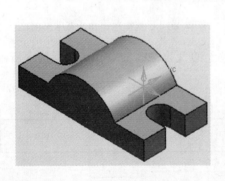

图1-20 拉伸出的半圆柱体

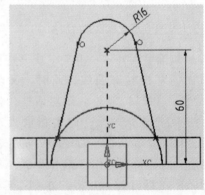

图1-21 圆顶棱体轮廓曲线

（2）拉伸圆顶棱体 单击［拉伸］命令，选择刚才所画的轮廓曲线，分别输入"起始值"为"0"、"结束值"为"45"、方向"向外"，选中"求和"方式，确定操作无误后，单击对话框上面的"确定"按钮，结束拉伸操作，其过程如图1-22所示。拉伸完成后的圆顶棱体如图1-23所示。

6. 棱体切台

从项目的工程图上可以看到，在该棱体上有一个平台，需要从刚才构建的实体中切出，以符合实体外形的要求。这个操作很简单，可以在YC-ZC基准平面上画出一个矩形框，然后进行拉伸除料即可。

（1）画矩形框　使用［草图］命令，选择 YC-ZC 基准平面，按图 1-24 所示的图形和尺寸画出一个矩形，单击"完成草图"返回到三维界面。

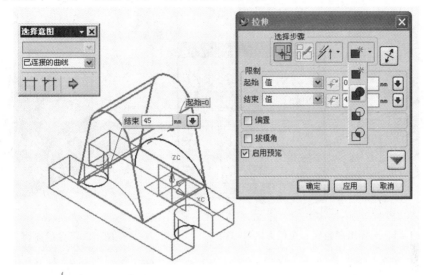

图 1-22　拉伸圆顶棱体的过程

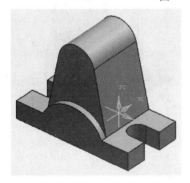

图 1-23　拉伸完成的圆顶棱体

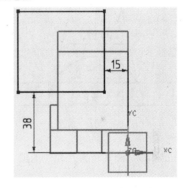

图 1-24　画出矩形并标注尺寸

（2）拉伸切台　使用［拉伸］命令，选择矩形轮廓曲线，在弹出的"拉伸"对话框上，将"起始值"和"结束值"都设置为"直至下一个"；组合方式设置为"求差"，如图 1-25 所示。如此这样的设定，是因为此次的拉伸操作只是将棱体的多余部分去除掉，不必考虑具体的拉伸方向和长度，这样更会简便些。保证上面的操作无误后，单击"确定"按钮，结束除料操作，完成的切台实体如图 1-26 所示。

7. 构建圆柱凸缘

由于在棱体的背板上有一个直径为"32"、厚度为"3"的小圆柱凸缘，因此，需要单独地构建出来。可以在 XC-ZC 基准平面的相应位置上，绘制一个圆曲线，然后用拉伸方法将其构建出。

（1）画圆曲线　使用［草图］命令，选择 XC-ZC 基准平面，按图 1-27 所示的图形和尺寸画出一个圆。需要注意的是，必须保证此圆与棱体的顶圆弧同心。确认准确无误后，单击"完成草图"返回到三维界面。

（2）拉伸圆柱凸缘　单击［拉伸］命令，选择刚才所画的圆曲线，分别输入"起始值"

为"15"、"结束值"为"18"，方向"向外"，选中"求和"方式。确定操作无误后，单击对话框上面的"确定"按钮，结束拉伸操作。拉伸完成后的圆柱凸缘如图1-28所示。

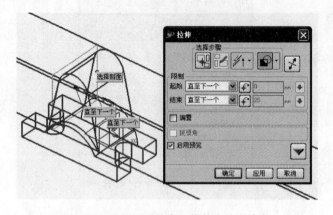

图1-25　选择矩形轮廓、拉伸方式及参数

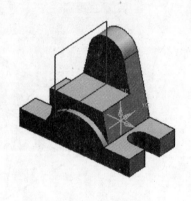

图1-26　完成的切台实体

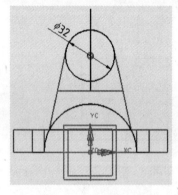

图1-27　画直径为"32"的圆

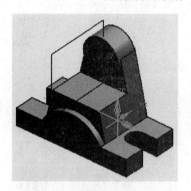

图1-28　拉伸完成后的圆柱凸缘

至此，固定座需要添加的实体都已经生成。下面要对整个实体模型进行拉伸除料操作，以构建出其他细节特征，如需要生成一个半径为"18"的半圆柱孔和直径分别为"18"、"15"的两个通孔。

8. 构建半圆柱孔

这个半圆柱孔的创建，运用"特征操作"工具条上的［孔］命令来完成。选中此工具条上的［孔］命令图标，弹出一个"孔"对话框，在其中设置实体参数，"直径"为"36"，"深度"为"60"（大于50mm即可），其他选项保持默认状态即可，如图1-29所示。完成设置后，将光标移到实体的前表面上单击左键确定。此时，会在其上产生一个圆柱体，位置并未确定，如图1-30所示。单击对话框上的"应用"按钮，又会弹出一个"定位"对话框，选择上面的第五项［点到点］命令图标，如图1-31所示。单击了［点到点］命令后，再次将光标移到前

图1-29　设置"孔"参数

表面的圆弧边界上，单击鼠标左键确定。此时会出现一个"设置圆弧的位置"对话框（图1-32），单击第二项［圆弧中心］命令图标，就完成了孔的最后位置的确定。拉伸出的半圆孔如图1-33所示。

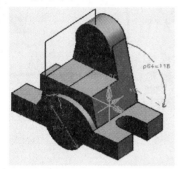

图 1-30　选择实体前表面

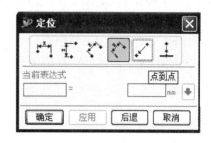

图 1-31　设置"定位"方式

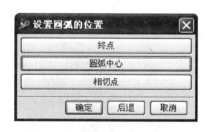

图 1-32　设置"孔"位置参数

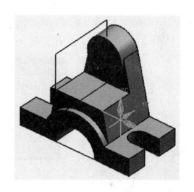

图 1-33　拉伸出的半圆柱孔

9. 构建 ϕ18 通孔

ϕ18 通孔处于背板的圆柱凸缘表面上，其构建过程与前面所述的相似。

使用"特征操作"工具条的［孔］命令，当出现"孔"对话框时，设置实体参数"直径"为"18"，"深度"为"20"（大于18mm即可），其他选项保持默认状态不变。完成设置后，将光标移到圆柱凸缘的前表面上单击左键确定。单击对话框上的"应用"按钮，弹出"定位"对话框时，仍然选择上面的第五项［点到点］命令图标。再将光标移到小圆柱前表面，并选中圆柱的圆弧边缘，单击鼠标左键确定，又会弹出"设置圆弧的位置"对话框，单击第二项［圆弧中心］命令图标，就完成了孔的最后位置的确定。拉伸出的 ϕ18 通孔如图1-34所示。

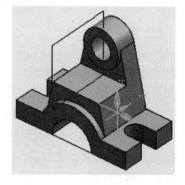

图 1-34　拉伸出的 ϕ18 通孔

10. 构建 ϕ15 通孔

这个孔的创建过程与方法与前面所述的相似，只是在确定其方位时有所不同，具体操作如下。

仍使用［孔］命令。在"孔"对话框上设置参数，"直径"为"15"，"深度"为

"40"（保证通孔即可），其他选项保持默认状态不变。完成设置后，将光标移到切出的平台表面，单击左键确定。单击对话框上的"应用"按钮，弹出"定位"对话框时，选择第四项［垂直］命令图标。将光标移到坐标系的YC轴上并单击确认（此时，选中的YC轴变成高亮显示状态），在对话框的数据栏里输入数值"0"，即此孔是位于水平对称轴上，如图1-35所示。完成上面的操作后，注意不要按"确定"或"应用"按钮，接着将光标移到底座前面的棱边上，并单击

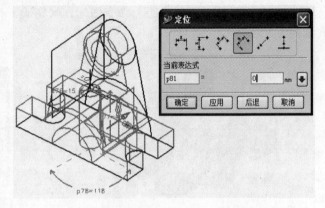

图1-35　选中YC轴，并输入数值"0"

鼠标左键确定。同时，在数据栏中输入数值"15"，如图1-36所示。完成上面的操作后，单击"确定"按钮结束这一操作过程，拉伸出φ15通孔如图1-37所示，这是固定座完成设计的最后实体特征，也是固定座完成的最后设计结果。

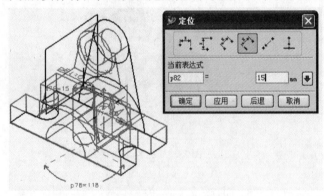

图1-36　选中底座前棱边，并输入数值15

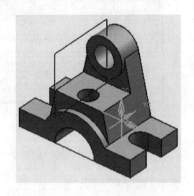

图1-37　拉伸出φ15通孔

11. 图面处理

虽然，前面完成了固定座零件的全部设计，但其图面的效果可能并不令人满意，比如，在这个模型上仍保留着最初绘制的草图痕迹，看起来显得比较乱。我们需要用［隐藏］命令将所有的草图、基准（坐标系）等隐藏起来。

单击"菜单栏"的［编辑］→［隐藏］→［隐藏］命令或Ctrl + B，会在界面的左上角弹出工具条，单击上面第一项，又弹出一个"类选择"对话框，如图1-38所示。选择上面的［类型］命令并"确定"，弹出"根据类型选择"对话框，按住Ctrl键同时选择上面的"草图"、"基准"和"CSYS"三个选项后，如图1-39所示，单击"确定"按钮，它又返回到"类选择"对话框，在这个对话框上，单击"全选"按钮后，再单击"确定"按钮，系统就会将模型上的草图、基准平面和用户构建的坐标系隐藏起来，其图面效果如图1-40所示。

实际上，用户根据不同场合的需要，还可以通过"视图"工具条的"显示状态"的各项命令来对实体模型进行各种效果的显示，如图1-41～图1-44所示的几种显示状态。至此，

完成了固定座的全部设计任务，将它保存即可，待需要时随时调用。

图 1-38 "类选择"对话框

图 1-39 "根据类型选择"对话框

图 1-40 完成隐藏的固定座效果

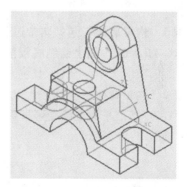

图 1-41 带有变暗边的线框

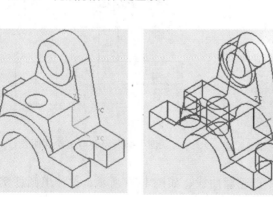

图 1-42 带有隐藏边的线框 　　图 1-43 静态线框

图 1-44 着色

训练项目1　支撑架的设计

本训练项目要求用拉伸建模及相应的特征操作命令，完成图 1-45 所示的"支撑架"的实体造型设计。可按提示的操作步骤和各阶段设计的草图、实体效果图，自行完成整个设计任务。

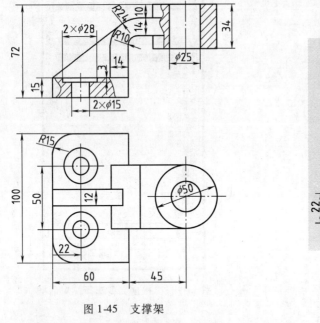

图 1-45　支撑架

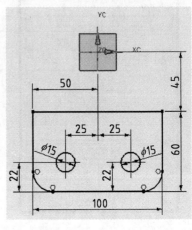

图 1-46　绘制底板轮廓曲线

步骤1　构建底座（包括两个边圆角）

在 XC-YC 基准平面上绘制底板草图轮廓曲线，如图 1-46 所示；拉伸出底板实体，如图 1-47 所示。

步骤2　构建弯板

在 YC-ZC 基准平面上绘制弯板草图轮廓曲线，如图 1-48 所示；拉伸出弯板实体并与底板求和，如图 1-49 所示。

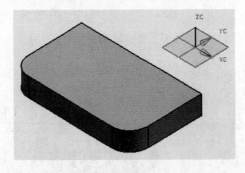

图 1-47　拉伸出底板实体

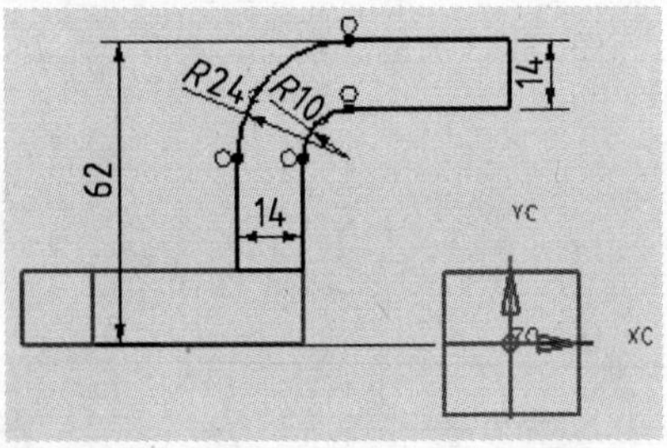

图 1-48　绘制弯板轮廓曲线

步骤3　构建圆柱体

在 XC-YC 基准平面上绘制圆柱体草图轮廓曲线，如图 1-50 所示；拉伸出圆柱实体并与弯板求和，如图 1-51 所示。

步骤 4　构建加强肋

在 YC-ZC 基准平面上绘制加强肋草图轮廓曲线，如图 1-52 所示；拉伸出加强肋实体并与前面的实体求和，如图 1-53 所示。

步骤 5　构建 φ25 通孔

使用［孔］命令，选择圆柱体上表面，并以圆柱边缘进行定位生成 φ25 通孔，如图 1-54 所示。

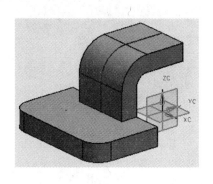

图 1-49　拉伸出弯板实体

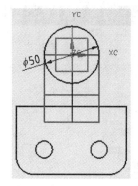

图 1-50　绘制圆柱轮廓曲线

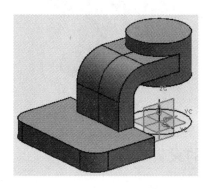

图 1-51　拉伸出圆柱实体

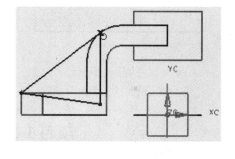

图 1-52　绘制加强肋轮廓曲线

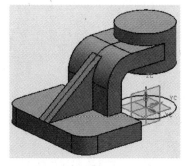

图 1-53　拉伸出加强肋实体

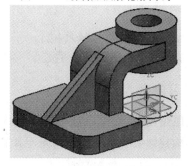

图 1-54　拉伸出 φ25 通孔

步骤 6　构建两个沉头孔

使用［孔］命令，在"孔"对话框上，选中［沉头孔］类型，孔参数设置：沉头直径为"28"、沉头深度为"3"、孔直径为"15"、孔深度为"20"，其他参数保持默认值，如图 1-55 所示。选择底板上表面作为沉头孔的放置位置，并以已经画出的两个圆曲线进行定

16

位生成两个沉头孔，如图 1-56 所示。

步骤 7　图面处理

使用［隐藏］命令，将除实体以外的图形要素隐藏起来，完成整个设计的支撑架零件，如图 1-57 所示。

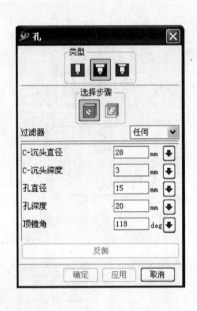

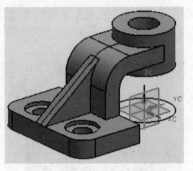

图 1-56　拉伸出两个沉头孔

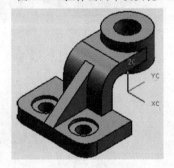

图 1-55　设置"沉头孔"参数

图 1-57　完成设计的支撑架

项目 1-2　角拨叉的设计

项目目标

在"建模"应用模块环境下，用拉伸建模方法及角度平面草图、特征操作等实体建模命令，完成图 1-58 所示"角拨叉"零件的实体设计。

学习内容

创建角度平面、绘制角度平面上的草图、在一个草图上画多个轮廓曲线、一次拉伸多个实体、构建螺纹孔、实体倒圆角等操作。

任务分析

此零件为铸造件，由圆柱基体、落地支脚、成30°角拨叉、拨叉杆、$\phi24$ 通孔、M6 螺孔（螺纹底孔直径为"4.917"，螺距为"1"）等实体构成，并且在各实体的连接处均有铸造圆角。在设计过程中，要用到创建角度平面、草图中绘制多个轮廓曲线、一次拉伸多个实体、构建螺孔、实体倒圆角等命令。创建角度平面时要注意与工作坐标系基准平面的正确关系，

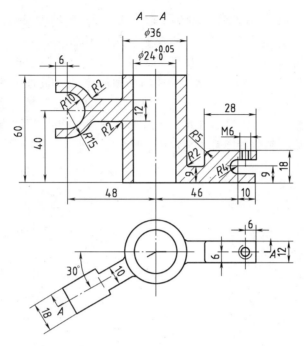

图 1-58　角拨叉

正确设置螺纹参数，注意构建铸造圆角的先后次序，保证圆角结构的合理性。

设计路线

设计角拨叉路线图如图 1-59 所示。

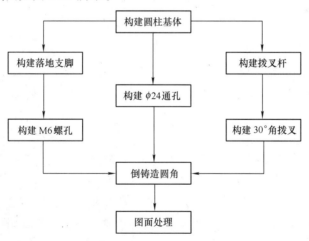

图 1-59　设计角拨叉路线图

操作步骤

1. 构建圆柱基体

（1）绘制圆柱体草图　绘制草图前，先将实体模型转变成线框模式。单击"成形特征"工具条上的［草图］命令图标，当绘图区的左上角出现一个工具条时，选择其中的［XC-

YC 平面］命令图标，确认工作状态正确后，单击工具条上"√"图标，进入 XC-YC 基准平面的草图工作界面。使用［圆］命令，以坐标原点为圆心，画出一个直径为"36"的圆。为保证圆可靠地位于坐标原点上，最好使用［约束］命令，将圆心分别约束在 XC 轴和 YC 轴上。具体操作方法是，用鼠标分别选中 XC 轴和圆心点处（被选中的图形要素会高亮显示），如图 1-60 所示。此时，绘图区左上角出现"点在曲线上"约束图标，用鼠标单击确认。再用鼠标分别选中 YC 轴和圆心点处，如图 1-61 所示。当出现"点在曲线上"约束图标时，再单击鼠标确认，则将此圆可靠地定位于坐标原点上。

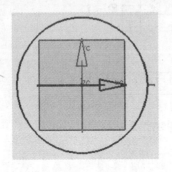

图 1-60　选中 XC 轴和圆心点

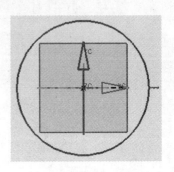

图 1-61　选中 YC 轴和圆心点

以上操作只是将圆的位置约束在坐标原点上，若将其可靠地固定下来，还需要对圆的直径尺寸进行约束。单击［自动判断的尺寸］命令图标，并用鼠标选中圆，在光标处会出现一个尺寸数据栏，在其中输入 36，如图 1-62 所示，并按回车键确认。至此，才将此圆从空间位置到尺寸完全地确定下来，如图 1-63 所示。

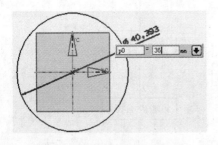

图 1-62　标注圆的直径尺寸

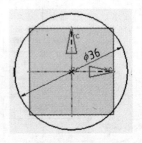

图 1-63　完成标注的圆

实际上绘制此草图非常简单，在画圆时如果操作得很仔细，可不必进行以上的圆心定位操作，因为仅画一条圆曲线，而没有其他曲线需要绘制。但是，当草图中有许多轮廓曲线要绘制时，就必须要进行以上的约束操作，否则，此圆的坐标位置和直径尺寸都可能发生变动，这一点十分重要。读者在以后的草图绘制中应该养成严谨的操作习惯。

（2）拉伸圆柱基体　完成草图绘制，回到三维工作界面后，单击"成形特征"工具条上的［拉伸］命令图标，弹出"选择意图"和"拉伸"两个对话框。将"选择意图"对话框的下拉菜单打开，单击其中的［单个曲线］命令，然后，选中圆曲线，在圆曲线上会出现一个圆柱实体。在"拉伸"对话框中分别输入起始值为"0"和结束值为"60"，表示从底平面开始拉伸，终止高度到 60mm 的位置，再单击"创建"方式。完成上面的操作后，单击"拉伸"对话框的"确定"按钮，结束圆柱基体拉伸操作。拉伸出的圆柱基体如图1-64所示。

图1-64 拉伸出的圆柱基体

2. 构建落地支脚

（1）绘制落地支脚草图 单击"成形特征"工具条的［草图］命令图标，当绘图区的左上角出现工具条时，选择其中的［YC-ZC平面］命令图标，确认工作状态正确后，单击工具条的"√"图标，进入YC-ZC基准平面的草图工作界面。用前面学过的［连续曲线］（UG中称为配置文件）、［直线］、［圆］、［圆角］及［快速修剪］等命令，画出落地支脚轮廓曲线。提醒注意的是，要单独画出一条距离右边线为6mm的竖直线，以便后续构建螺纹底孔之用，如图1-65所示。完成落地支脚草图后，单击［完成草图］命令，返回到三维工作界面。

（2）拉伸落地支脚 单击［拉伸］命令，将"选择意图"设置为［已连接的曲线］，选择刚才所画的落地支脚轮廓曲线，在限制栏中分别输入"起始值"为"－6"、"结束值"为"6"、即表示采用双向拉伸。选中"求和"方式，确定操作无误后，单击对话框的"确定"按钮，结束拉伸操作。拉伸出的落地支脚如图1-66所示。

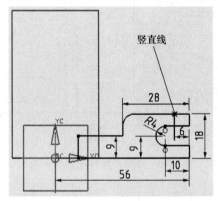

图1-65 落地支脚轮廓及竖直线

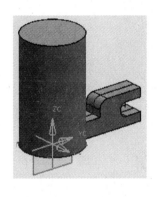

图1-66 拉伸出的落地支脚

3. 构建拨叉杆

由于拨叉杆和拨叉纵截面轮廓是处于与落地支脚纵截面轮廓成30°交角的平面上，即此平面与YC-ZC基准平面成30°转角。因此，在绘制这两个实体的草图之前，必须创建一个交角平面。

（1）创建30°交角平面 先将已完成的实体模型转变成静态线框显示状态。单击"菜单栏"的［插入］→［基准/点］→［基准平面］命令，如图1-67所示，弹出一个"基准平面"对话框。选择"类型"中［成一角度］命令图标，在"固定方法"中用鼠标先后选中ZC基准轴、YC-ZC基准平面，并在"角度"栏中输入数值"－30"，如图1-68所示，即创建一个与YC-ZC基准平面成30°转角的草图平面。完成上面的设置后，单击"确定"按钮，结束这一操作，就会在原来的坐标系中生成一个角度平面，如图1-69所示。

（2）绘制拨叉和拨叉杆草图 单击"成形特征"工具条的［草图］命令图标，当绘图区的左上角出现工具条时，选择刚刚创建的角度平面，确认无误后，单击工具条上"√"图标，进入角度平面的草图工作界面。用前面学过的［连续曲线］、［直线］、［圆］、［圆角］及［快速修剪］等相关命令，分别画出拨叉杆和拨叉的轮廓曲线，如图 1-70 所示。需要注意的是，这两个轮廓曲线要各自封闭，并要注意它们之间的尺寸关系。在这个草图工作界面同时画出两个实体的轮廓曲线，是为了减少设计步骤，且更容易进行曲线的关系约束。

图 1-67　选择［基准平面］命令

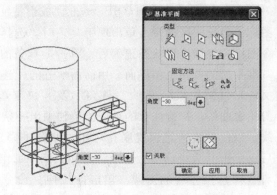

图 1-68　选择并设置角度平面参数

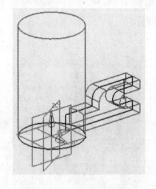

图 1-69　创建的角度平面

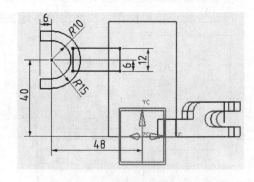

图 1-70　绘制拨叉杆和拨叉轮廓

（3）拉伸拨叉杆　单击［拉伸］命令，将"选择意图"设置为［已连接的曲线］，选择拨叉杆轮廓曲线，在"限制"栏中分别输入"起始值"为"－5"、"结束值"为"5"、即采用双向拉伸方式。选中"求和"方式，确定操作无误后，单击对话框的"应用"按钮，结束此步骤的拉伸操作。拉伸完成后的结果如图 1-71 所示。此次单击"应用"按钮，而不是"确定"按钮，是为了不让该对话框关闭，可以继续对它进行操作，以方便后面对拨叉的拉伸操作。"确定"按钮和"应用"按钮两者的区别就在于此，前者是接受所设置的命令，并关闭对话框；后者是接受操作命令后，仍保持对话框的开启状态，等待用户继续后面的设置操作。

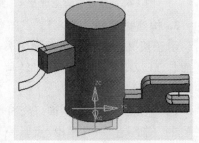

图 1-71　拉伸出的拨叉杆

4. 构建 30°角拨叉

由于刚才拉伸拨叉杆时，并未关闭"拉伸"对话框，可直接选取拨叉轮廓曲线。在"限制"栏中分别输入"起始值"为"－8"、"结束值"为"8"、也采用双向拉伸方式。选中"求和"方式，确定操作无误后，单击对话框的"确定"按钮，结束拉伸操作并关闭对话框。拉伸出的拨叉如图 1-72 所示。

5. 构建 φ24 通孔

使用"特征操作"工具条的 [孔] 命令，当出现
"孔"操作对话框时，设置实体参数"直径"为"24"，
"深度"为"70"（大于 60 即可），其他选项保持默认状态
不变。完成设置后，将光标移到圆柱基体的上表面，单击
左键确定。单击对话框的"确定"按钮，弹出"定位"对
话框，选择上面 [点到点] 命令图标。再将光标移到圆柱

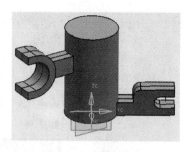

图 1-72　拉伸出的拨叉

基体上，并选中圆柱体的圆弧边缘，单击鼠标左键确定，又会弹出"设置圆弧的位置"对
话框，单击第二项 [圆弧中心] 命令图标，就确定了孔的位置。拉伸出的 φ24 通孔如图
1-73所示。

6. 构建 M6 螺孔

查阅相应的技术标准（如机械零件设计手册等）得知，M6 螺孔为粗牙标准螺纹，其小
径（底径）为"4.917"、螺距为"1"。

（1）构建 φ4.917 螺纹底孔　仍使用"特征操作"工具条的 [孔] 命令，弹出"孔"
对话框，设置实体参数，"直径"为"4.917"，"深度"为"10"（穿过上部夹板即可，注
意不要拉伸到下部夹板上），其他选项保持默认状态不变。完成设置后，将光标移到支脚右
端的上表面，单击左键确定。单击对话框的"确定"按钮，弹出"定位"对话框，仍选择
[点到点] 命令图标。再将光标移到支脚右端的上表面，并选中草图中所画的竖直线上端
点，单击鼠标左键确定，就会直接在竖直线的端点处拉伸出螺纹底孔，如图 1-74 所示。

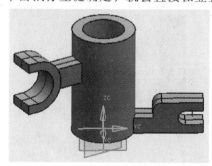 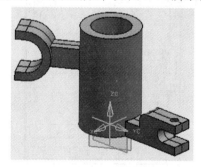

图 1-73　拉伸出 φ24 通孔　　　　　　图 1-74　拉伸出 φ4.917 螺纹底孔

（2）构建 M6 孔螺纹　运用 UG 进行螺孔的设计，需要在事先完成的螺纹底孔上进行。
单击菜单栏的 [插入] — [设计特征] — [螺纹] 命令，如图 1-75 所示。会出现一个"螺
纹"对话框，先用鼠标将已构建的 φ4.917 底孔选中，使其高亮显示，如图 1-76 所示。然
后。单击"螺纹"对话框上的"从表格中选择"按钮，如图 1-77 所示。弹出一个新的"螺
纹"对话框，用鼠标选中其中的"M6×1"选项，如图 1-78 所示。选定后，单击下面的
"确定"按钮，返回到原来的"螺纹"对话框。将这个对话框上"螺纹类型"选择为"符
号的"，并将"完整螺纹"选项选中，即在前面"□"处打上一个"√"，表示将整个孔都
构建成螺纹，其他选项及参数保持默认状态，如图 1-77 所示。单击对话框"确定"按钮，
结束构建孔螺纹操作。拉伸出的 M6 螺孔如图 1-79 所示。

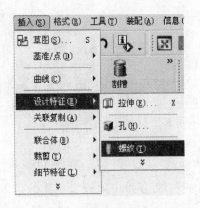

图 1-75　选择［螺纹］命令

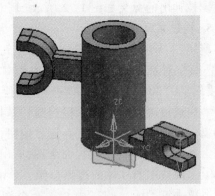

图 1-76　选中 φ4.917mm 底孔

图 1-77　在"螺纹"对话框设置螺纹选项

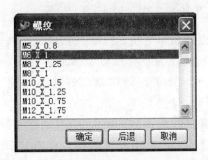

图 1-78　选择螺纹参数 M6×1

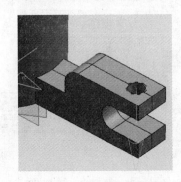

图 1-79　拉伸出的 M6 螺孔

　　需要说明的是，"螺纹类型"是指构建出的螺纹显示形态的不同。"符号的"螺纹，只是在螺纹孔处显示出虚线框，"详细的"则是以真实的螺纹实体进行显示。在无特别要求的情况下，一般只需要构建"符号的"螺纹，这样在将设计出的零件转换成工程图样后，会自动按国家制图标准反映出螺纹的正常画法。

7. 倒铸造圆角

　　由于此件是铸造成型的，除了加工过的表面外，许多棱边与拐角处均有过渡圆角。在 UG 中，圆角的构建是使用"特征操作"工具条的［边倒圆］命令来完成的，属于建模中的修饰特征。此外，铸造圆角的构建是有先后之分的，哪些棱边或拐角先设计圆角，哪些随后设计，完成的效果是不一样的，构建过程中应注意这一点。

单击［边倒圆］命令，同时出现"边倒圆"和"选择意图"两个对话框。在"边倒圆"对话框中的"设置1R"数据栏中输入数值"2"；将"选择意图"对话框中设置为"相切曲线"。整个圆角的构建过程分为三个步骤：首先，用鼠标选取落地支脚的横向棱边，如图1-80所示。确认无误后，单击"边倒圆"对话框中的"应用"按钮，完成这条棱边的倒圆角，如图1-81所示。其次，选取拨叉杆纵向的4条棱边和支脚上表面的2条棱边，如图1-82所示。确认正确后，单击"应用"按钮，完成这6条棱边倒圆角，如图1-83所示。最后，选取拨叉杆与圆柱体连接处的拐角、拨叉杆与拨叉连接处的拐角、落地支脚与

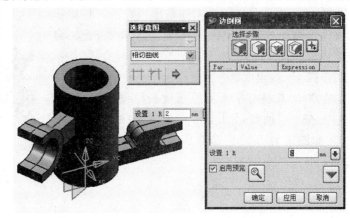

图1-80　设置两个对话框及选择落地支腿横向棱边

圆柱体的拐角，确认选择正确后，单击"确定"按钮，完成这些拐角的倒圆角操作，同时关闭两个对话框。至此，完成了角拨叉零件全部倒圆角设计，如图1-84所示。

8. 图面处理

使用［隐藏］命令，将除实体以外的图形要素全部隐藏起来，完成整个设计的角拨叉零件如图1-85所示。

图1-81　倒出支脚横边圆角

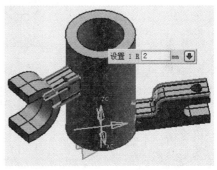

图1-82　选择6条纵向棱边

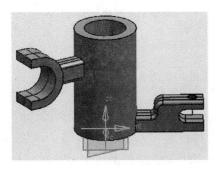

图1-83　倒出6条棱边圆角

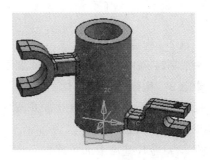

图1-84　完成全部倒圆角设计

24

训练项目2 双轴卡座的设计

本训练项目要求用拉伸建模、创建角度草图平面、构建螺孔等特征操作命令，完成图1-86所示的"双轴卡座"的实体造型设计。可按提示的操作步骤和各阶段设计的草图、实体效果图，自行完成整个设计任务。

步骤1 构建底板

在XC-YC基准平面上绘制底板草图轮廓曲线、$\phi24$和$\phi36$圆曲线（注意3个轮廓曲线要各自封闭），如图1-87所示；选取底板轮廓曲线，拉伸出底板实体，如图1-88所示。

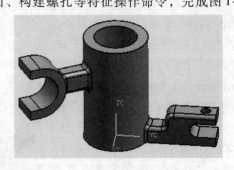

图1-85 完成设计的角拨叉

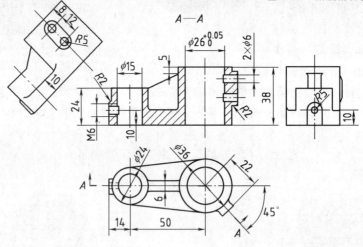

图1-86 双轴卡座

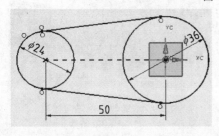

图1-87 画出3个轮廓曲线

图1-88 拉伸出底板实体

步骤2 构建 $\phi24$ 圆柱体

选取 $\phi24$ 圆曲线，拉伸出 $\phi24$ 圆柱体并与底板求和，如图1-89所示。

步骤3 构建 $\phi36$ 圆柱体

选取 $\phi36$ 圆曲线，拉伸出 $\phi36$ 圆柱体并与底板求和，如图1-90所示。

步骤4 构建加强肋

进入XC-ZC基准平面，首先，在坐标XC = −18，YC =33处绘制一个"点"，以确定加强肋上边线的位置，然后绘制加强肋草图轮廓曲线如图1-91所示；选取加强肋轮廓曲线，拉伸出加强肋实体并与前面的实体求和，如图 1-92 所示。

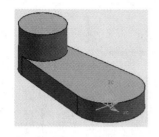

图 1-89　拉伸出 φ24 圆柱体

图 1-90　拉伸出 φ36 圆柱体

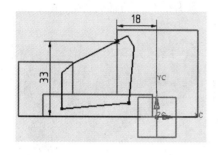

图 1-91　画出加强肋轮廓曲线

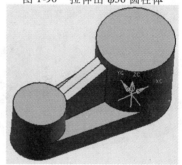

图 1-92　拉伸出加强肋实体

步骤 5　构建左端门形凸缘

进入 YC-ZC 基准平面，绘制门形凸缘轮廓曲线如图 1-93 所示；选取门形凸缘轮廓曲线，拉伸出门形凸缘实体并与前面的实体求和，如图 1-94 所示。

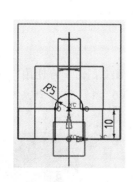

图 1-93　绘制门形凸缘轮廓曲线

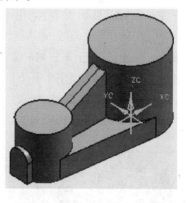

图 1-94　拉伸出门形凸缘实体

步骤 6　构建右端键形凸缘

由于该特征实体位于与 XC-ZC 基准平面成 45°交角的平面上，在绘制草图前按照前面介绍的方法，先创建一个 45°角的草图平面，如图 1-95 所示。然后，在此平面上绘制出键形凸缘轮廓曲线，如图 1-96 所示。选取键形凸缘轮廓曲线，拉伸出键形凸缘实体并与前面的实体求和，如图 1-97 所示。

步骤 7　构建 φ16 和 φ26 两个通孔

使用 [孔] 命令，分别以 φ24 圆柱体边缘和 φ36 圆柱体边缘，采用 [圆弧中心] 的

26

[点到点] 命令进行定位，两次拉伸，构建出两个通孔，如图 1-98 所示。

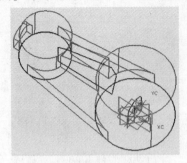

图 1-95　创建 45°角草图平面

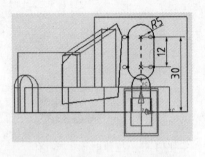

图 1-96　绘制出键形凸缘轮廓曲线

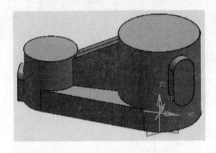

图 1-97　拉伸出加强肋实体

图 1-98　拉伸出 φ16 和 φ26 通孔

步骤 8　构建键形凸缘上 2×φ6 通孔

使用 [孔] 命令，在"孔"对话框上，选中 [简单孔] 类型。设置孔参数"直径"为"6"、"深度"为"20"（注意孔要打通，但不能穿透到对面壁上），其他参数保持默认值。分别以上下半圆体边缘，并仍采用 [圆弧中心] 的 [点到点] 命令进行定位，两次拉伸，构建出两个 φ6 通孔，如图 1-99 所示。

步骤 9　构建门形凸缘上 M6 螺孔

先在相应的位置上，使用 [孔] 命令构建一个 φ4.917 螺纹底孔。再使用 [螺纹] 命令构建 M6 的孔螺纹，其参数是"螺纹类型"为"符号的"、M6×1，并将"完整螺纹"选项选中，拉伸出的 M6 螺孔如图 1-100 所示。

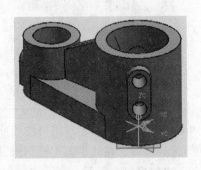

图 1-99　拉伸出两个 φ6 通孔

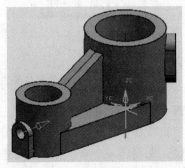

图 1-100　拉伸出的 M6 螺孔

步骤 10　构建铸造圆角

参照前面讲述的构建圆角方法，对所有应进行倒圆角的地方，进行倒圆角处理。倒出铸造圆角如图 1-101 所示。

步骤 11　图面处理

使用［隐藏］命令，将除实体以外的图形要素隐藏起来，完成设计的双轴卡座如图 1-102 所示。

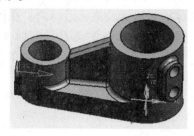

图 1-101　倒出铸造圆角

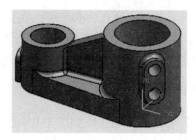

图 1-102　完成设计的双轴卡座

项目 1-3　托脚支架的设计

项目目标

在"建模"应用模块环境下，用拉伸建模方法及平行平面草图、抽壳、变半径圆角等特征操作命令，完成图 1-103 所示"托脚支架"零件的实体设计。

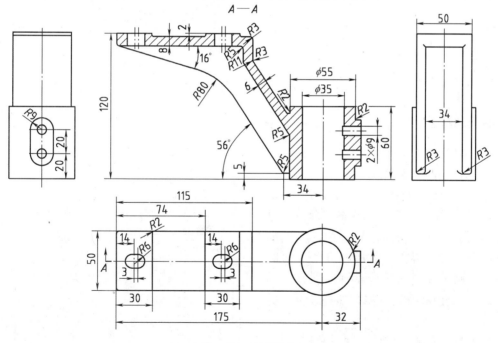

图 1-103　托脚支架

学习内容

创建平行平面、绘制平行平面上的草图、实体抽壳、构建变半径圆角、定位拉伸等操作。

任务分析

此零件为铸造件，总体为支撑结构。由倾斜支撑体、圆柱体、键形凸缘、两个凸台、两个扁圆孔、$2 \times \phi 9$ 通孔、$\phi 35$ 通孔等实体构成，在各实体的连接处均有铸造圆角。在设计过程中，要用到创建平行平面、草图中同时绘制多个轮廓曲线、支撑体的多移除面抽壳操作、构建变半径圆角等。注意，构建变半径圆角的先后次序及相互关系。

设计路线

设计托脚支架路线图如图 1-104 所示。

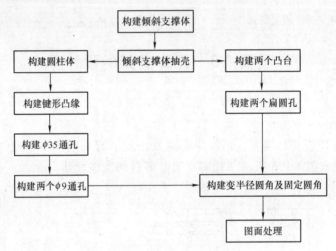

图 1-104　设计托脚支架路线图

操作步骤

1. 构建倾斜支撑体

（1）绘制倾斜支撑体草图　单击"成形特征"工具条上的［草图］命令，当绘图区的左上角出现一个工具条，选择其中的"XC-ZC 平面"图标，确认工作状态正确后，单击工具条上"√"图标，进入 XC-ZC 基准平面的草图工作界面。运用相应的草图曲线命令，画出倾斜支撑体轮廓曲线，并进行相关的约束和尺寸标注，如图 1-105 所示。

（2）拉伸倾斜支撑体　完成草图绘制，回到三维工作界面后，单击"成形特征"工具条上的［拉伸］命令。弹出"选择意图"和"拉伸"两个对话框。将"选择意图"对话框的下拉菜单打开，选中其中的

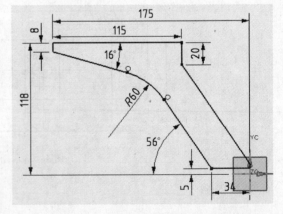

图 1-105　画出倾斜支撑体轮廓曲线

"已连接的曲线"，然后，选中其中一段曲线。在"拉伸"对话框中分别输入起始值 - 25 和结束值 25，即采用双向拉伸。选中［创建］命令。完成上面的操作后，单击"拉伸"对话框的"确定"按钮，结束倾斜支撑体拉伸操作，结果如图 1-106 所示。

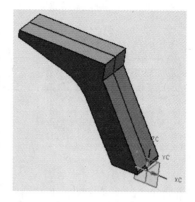

图 1-106　拉伸出倾斜支撑体

2. 倾斜支撑体抽壳

单击"特征操作"工具条的［外壳］命令，同时弹出"选择意图"和"外壳"两个对话框。将"选择意图"对话框上的下拉菜单打开，选择其中的"相切面"，然后，选中"选择步骤"下的［移除面］命令图标，用鼠标选取倾斜支撑体的三处表面，并在对话框"厚度"数据栏中输入数值 8，如图 1-107 所示。完成上面的操作后，单击"拉伸"对话框的"确定"按钮，结束倾斜支撑体抽壳操作，完成抽壳后的倾斜支撑体如图 1-108 所示。

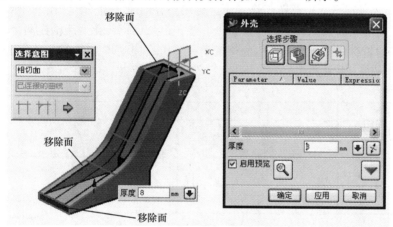

图 1-107　设置抽壳选项、参数及操作步骤

3. 构建圆柱体

（1）绘制圆柱体草图　单击"成形特征"工具条的［草图］命令，当绘图区出现一个工具条时，选择其中的"XC-YC 平面"图标，确认工作状态正确后，单击工具条上"√"图标，进入 XC-YC 基准平面的草图工作界面。运用相应的［圆］命令，画出圆曲线，并进行相关的约束和尺寸标注，如图 1-109 所示。

（2）拉伸圆柱体　单击"成形特征"工具条的［拉伸］命令，弹出"选择意图"和"拉伸"两个对话框。将"选择意图"对话框的下拉菜单打开，选中其中的"单个曲线"，然后，选中圆曲线。在"拉伸"对话框中分别输入起始值"0"和结束值"60"，向上拉伸。

图 1-108　完成抽壳后的倾斜支撑体

选中［求和］方式。完成上面的操作后，单击"拉伸"对话框的"确定"按钮，结束圆柱体拉伸操作，其结果如图 1-110 所示。

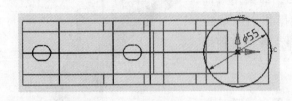

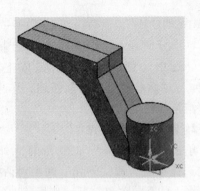

图 1-109　画出圆曲线　　　　　　　　　　图 1-110　拉伸出的圆柱体

4. 构建两个凸台

（1）绘制凸台草图　单击"成形特征"工具条的［草图］命令，当绘图区出现一个工具条时，选择其中的"XC-YC 平面"图标，确认工作状态正确后，单击工具条上"√"图标，进入 XC-YC 基准平面的草图工作界面。运用相应的曲线命令，画出两个矩形轮廓曲线。在此时将凸台上两个扁圆孔的轮廓曲线也一并绘制出来，以简化后续构建两个扁圆孔的操作步骤。对所有的轮廓曲线要进行严格的位置约束和尺寸标注，如图 1-111 所示。

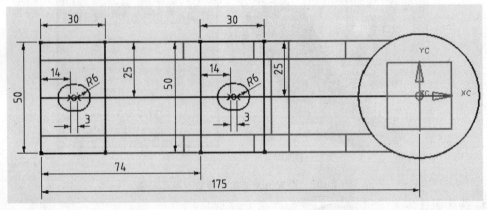

图 1-111　画出两个矩形和两个扁圆孔轮廓曲线

（2）拉伸凸台实体　单击"成形特征"工具条的［拉伸］命令。弹出"选择意图"和"拉伸"两个对话框时，将"选择意图"对话框上的下拉菜单打开，选中其中的"已连接的曲线"，然后，分别选中两个矩形轮廓曲线。在"拉伸"对话框中分别输入起始值"118"和结束值"120"，向上拉伸。选中"求和"方式。完成上面的操作后，单击"拉伸"对话框上的"确定"按钮，结束两个凸台的拉伸操作，其结果如图 1-112 所示。

5. 构建键形凸缘

由于键形凸缘表面是位于距离 YC-ZC 基准平面 22mm 的平行平面上，可以创建一个平行平面来绘制凸缘草图（虽然在 YC-ZC 基准平面上也可以绘制出凸缘草图，这样做是为了让读者学习创建

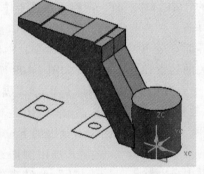

图 1-112　拉伸出的两个凸台

平行平面的方法。）。

（1）创建平行平面　先将已完成的实体模型转变成静态线框显示状态。单击"菜单栏"的〔插入〕→〔基准/点〕→〔基准平面〕命令，会弹出一个"基准平面"对话框。为了创建一个与 YC-ZC 基准平面平行的平面，首先必须创建 YC-ZC 基准平面（此时图中并无此基准平面）。选择"固定方法"下面的第三个命令图标〔YC-ZC plane〕，在坐标系中就会显示出该基准平面的预览平面，如图 1-113 所示。单击对话框中的"应用"按钮，即可创建出该基准平面，如图 1-114 所示。

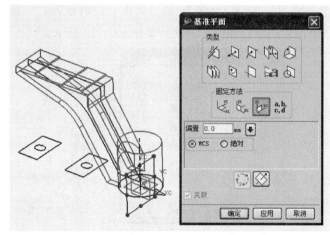

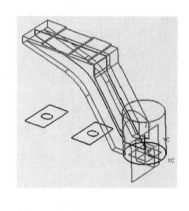

图 1-113　创建 YC-ZC 基准平面的操作　　　　　图 1-114　创建的 YC-ZC 基准平面

有了 YC-ZC 基准平面，就可以此平面为基准创建与其平行的平面。选择"类型"中的第四个命令图标〔按某一距离〕，用鼠标先后选中 YC-ZC 基准平面，并在"偏置"栏中输入数值 32，其他选项及参数可保持默认值，注意，该平面的法向一定要面向右前方，如图 1-115 所示。完成上面的设置后，单击"确定"按钮，结束这一操作，就会在原来的坐标系中生成一个与 YC-ZC 基准平面平行的平面，如图 1-116 所示。

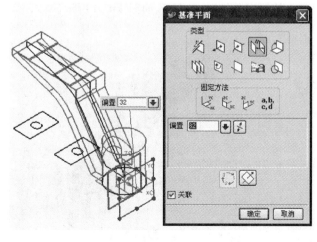

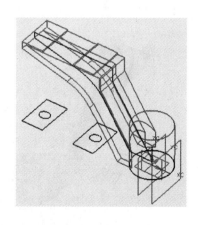

图 1-115　创建平行于 YC-ZC 平面的操作　　　　　图 1-116　创建的平行平面

（2）绘制键形凸缘草图　单击"成形特征"工具条的［草图］命令，当绘图区出现一个工具条时，选择刚才创建的平行平面，确认选择正确后，单击工具条上"√"图标，进入平行平面的草图工作界面。运用相应的曲线命令，画出键形凸缘轮廓曲线，对该轮廓曲线要进行位置约束和尺寸标注，如图 1-117 所示。

（3）拉伸凸台实体　单击"成形特征"工具条的［拉伸］命令。弹出"选择意图"和"拉伸"两个对话框时。将"选择意图"对话框的下拉菜单打开，选中其中的"已连接的曲线"，再选中键形凸缘轮廓曲线。在"拉伸"对话框中分别输入起始值"0"和结束值"直至下一个"，向内拉伸。选中"求和"方式，如图 1-118 所示。完成上面的操作后，单击"拉伸"对话框的"确定"按钮，结束键形凸缘拉伸操作，其结果如图 1-119 所示。

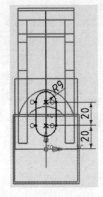

图 1-117　绘制键形凸缘轮廓曲线

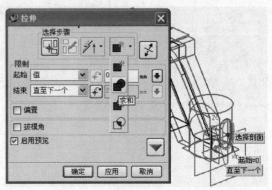

图 1-118　设置结束为"直至下一个"

6. 构建 $\phi 35$ 通孔

使用"特征操作"工具条上的［孔］命令，当出现"孔"操作对话框时，设置实体参数，"直径"为"35"，"深度"为"70"（大于 60 即可），其他选项保持默认状态不变。完成设置后将光标移到圆柱体的上表面单击左键确定。单击对话框的"确定"按钮，弹出"定位"对话框时，选择第五项命令图标［点到点］。再将光标移到圆柱体上，并选中圆柱体的圆弧边缘，单击鼠标左键确定，又会弹出"设置圆弧的位置"对话框，单击第二项命令图标［圆弧中心］，就确定了孔的位置，拉伸出的 $\phi 35mm$ 通孔如图 1-120 所示。

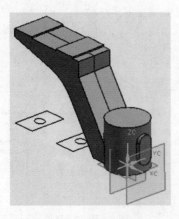

图 1-119　拉伸出键形凸缘

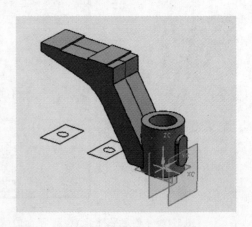

图 1-120　拉伸出的 $\phi 35$ 通孔

7. 构建两个 φ9 通孔

继续使用［孔］命令，当出现"孔"操作对话框时，设置实体参数，"直径"为"9"，"深度"为"15"（保证通孔即可），其他选项保持默认状态不变。完成设置后，将光标移到凸缘体的表面单击左键确定。单击对话框"应用"按钮，弹出"定位"对话框时，选择第五项命令图标［点到点］。再将光标移到凸缘体的上圆弧边缘，单击鼠标左键确定，又会弹出"设置圆弧的位置"对话框，单击第二项命令图标［圆弧中心］，就确定了第一个通孔的位置。用同样的方法再构建出另一个通孔。最后完成两个 φ9 通孔的构建，如图 1-121 所示。

8. 构建两个扁圆孔

单击"成形特征"工具条上的［拉伸］命令图标，弹出现"选择意图"和"拉伸"两个对话框。将"选择意图"对话框的下拉菜单打开，选中其中的"已连接的曲线"，再分别选中两个扁圆孔轮廓曲线。在"拉伸"对话框中分别输入起始值 0 和结束值 120，向上拉伸。选中"求差"方式。完成上面的操作后，单击"拉伸"对话框的"确定"按钮，结束两个扁圆孔的拉伸操作，其结果如图 1-122 所示。

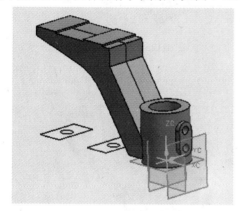

图 1-121　拉伸出两个 φ9 通孔

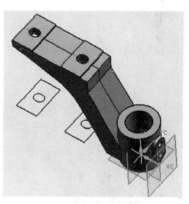

图 1-122　拉伸出两个扁圆孔

9. 构建固定半径圆角

按零件工程图的标注位置和尺寸，首先将零件上的所有固定半径的铸造圆角构建出来。圆角的构建有先后之分，当某些圆角棱边有相交处时，应先构建横向棱边或拐角，后构建纵向的棱边或拐角。此外半径相同的圆角可在一次选择操作中完成，而半径不同的圆角只能分别进行构建操作。

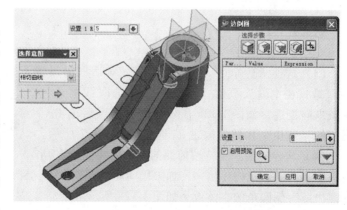

图 1-123　选取四条横向棱边和拐角，并设置相应的参数

（1）构建 R5 圆角　单击"特征操作"工具条的［边倒圆］命令图标，同时弹出"边倒圆"和"选择意图"两个对话框。在"边倒圆"对话框中的"设置1R"数据栏中输入数值"5"；将"选择意图"对话框中设置为"相切曲线"。用鼠标选取四处横向棱边和拐角，

如图 1-123 所示，确认无误后，单击对话框上的"应用"按钮，完成这些倒圆角操作，并保持对话框仍处于开启状态。构建时四处 $R5$ 圆角如图 1-124 所示。

（2）构建 $R11$ 圆角　"选择意图"对话框中设置不变，仍为"相切曲线"。在"设置 $1R$"数据栏中输入数值"11"。用鼠标选取凹槽中凸起的横向棱边，单击对话框的"应用"按钮，构建 $R11$ 圆角如图 1-125 所示。

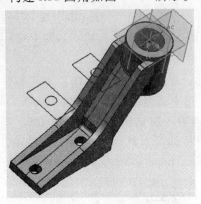

图 1-124　构建四处 $R5$ 圆角

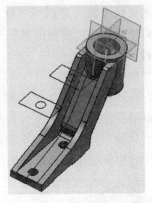

图 1-125　构建 $R11$ 圆角

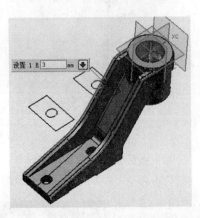

图 1-126　选取两条纵向棱边

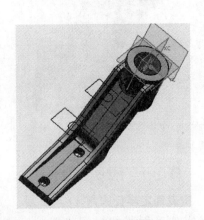

图 1-127　构建 $R3$ 圆角

（3）构建 $R3$ 圆角　"选择意图"对话框中设置不变，仍为"相切曲线"。在"设置 $1R$"数据栏中输入数值"3"。用鼠标选取凹槽外侧两条纵向棱边，如图 1-126 所示。确认无误后单击对话框的"应用"按钮，构建 $R3$ 圆角如图 1-127 所示。

（4）构建其他圆角　按前面的方法，将其余的所有固定半径的圆角构建出来，如 $R2$、$R3$ 等铸造圆角。构建出所有倒圆角的实体效果如图 1-128 所示。

10. 构建变半径圆角

变半径圆角位于倾斜支撑体凹槽内侧的四条棱边上。由于任一侧的两条棱边在尖端交汇，以 $R3$ 的尺寸倒不出圆角，因此必须采用变半径圆角操作来构建。所谓倒变半径圆角，是指在相切曲线棱边的不同

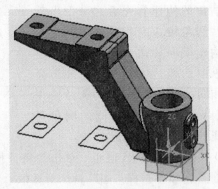

图 1-128　构建出所有倒圆角的实体效果

点处，赋予不同的半径值，倒出一条连续变化的圆角边。下面以凹槽后面的两条棱边的倒变半径圆角为例，讲述操作方法。

单击"特征操作"工具条的［边倒圆］命令图标，同时出现"边倒圆"和"选择意图"两个操作对话框。在"边倒圆"对话框中的"设置 1R"数据栏中输入数值"3"；将"选择意图"对话框中设置为"相切曲线"。用鼠标选取最后面的纵向棱边，并选中"选择步骤"下面的第二个命令图标［变半径］，如图 1-129 所示。然后，将光标移到此棱边直线端点处，会弹出一个"快速拾取"对话框，如图 1-130 所示，选择"1 端点－边缘"选项，即选取直线棱边的端点，如图 1-131 所示，单击鼠标左键确认。在光标附近出现一个数据栏，在"Pt1 R"数据栏中输入数值"3"，即此处的圆角半径为"3"，并单击回车键确定。再将光标移动到另一条直线棱边下面的端点，将其选中，在相应的数据栏"Pt2 R"中输入数值"0"，即此处的圆角半径为"0"，并单击回车键确定，如图 1-132 所示。完成上面的选择和设置后，单击对话框的"应用"按钮，结束此棱边的倒变半径圆角，如图 1-133 所示。

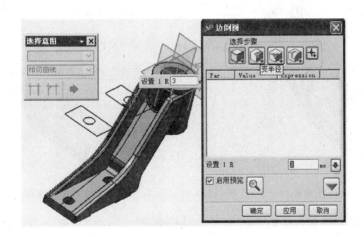

图 1-129　选择［变半径］命令图标

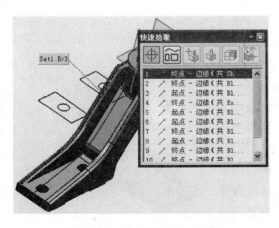

图 1-130　"快速拾取"对话框

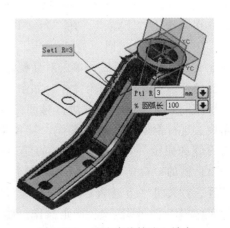

图 1-131　选取直线棱边上端点

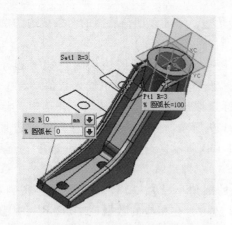

图 1-132　选取另一条直线棱边下面的端点

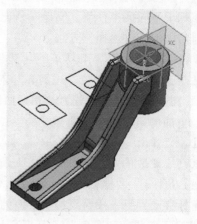

图 1-133　完成此棱边的倒变半径圆角

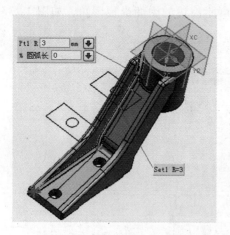

图 1-134　选取拐角棱边上端点

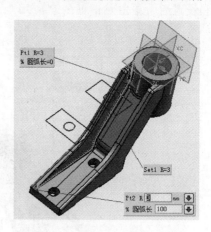

图 1-135　选取拐角棱边下端点

　　用同样的方法，对拐角棱边进行倒变半径圆角操作。在"边倒圆"对话框中的"设置1R"数据栏中输入数值"3"；将"选择意图"对话框设置为"相切曲线"。用鼠标选取拐角棱边。选中"选择步骤"下面的第二个命令图标［变半径］，然后，用鼠标选取拐角棱边的上端点，如图 1-134 所示，在"Pt1 R"栏中输入数值"3"，并单击回车键确定。再用鼠标选取拐角棱边的下端点，在"Pt 2 R"数据栏中输入数值"0"，并单击＜回车＞键确定，如图 1-135 所示。完成上面的选择和设置后，单击对话框的"应用"按钮，结束拐角棱边的变半径圆角操作，如图 1-136 所示。

　　用相同的操作步骤和方法，对凹槽外侧的凸棱边和拐角棱边进行倒变半径圆角操作，其各个选项和参数设置与内侧的完全一样。完成所有的变半径圆角操作后，单击对话框的"确定"按钮，结束整个变半径圆角的构建过程，并关闭"边倒圆"对话框。至此，完成托脚支架的实体构建和全部变半径圆角操作，如图 1-137 所示。

11. 图面处理

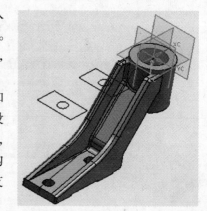

图 1-136　完成拐角棱边变半径圆角

使用［隐藏］命令，将除实体以外的图形要素隐藏起来，完成设计的托脚支架零件，如图1-138所示。

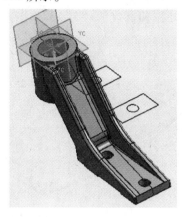

图1-137　完成托脚支架实体构建
和全部变半径圆角

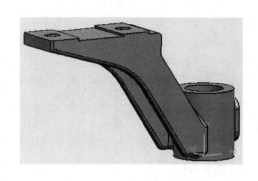

图1-138　完成设计的托脚支架

训练项目3　机罩的设计

本训练项目要求用拉伸建模、倒变半径圆角、草图曲线镜像、定位打孔等特征操作命令，完成图1-139所示的"机罩"的实体造型设计。可按提示的操作步骤和各阶段设计的草图、实体效果图，自行完成整个设计任务。

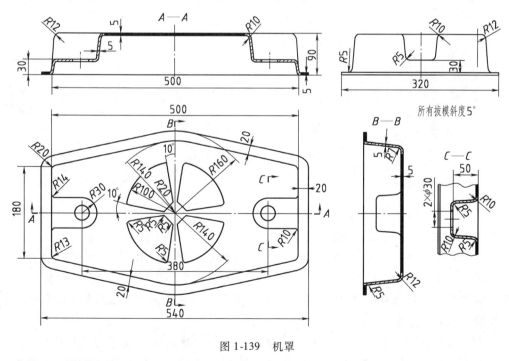

图1-139　机罩

步骤1　构建底板

在XC-YC基准平面上绘制底板和罩体草图轮廓曲线，可先画出内轮廓曲线，然后，用

38

[偏置曲线]命令，设置偏置距离"20"，偏置方向为外侧，画出两个轮廓曲线如图 1-140 所示；注意各个曲线之间的约束关系，如端点连接、直线与圆弧的相切等。返回三维界面后，选取底板轮廓（外轮廓）曲线，拉伸出底板实体（拉伸高度为"5"），如图 1-141 所示。

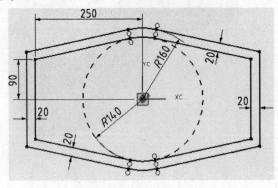

图 1-140　画出底板与罩体轮廓曲线

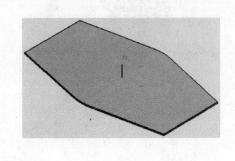

图 1-141　拉伸出底板

步骤 2　罩体

选取罩体轮廓（内轮廓）曲线，拉伸罩体，拉伸高度为"80"，拔模角 5°，向上拉伸，并与底板求和，拉伸出的罩体如图 1-142 所示。

步骤 3　构建门形凹槽

在 XC-YC 基准平面上，画出左右两个门形凹槽轮廓曲线，如图 1-143 所示。选取两个门形凹槽轮廓曲线，设置"起始值"为"30"，"结束值"为"80"，拔模角 -5°，向上拉伸，并与罩体求差，拉伸出的门形凹槽如图 1-144 所示。

图 1-142　拉伸出的罩体

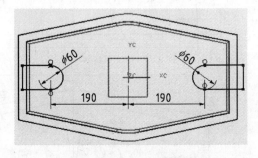

图 1-143　画出门形凹槽轮廓曲线

步骤 4　罩体（含凹槽）倒圆角

罩体的四个立棱边倒成变半径圆角，下面四个端点半径为"20"，上面四个端点半径为"15"；凹槽底周边圆角半径为"5"，凹槽顶面周边圆角半径为"10"；罩体上表面（与凹槽外棱边相连）周边圆角半径为"12"。完成的罩体（凹槽）倒圆角如图 1-145 所示。

步骤 5　罩体抽壳

单击"特征操作"工具条的[外壳]命令，将"选择意图"设置为"相切面"，选择底板的底表面作为移除面，设置"Set1 T"（厚度）为"5"，如图 1-146 所示。单击对话框上的"确定"按钮，完成罩体的抽壳，如图 1-147 所示。

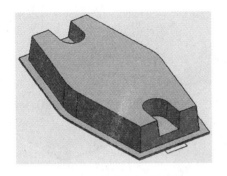

图 1-144　拉伸出门形凹槽

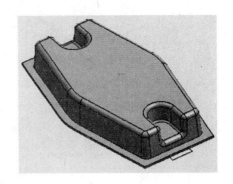

图 1-145　完成的罩体（凹槽）倒圆角

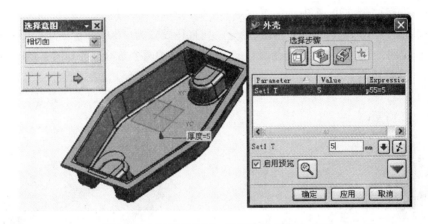

图 1-146　选择移除面，设置壳体厚度为"5"

步骤 6　构建花形孔

在 XC-YC 基准平面上，画出花形孔轮廓曲线（可使用镜像方法完成），如图 1-148 所示。选取花形孔轮廓曲线，设置"起始值"为"0"，"结束值"为"80"，向上拉伸，并与罩体求差，拉伸出的花形孔如图 1-149 所示。

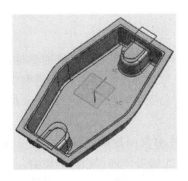

图 1-147　完成罩体的抽壳

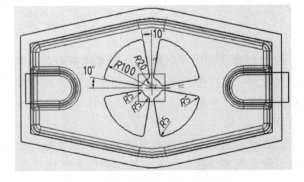

图 1-148　画出花形孔轮廓曲线

步骤 7　倒出所有圆角

使用"特征操作"工具条上的［边倒圆］命令，选中底板四条立棱边，半径为"30"，单击"应用"按钮。选中罩体与底板上表面相接处，半径为"5"，单击"确定"按钮。至此，完成零件的倒圆角操作，如图 1-150 所示。

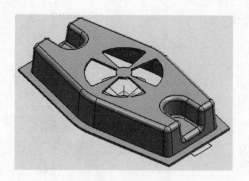

图 1-149　拉伸出花形孔

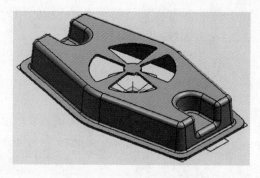

图 1-150　完成零件的倒圆角

步骤 8　构建两个 φ30 通孔

使用"特征操作"工具条上的［孔］命令，孔直径设置为"30"（保证通孔即可），选择凹槽上表面为放置面，并以圆弧边缘进行圆心定位。构建出的两个 φ30 通孔如图 1-151 所示。

步骤 9　图面处理

使用［隐藏］命令，将除零件实体以外的图形要素全部隐藏起来。最后，完成设计的机罩如图 1-152 所示。

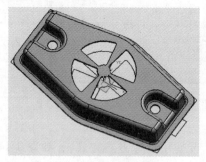

图 1-151　构建两个 φ30 通孔

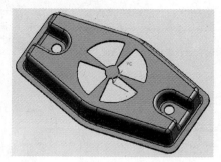

图 1-152　完成设计的机罩

知 识 梳 理

1. 拉伸建模的设计思路是，将零件拆分为由若干个简单几何形体组合而成的整体。按组合关系和空间位置，先后设计出各个简单的几何形体，并与前面的形体进行恰当地组合，如创建、求和、求差、求交等。先设计增添的形体，后设计去除的形体（如孔、槽、抽壳、螺纹等）。

2. 拉伸建模的设计过程是，先在二维平面绘制简单形体的草图轮廓曲线，后在三维界面对轮廓曲线进行拉伸，生成简单形体的实体模型，并与前面的形体进行相应的组合。

3. 绘制草图时，必须正确地选择草图所在的平面（如三个基准平面、平行平面、角度平面等）。需要几个草图时，必须明确各个草图所在平面之间的相互关系和空间位置。如果是形体的轮廓曲线，其曲线必须是封闭的，首尾相接形成闭合回路。所有绘制的曲线，必须进行必要的关系约束和尺寸约束。

4. 拉伸实体时，必须明确拉伸方向、拉伸实体的组合方式，设置准确的拉伸参数（如起始值、结束值、拔模角等）。

5. 设计细节特征，如孔、槽、螺纹、圆角、倒角等时，一般应在增添实体设计完成后进行，并注意细节特征的尺寸参数、定位方式、矢量方向、组合关系等。

6. 采用抽壳方法构建型腔结构的形体时，要恰当地设定选择意图方式，正确选择移除面，准确设置型腔体的壁厚值。

7. 要善于运用草图编辑和实体编辑的方法，对所设计的内容进行及时调整和修改。具体操作方法是，选中要编辑的草图曲线或特征实体，单击鼠标右键，在弹出的快捷菜单上，选择［编辑］、［编辑参数］、［使用回滚编辑］等命令，就会进入相应的工作界面。对某个草图轮廓曲线或拉伸实体进行参数的重新设置或约束。

训 练 作 业

用所学的拉伸建模知识和特征操作命令，完成下面训练作业的实体设计。

【1-1】 实体造型 1，如图 1-153 所示。

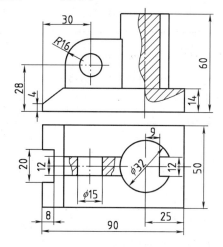

图 1-153 实体造型 1

【1-2】 实体造型 2，如图 1-154 所示。

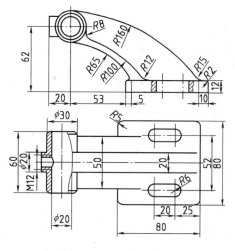

图 1-154 实体造型 2

【1-3】 实体造型 3，如图 1-155 所示。

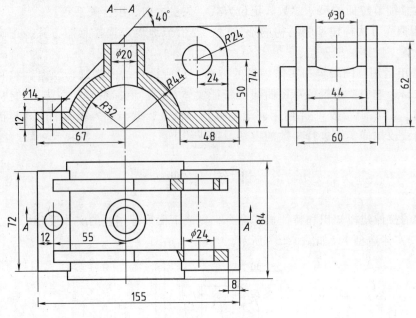

图 1-155　实体造型 3

【1-4】 实体造型 4，如图 1-156 所示。

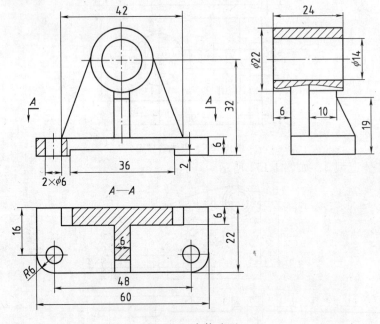

图 1-156　实体造型 4

第 2 单元　回 转 建 模

回转建模是指将截面轮廓曲线绕一条轴线旋转而生成实体的建模方法。建模时选取的对象可以是草图轮廓曲线、实体表面、实体边缘、空间封闭曲线、片体等几何要素。

项目 2-1　限位轴套的设计

项目目标

在"建模"应用模块环境下，用回转建模、拉伸建模方法，以及实体环形阵列、镜像特征、倒斜角等操作命令，完成图 2-1 所示"限位轴套"零件的实体设计。

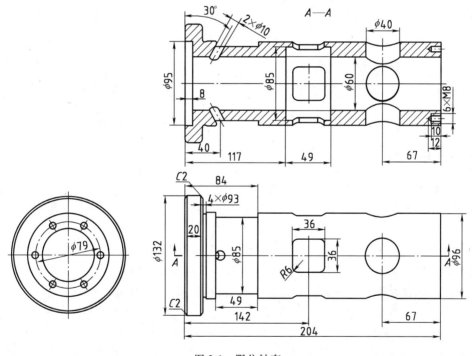

图 2-1　限位轴套

学习内容

绘制零件纵截面轮廓草图、回转基体、环形阵列、镜像特征、创建垂直于直线的草图平面、拉伸斜孔、同时构建多个孔螺纹、倒斜角等操作。

任务分析

此零件为中空的回转基体，其上开有十字矩形孔、十字圆孔、上下各有一个倾斜 30°角的斜孔和退刀槽，轴的右端面有 6 个均匀分布的 M8 螺孔，轴左端圆柱体带有 C2 的倒角。在设计过程中，要注意学习创建垂直于直线的草图平面的操作方法，正确设置环形阵列的选项和参数等。

设计路线

限位轴套设计路线图如图 2-2 所示。

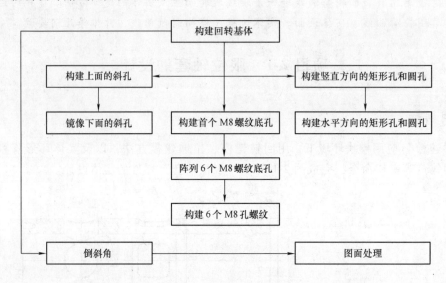

图 2-2　设计限位轴套路线图

操作步骤

使用拉伸建模方法也可以构建出来此零件，但由于零件内外表面有许多台阶结构，所以操作起来非常不方便。对于此类结构的零件，如果采用回转建模方法会更方便和快捷。

1. 构建回转基体

（1）绘制回转基体草图　单击"成形特征"工具条上的［草图］命令，选择 XC-YC 基准平面作为草图平面，绘制零件的纵截面轮廓曲线。由于限位轴套轮廓曲线比较复杂，所以可先画出一个基体总轮廓曲线，并标注出相应的尺寸。注意，要将轮廓曲线的右边线与 YC 基准轴进行"共线"定位，如图 2-3 所示。然后，综合运用［直线］、［矩形］、［快速修剪］、［快速延伸］等曲线命令，由内向外（或由外向内）逐一画出各个台阶、凹槽等细部轮廓曲线，并标注出全部尺寸；同时，要注意确保各个线段首尾相接，构成完全封闭的轮廓。绘制出的限位轴套纵截面轮廓曲线如图 2-4 所示。完成轮廓曲线的绘制后，单击"完成草图"按钮，回到三维工作界面。

（2）构建出回转基体　单击"成形特征"工具条的［回转］命令，此时会同时出现"选择意图"和"回转"两个对话框。将"选择意图"对话框的下拉菜单打开，选中"已连接的曲线"，然后，选中回转基体草图轮廓曲线。在"回转"对话框中分别输入起始值"0"和结束值"360"，表示从 0°角度旋转该轮廓曲线至 360°角度。用鼠标单击"回转"对话框中的［自动判断的矢量］命令图标，弹出一个下拉菜单，选中［基准轴］命令图标，

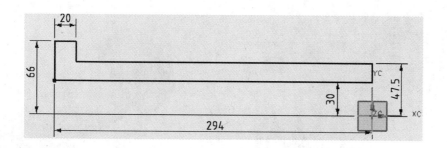

图 2-3　绘制限位轴套纵截面基体总轮廓曲线

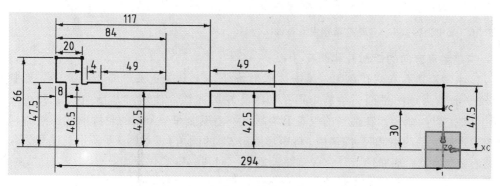

图 2-4　绘制出的限位轴套的纵截面轮廓曲线

如图 2-5 所示。再用鼠标选中坐标系中 XC 基准轴作为旋转轴，单击左键"确定"，就会出现回转基体的预览模型，如图 2-6 所示。确认以上操作无误后，单击"回转"对话框的"确定"按钮，结束回转建模的操作。构建出的回转基体如图 2-7 所示。

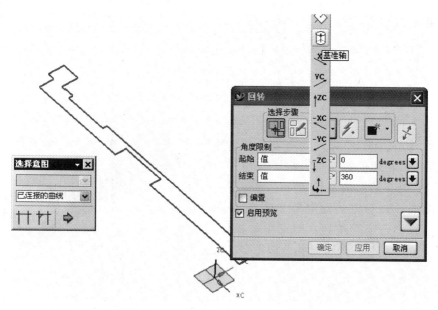

图 2-5　设置"选择意图"和"回转"对话框选项与参数

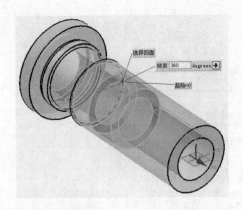

图 2-6　选中坐标系中 XC 基准轴作为旋转轴

图 2-7　构建出的回转基体

2. 构建竖直方向的矩形孔和圆孔

（1）绘制矩形孔和圆孔草图　单击"成形特征"工具条上的［草图］命令，选择 XC-YC 基准平面作为草图平面，绘制矩形孔和圆孔轮廓曲线。使用"草图曲线"工具条上的［矩形］和［圆］命令，在适当的位置上绘制出一个矩形和一个圆的轮廓曲线，然后，对这两个图形进行关系约束和尺寸标注（将矩形倒出 R8 的圆角），如图 2-8 所示。注意，务必使圆的圆心定位在 XC 基准轴上。完成草图绘制后，回到三维工作界面。

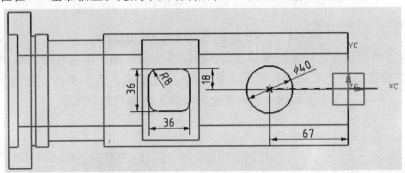

图 2-8　绘制出矩形和圆形轮廓曲线并进行关系约束和尺寸标注

（2）拉伸矩形孔和圆孔　单击"成形特征"工具条上的［拉伸］命令，将"选择意图"设置为［已连接的曲线］，用鼠标分别将矩形轮廓曲线和圆轮廓曲线选中。将"拉伸"对话框上的起始值和结束值都设定为"直至下一个"，双向拉伸，组合方式设定为"求差"。单击对话框上的"确定"按钮，结束拉伸操作。构建出竖直方向的矩形孔和圆孔，如图 2-9 所示。

图 2-9　构建出竖直方向的矩形孔和圆孔

3. 构建水平方向的矩形孔和圆孔

构建水平方向的矩形孔和圆孔不必应用上述方法，可直接通过对竖直方向上的矩形孔和圆孔进行环形阵列而生成。

单击"特征操作"工具条上的［实例特征］命令图标，弹出"实例"对话框，选择

"环形阵列"按钮，如图 2-10 所示。鼠标左键单击"确定"后，会弹出新的"实例"对话框，选中"过滤器"栏中的第二项"Extrude（6）"，在实体模型中的矩形孔和圆孔会高亮显示，如图 2-11 所示，表示要对这两个特征进行阵列操作。单击"确定"按钮，弹出新的"实例"对话框，在其中设置环形阵列参数，"方法：一般"，"数字：2"；"角度：90"，如图 2-12 所示。单击"确定"按钮，又弹出新的"实例"对话框，选择"基准轴"按钮，如图 2-13 所示；弹出"选择一个基准轴"对话框，如图 2-14 所示，此对话框上只有一

图 2-10 选择"环形阵列"按钮

个"名称"窗口，等待用户选择模型中的对象。用鼠标选取坐标系中的 XC 基准轴，会弹出"创建引用"对话框，同时，在实体模型中呈现出水平方向的矩形孔和圆孔的预览图像，如图 2-15 所示。对预览效果予以确认后，单击对话框上的"是"按钮，就会生成（在水平方向上）阵列的矩形孔和圆孔，将再次出现的对话框关闭，结束水平方向上矩形孔和圆孔的构建操作，其效果如图 2-16 所示。

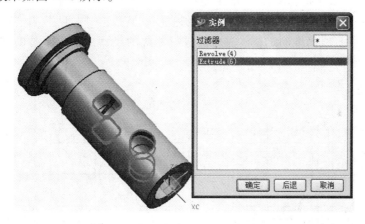

图 2-11 选择矩形孔和圆孔作为环形阵列对象

图 2-12 设置环形阵列参数

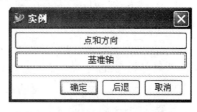

图 2-13 选择"基准轴"按钮

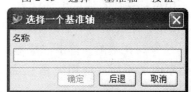

图 2-14 "选择一个基准轴"对话框

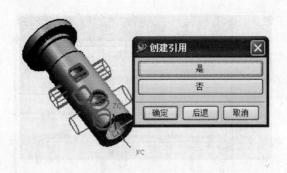

图 2-15　"创建引用"对话框和阵列图像预览　　　　图 2-16　阵列矩形孔和圆孔的效果

4. 构建上面的斜孔

为构建回转体上的斜孔，需要创建一个倾斜平面，并在此斜面上绘制出孔的草图轮廓曲线。然后，用拉伸或打孔方法构建出该斜孔。

（1）创建倾斜平面　此斜面的创建，用矢量线来作为斜面基准，为此需要事先绘出一条与回转体左端面成30°角的直线。单击"成形特征"工具条的［草图］命令，选择XC-ZC基准平面作为草图工作面。单击"草图曲线"工具条的［直线］命令，从 XC = - 254，YC = 42.5 的起点开始，画一条向右上方的倾斜直线，其数据"长度"为"20"，"角度"为"60"。为保证此条直线的准确定位，需对其进行相应的尺寸标注，如图 2-17 所示。完成直线的绘制后，返回到三维工作界面。

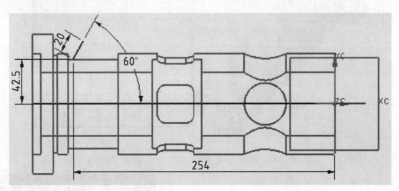

图 2-17　画长度 20、角度 60°的倾斜直线

单击"菜单栏"的［插入］→［基准/点］→［基准平面］命令，弹出"基准平面"对话框。选择对话框"类型"下面的第二个命令图标［点和方向］。将工作界面左边的"捕捉点"工具条上的［终点］命令图标选中，即用捕捉倾斜直线端点的方法来定位倾斜平面的方位。用鼠标选取直线的上部端点，如图 2-18 所示。确认选择无误后，单击对话框上的"确定"按钮，完成倾斜平面的创建操作，此时会生成一个与水平面成30°角的斜面。

（2）绘制斜孔草图　单击"成形特征"工具条的［草图］命令，选择刚才创建的倾斜平面作为草图工作面。使用［圆］命令，以此平面的坐标原点为圆心，画出一个直径为"10"的圆曲线，如图 2-19 所示。完成后，单击对话框上的"确定"按钮，结束斜孔草图的绘制操作。在三维工作界面上此圆曲线如图 2-20 所示。

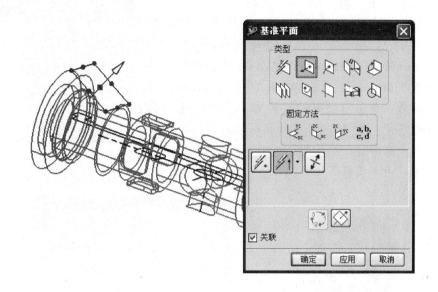

图 2-18 确定"点和方向"类型，选取直线端点定位

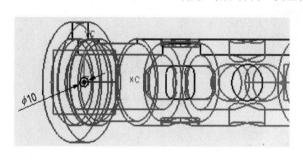

图 2-19 以坐标原点为圆心画 φ10 的圆曲线

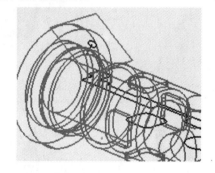

图 2-20 三维工作界面上的圆曲线

（3）拉伸斜孔 单击"成形特征"工具条的［拉伸］命令图标，选取倾斜平面上的圆曲线，拉伸方向为左下方，"起始值"为"0"，"结束值"为"直至下一个"，组合方式为"求差"，确认无误后，单击对话框上的"确定"按钮，结束拉伸斜孔的操作。拉伸出上面的斜孔如图 2-21 所示。

5. 镜像下面的斜孔

下面的斜孔可以用"镜像特征"的方法来构建，操作过程非常简单。单击"特征操作"工具

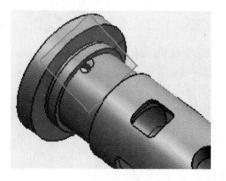

图 2-21 拉伸出上面的斜孔

条的［实例特征］命令，弹出"实例"对话框，选择其上的第四项"镜像特征"按钮，如图 2-22 所示。选中后单击"确定"，会出现"镜像特征"对话框。先选取"选择步骤"栏下的第一个命令图标［要镜像的特征］，然后用鼠标选中模型中的斜孔或选择"部件中的特

征"栏中的相应特征，如"Extrude（14）"，并单击其上的"▶"按钮，使选中的特征项目进入到"镜像的特征"栏中，如图2-23所示，同时模型中的斜孔会高亮显示。激活"选择步骤"栏下的第二个命令图标［镜像平面］，用鼠标选择XC-YC基准平面，确认选择正确后，单击对话框的"确定"按钮，就会生成下面的斜孔，将再次弹出的对话框关闭，结束镜像特征操作。镜像出的下面的斜孔如图2-24所示。

图2-22　选择"镜像特征"选项

6. 构建首个 M8 螺纹底孔

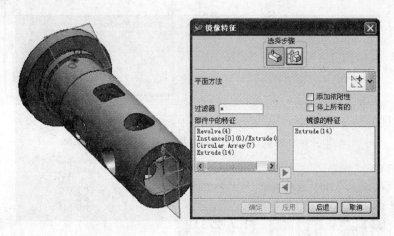

图2-23　选中斜孔"Extrude（14）"并将其调入"镜像的特征"栏中

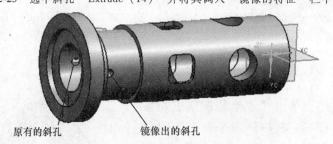

原有的斜孔　　　　镜像出的斜孔

图2-24　镜像出的下面的斜孔

螺纹底孔的构建可以采用打孔方法来进行。为了方便地定位螺纹底孔，可以先在 YC-ZC 基准平面上绘制一个圆轮廓草图。

（1）绘制螺纹底孔草图　单击"成形特征"工具条的［草图］命令，选择 YC-ZC 基准平面作为草图平面。在草图中先以原点为圆心画出一个直径"78"的圆；再在此圆的上端象限点上画一个小圆（直径可不必确定，只作为打孔的定位基准），如图2-25所示。完成该草图后，返回到三维工作界面。

（2）构建螺纹底孔　单击"特征操作"工具条的［孔］

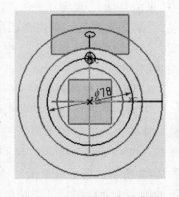

图2-25　画出孔定位的草图

命令，弹出"孔"对话框。选择"类型"栏下的第一个命令图标［简单］，孔参数"直径"为"6.647"、"深度"为"12"、"顶锥角"为"118"，如图 2-26 所示。用鼠标选择回转基体的右端表面作为孔的放置面，单击"孔"对话框上的"确定"按钮，弹出"定位"对话框，选择第五个命令图标［点到点］，如图 2-27 所示。又会出现新的"点到点"对话框，其"名称"下面的空白栏等待用户选取用于孔定位的图形要素。将光标移到草图中的小圆附近定位底孔，如图 2-28 所示。确认后，单击"确定"，弹出"设置圆弧的位置"对话框。单击其上的第二项"圆弧中心"按钮，将螺纹底孔定位在此圆的圆心上，完成构建首个螺纹底孔的操作，其结果如图 2-29 所示。

图 2-26　设置孔参数

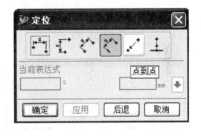

图 2-27　选择［点到点］图标

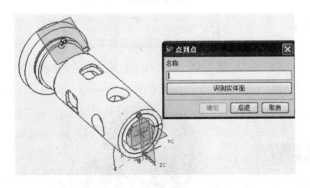

图 2-28　选择草图中的小圆定位底孔

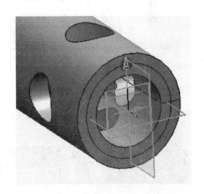

图 2-29　完成构建首个螺纹底孔

7. 阵列 6 个 M8 螺纹底孔

由于在 UG 设计中不能阵列螺纹特征，因此，只能先阵列出圆周均布的螺纹底孔，再一起构建出 6 个孔螺纹。

单击"特征操作"工具条的［实例特征］命令，弹出"实例"对话框。选择第二项"环形阵列"按钮，会弹出新的"实例"对话框，选择"过滤器"栏中的最后一项"Simple Hole（19）"（简单孔，即首个 M8 螺纹底孔），如图 2-30 所示。选中后，单击"确定"按钮，弹出新的"实例"对话框。设置上面的各个选项和参数"方法"为"一般"；"数字"为"6"；"角度"为"60"，如图 2-31 所示。完成设置后，单击"确定"按钮，又弹出新的"实例"对话框，选择第二项"基准轴"按钮，如图 2-32 所示。单击"确定"后，出现一个"选择一个基准轴"对话框，如图 2-33 所示。在这个对话框中，"名称"下的空白栏等待用户选取用于环形阵列的基准轴。用鼠标选中实体模型中的 XC 基准轴，又弹出"创建引用"对话框，同时，在回转基体的右端面会出现 6 个底孔的预览图像，如图 2-34 所示。此时，应仔细观察预览图像正确与否。如果正确，则单击对话框"是"按钮；如果不正确，则单击"否"按钮，返回到前面的步骤。当确认准确无误并单击"确定"按钮后，就完成了 6 个 M8 螺纹底孔的阵列操作。将再次出现的对话框关闭，结束阵列操作。阵列出的 6 个 M8 螺纹底孔如图 2-35 所示。

图 2-30　选择"Simple Hole（19）"

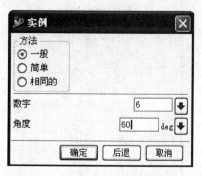

图 2-31　设置阵列选项和参数

图 2-32　选择［基准轴］按钮

图 2-33　"选择一个基准轴"对话框

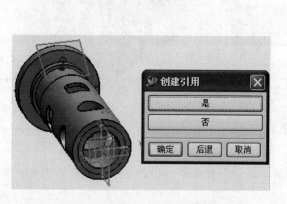

图 2-34　"创建引用"对话框和预览图像

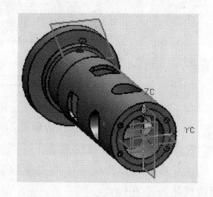

图 2-35　阵列出的 6 个螺纹底孔

8. 构建 6 个 M8 孔螺纹

单击菜单栏［插入］→［设计特征］→［螺纹］命令，在弹出的"螺纹"对话框中，首先将"螺纹类型"设定为"符号的"（在后面的设计中，如无特别说明，螺纹类型均如此设定）。用鼠标将 6 个 M8 螺纹底孔全部选中，如图 2-36 所示。单击对话框上的"从表格中选择"按钮，弹出新的"螺纹"对话框，选择其中的"M8×1.25"参数，如图 2-37 所示，单击"确定"按钮回到前面的对话框。再在此对话框的"长度"栏中输入数值"10"，如图 2-38 所示。确认无误后，单击"确定"按钮，结束构建螺纹的操作。完成构建的 6 个 M8 螺纹孔如图 2-39 所示。

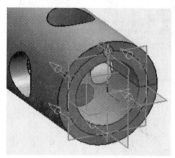

图 2-36 选中 6 个螺纹底孔

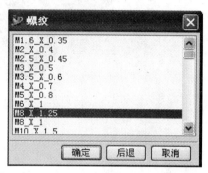

图 2-37 选择参数"M8×1.25"

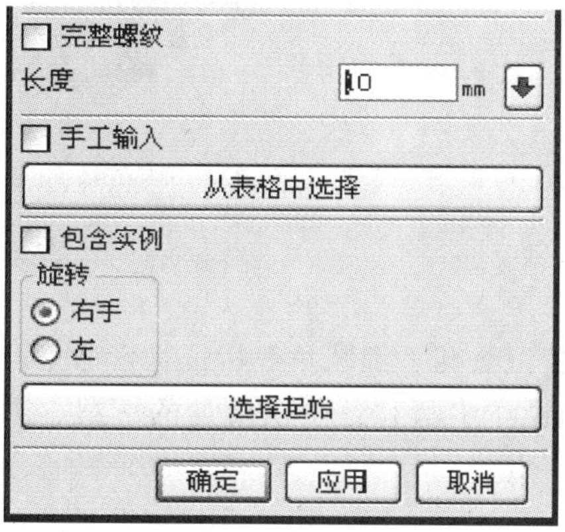

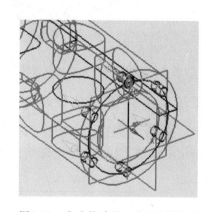

图 2-38 设置螺纹长度

图 2-39 完成构建的 6 个 M8 螺纹孔

9. 倒斜角

限位轴套零件左端的 φ132 圆柱体外圆有两处 C2 倒角。构建零件实体倒角的操作非常简单。单击"特征操作"工具条的［倒斜角］命令，弹出"倒斜角"和"选择意图"两个对话框。将"选择意图"设置为"相切曲线"。选中"倒斜角"对话框的"输入选项"栏的第一个命令图标［Symmetric Offsets］（即等边距）；在"偏置"栏中输入数值"2"。然后，用鼠标选取 φ132 圆柱体的两个圆边棱，如图 2-40 所示。完成上面的选择并设置参数后，单击"确定"按钮，结束倒斜角操作。完成倒斜角后的限位轴套如图 2-41 所示。

10. 图面处理

使用［隐藏］命令，按照前面讲述的方法，将所有非实体图形要素隐藏起来。完成设计的限位轴套如图 2-42 所示。

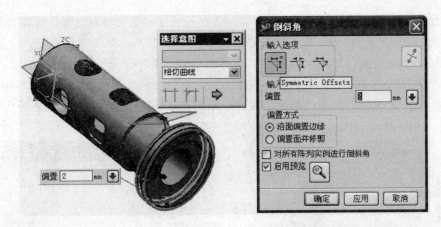

图 2-40　设定对话框选项并选取要倒角的棱边

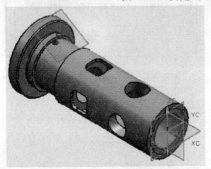

图 2-41　完成倒斜角后的限位轴套

图 2-42　完成设计的限位轴套

训练项目 4　泵盖的设计

本训练项目要求用回转建模、环形阵列、构建沉头孔、倒圆角等特征操作命令，完成图 2-43 所示"泵盖"的实体造型设计。可按提示的操作步骤和各阶段设计的草图、实体效果

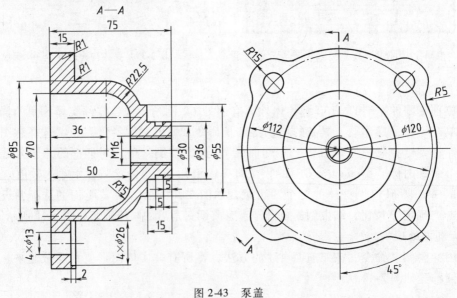

图 2-43　泵盖

图，自行完成整个设计任务。

步骤1 构建回转基体

在 YC-ZC 基准平面上绘制回转基体轮廓曲线草图，注意，务必对整个轮廓曲线进行关系约束和尺寸标注，特别是将泵盖左端的竖直线与 *YC* 轴保持共线；右端下部的水平直线与 *XC* 轴保持共线，如图 2-44 所示；使用回转建模方法，构建出回转基体如图 2-45 所示。

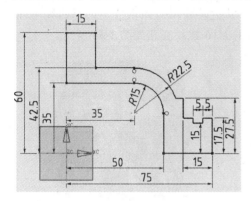

图 2-44 绘制回转基体轮廓曲线

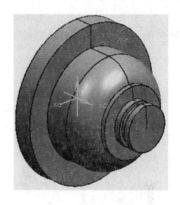

图 2-45 构建出回转基体

步骤2 构建一个凸缘体

在 XC-ZC 基准平面上绘制一个凸缘体轮廓曲线草图，注意，此凸缘体的位置在 ϕ112 圆边线与水平基准轴成 45°角的直线上，如图 2-46 所示。使用拉伸建模方法，构建出凸缘体并与回转基体求和，如图 2-47 所示。

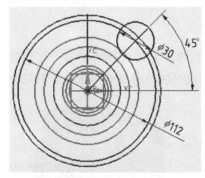

图 2-46 画出凸缘体轮廓曲线

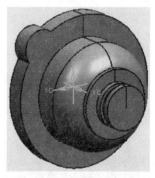

图 2-47 构建出凸缘体并与回转基体求和

步骤3 构建沉头孔

使用"特征操作"工具条的［孔］命令，选择"沉头孔"类型，设置参数"沉头直径"为"26"、"沉头深度"为"2"、"孔直径"为"13"、"孔深度"为"20"，其他参数保持默认值。选择回转基体上表面为放置平面，以凸缘体圆心定位。构建出的沉头孔如图 2-48 所示。

步骤4 阵列凸缘体和沉头孔

泵盖零件上共有圆周均布的 4 个凸缘体和沉头孔，可以使用环形阵列方法来构建。使用"特征操作"工具条的

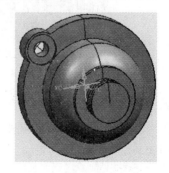

图 2-48 构建出的沉头孔

［实例特征］命令，选择"环形阵列"方式。同时，将凸缘体和沉头孔选中。在"实例"对话框中设置选项和参数"方法"为"一般"、"数字"为"4"、"角度"为"90"，选取 YC 基准轴为阵列旋转轴。阵列出 4 个凸缘体和沉头孔，如图 2-49 所示。

步骤 5　构建 M16 螺纹底孔

使用"特征操作"工具条的［孔］命令，选择"简单孔"类型，设置参数"直径"为"13.835"、"深度"为"50"（保证通孔即可），其他参数保持默认值。选择回转基体右端面为放置平面，以右端圆柱的轴线定位。构建出的 M16 螺纹底孔如图 2-50 所示。

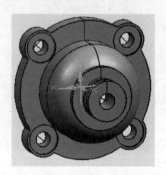

图 2-49　阵列出 4 个凸缘体和沉头孔　　　　图 2-50　构建出的螺纹底孔

步骤 6　构建 M16 螺纹

使用"特征操作"工具条的［螺纹］命令，选择上一步构建的螺纹底孔，设置参数"主直径"为"16"、"螺距"为"2"、"角度"为"60"，选中"完整螺纹"选项。构建出 M16 孔螺纹如图 2-51 所示。

步骤 7　倒圆角

使用"特征操作"工具条的［边倒圆］命令，按零件图所标注的圆角，分别设置半径值为"5"、"1"，对相应的棱边进行倒圆角操作。完成倒圆角的泵盖实体如图 2-52 所示。

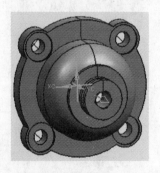
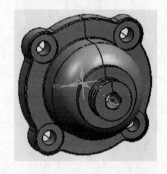

图 2-51　构建出 M16 孔螺纹　　　　图 2-52　完成倒圆角的泵盖实体

步骤 8　图面处理

用［隐藏］命令将所有非实体图形要素隐藏起来。完成设计的泵盖实体模型如图 2-53 所示。

图 2-53　完成设计的泵盖实体模型

项目 2-2　带轮的设计

项目目标

在"建模"应用模块环境下，用回转建模、拉伸建模方法，以及曲线矩形阵列、曲线旋转、倒圆角等操作命令，完成如图 2-54 所示"带轮"零件的实体设计。

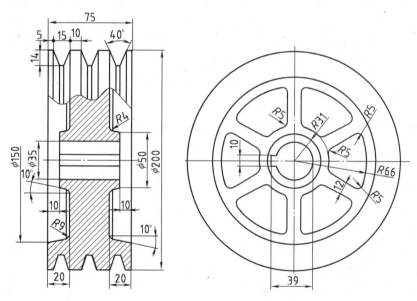

图 2-54　带轮

学习内容

曲线矩形阵列、曲线旋转、回转实体、多个特征实体拉伸、倒圆角等操作。

任务分析

此零件为盘状回转体，径向表面开有 3 个成 40°角的带槽，轴向表面开有 6 个均布的减重轮辐孔，旋转轴中心为安装传动轴的通孔，并有一个键槽，特征实体相接处有不同尺寸的圆角。在设计过程中，要注意曲线矩形阵列和曲线旋转的正确操作方法。

设计路线

带轮设计路线图如图 2-55 所示。

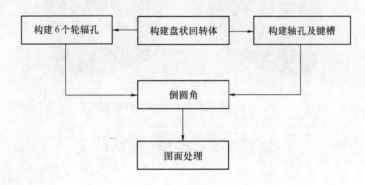

图 2-55　带轮设计路线图

操作步骤

对于此零件，无法采用拉伸建模方法完成设计，只能采用回转建模方法来构建。由于零件的纵截面和横截面轮廓曲线都比较复杂，且相同的轮廓曲线较多，在绘制草图时要用到曲线变换的操作技巧，对具有相同形状和尺寸的曲线，进行矩形阵列或采用旋转方法画出。

1. 构建盘状回转体

（1）绘制盘状回转体草图　单击"成形特征"工具条的［草图］命令，选择 YC-ZC 基准平面作为草图平面，绘制零件的纵截面轮廓曲线。由于该轮廓曲线比较复杂，可先画出一个总体基本轮廓曲线，并标注出相应的尺寸。注意，要将轮廓曲线中的最左边竖直线与 YC 基准轴进行［共线］定位，最下面的水平直线与 XC 基准轴也进行［共线］定位，如图 2-56 所示。然后，画出相应的拔模斜度直线，并进行［快速修剪］，使轮廓曲线如图 2-57 所示。下面开始绘制槽轮廓曲线。

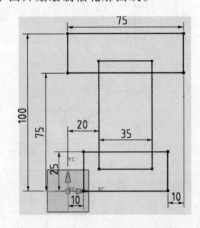

图 2-56　画出总体基本轮廓曲线

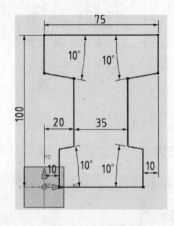

图2-57　画出相应的拔模斜度直线并修剪

首先，在图的上部画出第一个带槽的轮廓曲线，并进行尺寸标注，如图 2-58 所示。然后，将带槽的三条直线选中，单击鼠标右键，弹出一个快捷菜单。选择菜单上的［变换］命令，如图2-59所示，会出现"变换"对话框，再选择其中的"矩形阵列"按钮，如图2-60所示，又会出现一个"点构造器"对话框，选中上面的第四个命令图标［终点］。此时在提示栏中显示"选择矩形阵列参考点——选择曲线的端点"。将光标移到带槽最左边直线上部的端点处，如图2-61所示，单击鼠标左键确定。此时，"点构造器"上的XC、YC、ZC三个数据栏中的数值发生变化，同时，提示栏中显示"选择阵列原点

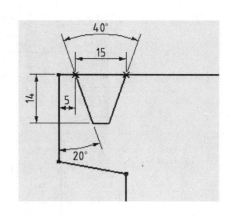

图2-58 画出一个带槽曲线

——选择曲线的端点"，如图2-62所示。仍用鼠标选择刚才的直线端点。单击左键确定后，出现新的"变换"对话框，设置矩形阵列的各项参数"DXC"为"25"、"DYC"为"1"、"阵列角度"为"0"、"列（X）"为"3"、"行（Y）"为"1"，如图2-63所示。确认参数输入无误后，单击对话框上的"确定"按钮。"变换"对话框变成如图2-64所示状态，选择其中的"复制"按钮，就会阵列出另外两个带槽曲线。注意此时应单击又出现的"变换"对话框上面的"取消"按钮，结束矩形阵列操作。完成三个带槽曲线阵列的效果如图2-65所示。

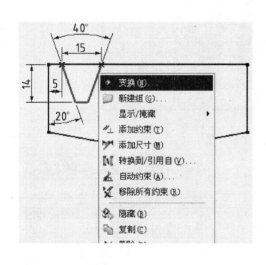

图2-59 选择［变换］选项

图2-60 选择"矩形阵列"按钮

需要注意的是，阵列出的带槽曲线各线段首尾并未形成联结点，应使用［约束］命令将它们所有的相结点约束起来。再使用［快速修剪］命令进行相应的剪切，使整个带轮曲线构成一个封闭的轮廓。最后完成的带轮轮廓曲线如图2-66所示（图中的轮廓曲线是将所有尺寸隐藏后的效果）。完成轮廓曲线的绘制后，单击"完成草图"按钮，回到三维工作界面。

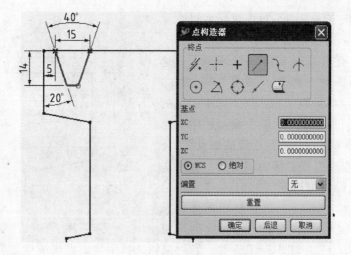

图 2-61　选择矩形阵列参考点

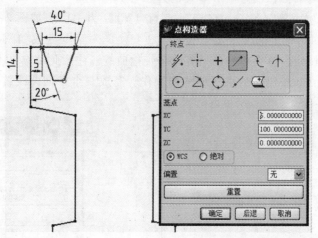

图 2-62　选择矩形阵列原点

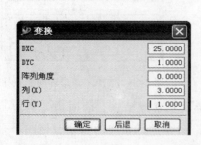

图 2-63　设置矩形阵列参数

图 2-64　选择"复制"按钮

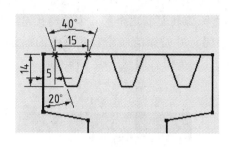

图 2-65　完成三个皮带槽曲线阵列的效果

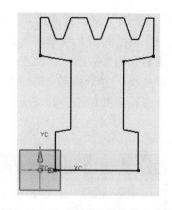

图 2-66　最后完成的带轮轮廓曲线

（2）构建出盘状回转体　单击"成形特征"工具条的［回转］命令，同时出现"选择意图"和"回转"两个对话框。将"选择意图"设置为"已连接的曲线"。选中盘状回转体草图轮廓曲线。在"回转"对话框中分别输入起始值"0"和结束值"360"。用鼠标单击对话框的［自动判断的矢量］命令图标，选中其中的［基准轴］命令图标，再用鼠标选中 YC 基准轴，单击左键确定。出现盘状回转体的预览模型时，确认无误后，单击"回转"对话框上的"确定"按钮，结束盘状回转体建模操作。构建出的盘状回转体如图 2-67 所示。

图 2-67　构建出的盘状回转体

2. 构建 6 个轮辐孔

（1）绘制轮辐孔草图　单击"成形特征"工具条的［草图］命令，选择 XC-ZC 基准平面作为草图平面，绘制轮辐孔轮廓曲线。使用"草图曲线"工具条相应的曲线命令，先画出一个轮辐孔轮廓曲线，如图 2-68 所示。下面要对这个轮廓曲线进行旋转复制操作，以便生成 6 个形状和尺寸相同，围绕坐标原点旋转分布的轮廓。

首先，用［隐藏］命令，将所有标注出的尺寸隐藏起来。用窗口选择方式，将轮廓曲线选中。单击鼠标右键，弹出一个快捷菜单，选择上面的［变换］命令图标，弹出"变换"

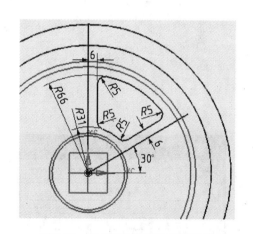

图 2-68　画出一个轮辐孔轮廓曲线

对话框，再选择其中的"绕点旋转"按钮，如图 2-69 所示。弹出"点构造器"对话框，同时在提示栏中显示"选择回转中心点"。选取对话框上的［圆弧/椭圆/球中心］命令图标，如图 2-70 所示。然后，用鼠标选取回转体的任意圆周边缘，即将其圆心作为曲线旋转点。单击左键确定后，弹出新的"变换"对话框。在"角度"数据栏中输入数值"60"，即让该轮廓曲线每次以 60°的角度增量进行旋转，如图 2-71 所示。确认数据输入正确后，单击"确定"按钮,"变换"对话框如图 2-72 所示。选择上面的"复制"按钮后,在草图中就会旋转复制出一个新的轮辐孔轮廓曲线,如图 2-73 所示。再单击一次"复制"按钮,又会出现一个新的轮辐孔轮廓曲线。如此连续单击此按钮,直至旋转复制出全部 6 个轮辐孔轮廓曲线后,单击"变换"对话框的"取消"按钮,将其关闭,并结束绘制轮辐孔草图的操作。完成绘制的轮辐孔草图如图 2-74 所示。单击"完成草图"按钮,回到三维工作界面。

图 2-69　选择"绕点旋转"按钮

图 2-70　选择〔圆弧中心〕命令图标

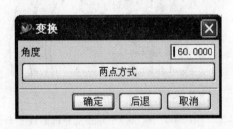

图 2-71　设置旋转角度值为"60"

图 2-72　选择"复制"按钮

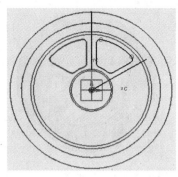

图2-73　旋转复制出新的轮辐孔轮廓曲线

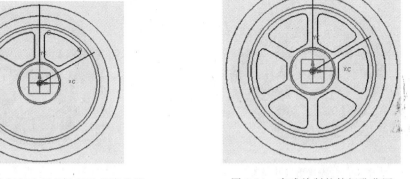

图2-74　完成绘制的轮辐孔草图

（2）构建出6个轮辐孔　此次构建的6个轮辐孔，可在一次拉伸操作中完成。单击"成形特征"工具条的［拉伸］命令。同时出现"选择意图"和"拉伸"两个对话框。将"选择意图"设置为"已连接的曲线"。用鼠标依次将6个轮辐孔轮廓曲线全部选中，在"拉伸"对话框中分别输入起始值"0"和结束值"80"（保证通孔即可），注意拉伸方向要面向带轮实体，组合方式为"求差"。确认预览图像正确后，单击对话框的"确定"按钮，结束拉伸操作。构建出的6个轮辐孔如图2-75所示。

图2-75　构建出的6个轮辐孔

3. 构建轴孔及键槽

（1）绘制轴孔及键槽草图　单击"成形特征"工具条的［草图］命令，选择XC-ZC基准平面作为草图平面，绘制轴孔及键槽轮廓曲线。使用"草图曲线"工具条上相应的曲线命令。画出一个轴孔及键槽轮廓曲线并标注尺寸，如图2-76所示。

（2）构建出轴孔及键槽　在三维工作界面上，单击"成形特征"工具条的［拉伸］命令。同时出现"选择意图"和"拉伸"两个对话框。将"选择意图"设置为"已连接的曲线"。将轴孔及键槽轮廓曲线选中，在"拉伸"对话框中分别输入起始值"0"和结束值"80"（保证通孔即可），注意拉伸方向要面向带轮实体，组合方式为"求差"。确认预览图像正确后，单击"确定"按钮，结束拉伸操作。构建出轴孔及键槽如图2-77所示。

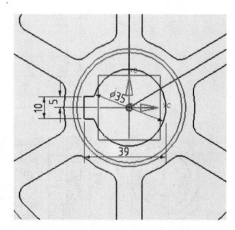

图2-76　画出轴孔及键槽
轮廓曲线并标注尺寸

4. 倒圆角

使用"特征操作"工具条的［边倒圆］命令，按零件图所标注的圆角，设置半径值为"4"，对相应的棱边进行倒圆角操作。完成带轮实体的倒圆角如图2-78所示。

64

图 2-77　构建出轴孔及键槽

图 2-78　完成带轮实体的倒圆角

5. 图面处理

用［隐藏］命令将所有非实体图形要素隐藏起来。最后完成的带轮实体模型如图 2-79 所示。

训练项目 5　气阀杆的设计

本训练项目要求用回转建模、孔拉伸、孔阵列、圆缺拉伸、倒斜角等特征操作命令，完成图 2-80 所示的"气阀杆"的实体造型设计。可按提示的操作步骤和各阶段设计的草图、实体效果图，自行完成整个设计任务。

图 2-79　最后完成的带轮实体模型

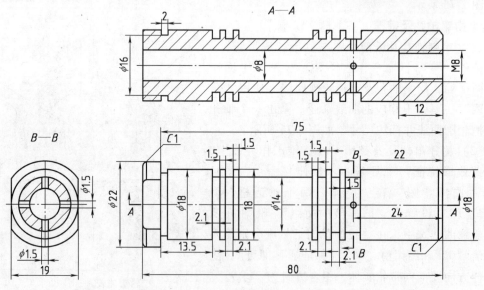

图 2-80　气阀杆

步骤 1　构建气阀杆体

在 XC-YC 基准平面上绘制气阀杆体草图轮廓曲线，要保证整个轮廓曲线准确的关系约束和尺寸标注。将右端的竖直线与 YC 轴保持共线，下部的水平直线与 XC 轴共线，如图 2-81 所示。使用回转建模方法，构建出的气阀杆体如图 2-82 所示。

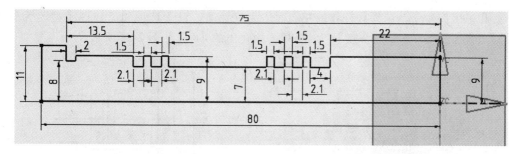

图 2-81　画出气阀杆纵截面轮廓曲线

图 2-82　构建出的气阀杆体

步骤 2　构建竖直方向 ϕ1.5 孔

在 XC-YC 基准平面上绘制 ϕ1.5 孔轮廓曲线，要将小孔圆心定位在 XC 基准轴上，如图 2-83 所示。使用拉伸建模方法，双向拉伸，构建出竖直方向 ϕ1.5 孔，如图 2-84 所示。

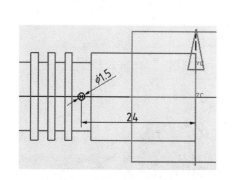

图 2-83　绘制 ϕ1.5 孔轮廓曲线

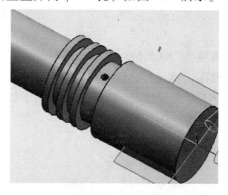

图 2-84　构建出竖直方向 ϕ1.5 孔

步骤 3　阵列水平方向 ϕ1.5 孔

使用［实例特征］中的［环形阵列］命令，设置选项和参数"方向"为"一般"、"数字"为"2"、"角度"为"90"，选择 XC 基准轴作为旋转轴，阵列出水平方向 ϕ1.5 孔，如图 2-85 所示。

步骤 4　构建双向圆缺面

在 XC-YC 基准平面上绘制矩形轮廓曲线并进行定位，如图 2-86 所示。在不同方向上两次拉伸，设置选项和参数"起始值"为"9"、"结束值"为"直至下一个"，组合方式"求差"。拉伸出的双向圆缺面如图 2-87 所示。

步骤 5　构建 ϕ8 孔

使用［孔］命令，选择阀杆体的左端面作为放置面，设置选项和参数"类型"为"简单孔"、"直径"为"8"、"深度"为"68"。构建出的 ϕ8 孔如图 2-88 所示。

图 2-85　阵列出水平方向 ϕ1.5 孔

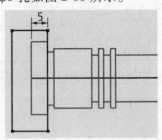

图 2-86　绘制矩形轮廓曲线并定位

图 2-87　拉伸出双向圆缺面

图 2-88　构建出 ϕ8 孔

步骤 6　构建 M8 螺纹底孔

使用［孔］命令，选择阀杆体的右端面作为放置面，设置选项和参数"类型"为"简单孔"、"直径"为"6.647"、"深度"为"12"。构建出的 ϕ6.647 螺纹底孔如图 2-89 所示。

步骤 7　构建 M8 孔螺纹

使用［螺纹］命令，选择 ϕ6.647 底孔表面，螺纹参数"M8 × 1.25"，选中"完整螺纹"选项。构建出的 M8 孔螺纹如图 2-90 所示。

图 2-89　构建出 ϕ6.647 螺纹底孔

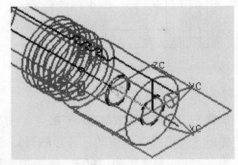

图 2-90　构建出 M8 孔螺纹

步骤 8　构建倒角

此零件的左右两端均有 C1 倒角，可以在一次操作中完成。使用［倒斜角］命令，设置"偏置"值为"1"，选择左右两处棱边进行倒角。构建出的零件倒角如图 2-91 所示。

步骤 9　图面处理

使用［隐藏］命令，将所有非实体图形要素隐藏起来。最后完成的气阀杆实体模型如

图 2-92 所示。

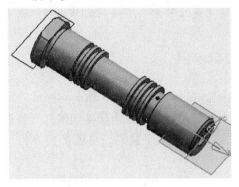

图 2-91 构建出的零件倒角

图 2-92 最后完成的气阀杆实体模型

项目 2-3 气阀体的设计

项目目标

在"建模"应用模块环境下，运用"草图—实体同步构建"方法，以及两点定位旋转轴、外螺纹构建、草图平面变换等操作命令，完成如图 2-93 所示"气阀体"零件的实体设计。

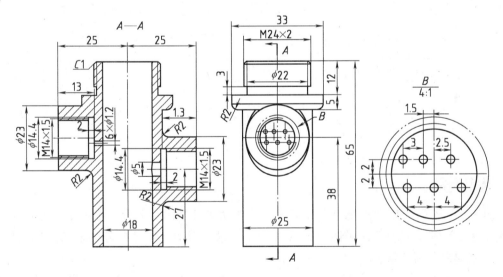

图 2-93 气阀体

学习内容

运用"草图—实体同步构建"方法构建特征实体，以两点确定回转体的旋转轴、草图平面方向的变换、构建外螺纹、多外通孔的同时拉伸、提取实体边缘线等操作方法。

提示：所谓"草图—实体同步构建"方法，是指在构建每个特征实体时，不单独绘制轮廓草图，而直接选用相应的建模方法（如拉伸、回转等），在实体的构建过程中，直接选择草图平面，即时画出所需的轮廓曲线，并完成实体模型的构建。其优点是省去了单独绘制草图的步骤，在一次构建操作中完成实体的构建；缺点是此种方法所绘制的草图只能在本次操作中使用。

任务分析

此零件由一个竖直圆柱体和两个水平圆柱体构成。在每个圆柱体中开有不同尺寸的通孔、不通孔、空刀槽、内螺纹；竖直圆柱体上部有外螺纹、倒角；各圆柱体相接处有铸造圆角。在设计过程中，要注意"草图—实体同步构建"方法的操作要领、草图平面方向变换的操作技巧。

设计路线

气阀体设计路线图如图 2-94 所示。

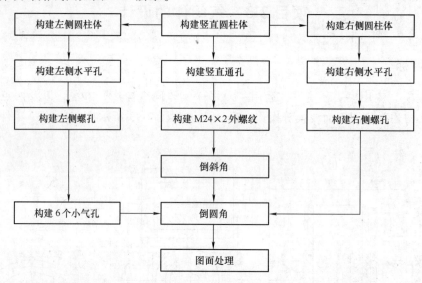

图 2-94　设计气阀体路线图

操作步骤

此零件的设计采用"草图—实体同步构建"方法来完成。按照气阀体的设计路线图，先从竖直圆柱体开始，逐一构建各个特征实体，并按零件的结构对它们进行相应的组合。

1. 构建竖直圆柱体

单击"成形特征"工具条的［回转］命令，弹出"回转"和"选择意图"两个对话框。选择"回转"对话框上"选择步骤"栏下的第二个命令图标［草图剖面］，如图 2-95 所示。单击左键确定后，进入草图工作界面。选择 **XC-ZC** 基准平面作为草图平面，如图 2-96 所示。单击工具条上的"√"，进入该基准平面，准备绘制竖直圆柱体的轮廓曲线。按图 2-97 所示，画出竖直圆柱体轮廓曲线，进行必要的定位和尺寸标注。注意，要将右边的竖直线定位在 **YC** 基准轴上，下边的横直线定位在 **XC** 基准轴上。完成轮廓曲线的绘制后，同样单击"完成草图"按钮，返回到三维工作界面。在"回转"对话框上选择［基准轴］命令图标,用鼠标选中 **ZC** 基准轴,设置"起始值"为"0"、"结束值"为"360"。单击"确定"按钮,完成构建竖直圆柱体的操作,其结果如图 2-98 所示。

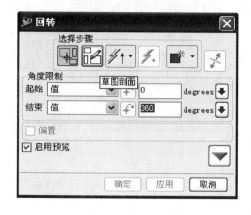

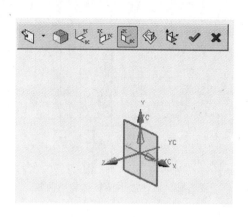

图 2-95 选择〔草图剖面〕命令图标   图 2-96 选择 **XC-ZC** 基准平面作为基准平面

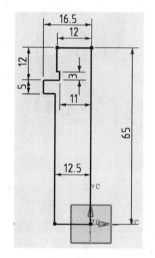

图 2-97 画出竖直圆柱体轮廓
曲线并定位和标注尺寸

图 2-98 完成构建竖直圆柱体

2. 构建左侧圆柱体

单击"成形特征"工具条的〔回转〕命令,在弹出的"回转"对话框中,仍选中"选择步骤"栏下的第二个命令图标〔草图剖面〕,并选择 **XC-ZC** 基准平面作为草图平面,画出左侧圆柱体轮廓曲线,如图 2-99 所示。回到三维工作界面后,将"自动判断的矢量"(矢量按钮)按钮打开,选择其中的〔两个点〕命令图标,如图 2-100 所示。然后,用鼠标分别选取上面水平直线的两个端点,如图 2-101 所示。这项操作实际上是选择上边线作为回转体的旋转轴。组合方式为"求和",确认选择正确后,单击"确定"按钮,完成构建左侧圆柱体的操作,其结果如图 2-102 所示。

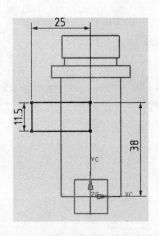

图 2-99　画出左侧圆柱体轮廓曲线

图 2-100　选择［两个点］命令图标

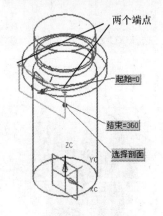

图 2-101　选择上边水平直线两个端点

图 2-102　构建出左侧圆柱体

3. 构建右侧圆柱体

单击"成形特征"工具条的［回转］命令，在弹出的"回转"对话框上，仍选中"选择步骤"栏下的第二个命令图标［草图剖面］，并选择 **XC-ZC** 基准平面作为草图平面，画出右侧圆柱体轮廓曲线，如图 2-103 所示。回到三维工作界面后，仍选择［两个点］命令图标，作为回转体的旋转轴。用鼠标选择上边线的两个端点，组合方式为"求和"，确认选择正确后，单击"确定"按钮，完成构建右侧圆柱体的操作，其结果如图 2-104 所示。

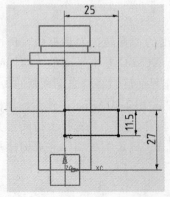

图 2-103　画出右侧圆柱体轮廓曲线

图 2-104　构建出右侧圆柱体

4. 构建右侧水平孔

单击"成形特征"工具条的［回转］命令，在弹出的"回转"对话框上，仍选中"选择步骤"栏下的第二个命令图标［草图剖面］，并选择 **XC-ZC** 基准平面作为草图平面。为了便于标注图形尺寸，需要提取右侧圆柱体的端面边缘线作为标注基准。单击"草图操作"工具条的［偏置曲线］命令，弹出一个"偏置曲线"对话框，将上面的"偏置根据"设为"距离"；将"距离"设为"0"，其他参数保持不变，如图 2-105 所示。移动光标至右端面上，当其边缘高亮显示时，如图 2-106 所示。单击鼠标左键确定，就会提取一条垂直的边线。再用［约束］命令，将此直线固定住，以作为尺寸标注的基准。然后，按前面的方法，画出右侧水平孔的轮廓曲线（图中的尺寸 6.188 是 **M14×1.5** 螺纹底孔的半径尺寸），如图 2-107 所示。回到三维工作界面后，仍选择［两个点］命令图标，作为回转体的旋转轴。用鼠标选择上边水平直线的两个端点，组合方式为"求差"，确认选择正确后，单击"确定"按钮，完成构建右侧水平孔的操作，其结果如图 2-108 所示。

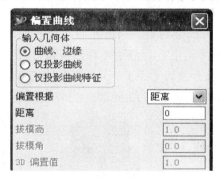

图 2-105　设置偏置"距离"

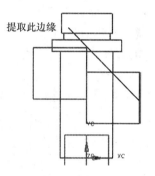

提取此边缘

图 2-106　提取出竖直线

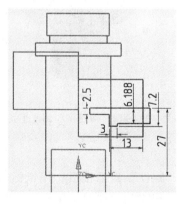

图 2-107　画出右侧水平孔曲线

图 2-108　构建出右侧水平孔

5. 构建右侧螺孔

单击"特征操作"工具条的［螺纹］命令，出现"螺纹"对话框后，用鼠标选择刚才构建的螺纹底孔表面。在对话框上，设置选项及参数，"螺纹"为"**M14×1.5**"，将"完整螺纹"选项选中，确认无误后，单击"确定"按钮，结束构建螺纹的操作。在这一过程中有时会弹出一个特殊的"螺纹"对话框，如图 2-109 所示。此对话框上面提示"圆柱面直径与螺纹定义相冲突"，这是因为我们选取的螺纹底径（小径尺寸）尺寸，是依据中国的技术标准，而与美国的技术标准存在差异所致，可以不用管它。构建出的右侧螺孔如图 2-110 所示。

图 2-109 特殊的"螺纹"对话框

图 2-110 构建出右侧螺孔

6. 构建左侧水平孔

单击"成形特征"工具条的［回转］命令，在弹出的"回转"对话框上，仍选中"选择步骤"栏下的第二个命令图标［草图剖面］，并选择 **XC-ZC** 基准平面作为草图平面。为了便于标注图形尺寸，需要提取左侧圆柱体的端面边缘线作为标注基准。具体的操作方法与前面的一样，读者可自行提取左侧的竖直线，并进行固定约束。画出左侧水平孔的轮廓曲线，如图 2-111 所示。回到三维工作界面后，仍选择［两个点］命令图标，用鼠标选择上边水平直线的两个端点，以确定回转体的旋转轴。组合方式为"求差"，确认选择正确后，单击"确定"按钮，完成构建左侧水平孔的操作，其结果如图 2-112 所示。

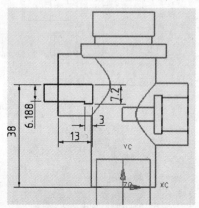

图 2-111 画出左侧水平孔轮廓曲线

图 2-112 构建出左侧水平孔

7. 构建左侧螺孔

单击"特征操作"工具条的［螺纹］命令，出现"螺纹"对话框后，用鼠标选择刚才构建的螺纹底孔表面。在对话框上，设置选项及参数，"螺纹"为"**M**14 × 1.5"，将"完整螺纹"选项选中，确认无误后，单击"确定"按钮，完成构建螺纹的操作。构建出的左侧螺孔如图 2-113 所示。

8. 构建竖直通孔

单击"特征操作"工具条的［孔］命令，出现"孔"对话框后，用鼠标选取竖直圆柱体上表面作为孔的放置面。设置孔参数"直径"为"18"、"深度"为"70"（大于 65mm 即可），其他参数不变。确认无误后，单击"确定"按钮，完成构建 ϕ18 通孔的操作，其效果如图 2-114 所示。

图 2-113　构建出左侧螺孔

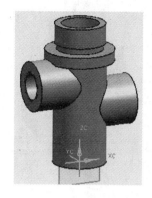

图 2-114　构建出竖直通孔

9. 构建 M24×2 外螺纹

单击"特征操作"工具条的［螺纹］命令，出现"螺纹"对话框后，用鼠标选取 φ24 圆柱表面作为外螺纹的放置面，如图 2-115 所示。在对话框上，设置选项及参数"螺纹"为"M24×2"，将"完整螺纹"选中，确认无误后，单击"确定"按钮，完成构建 M24×2 外螺纹的操作。构建出的外螺纹如图 2-116 所示。

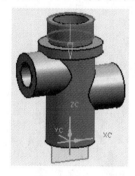

图 2-115　选取 φ24 圆柱面

图 2-116　构建出 M24×2 外螺纹

10. 构建 6 个小气孔

单击"成形特征"工具条的［拉伸］命令，在弹出的"拉伸"对话框上，选中"选择步骤"栏下的第二个命令图标［草图剖面］，并选择 YC-ZC 基准平面作为草图平面，如图 2-117 所示。如果此时单击工具条上的"√"图标，会进入所选的 YC-ZC 基准平面的正面，如图 2-118 所示。虽然，在这个草图平面中也可以画出 6 个小孔的轮廓曲线，但因其与零件图的方向相反，则绘制曲线及尺寸标注时不太方便。此时，可以用平面方向的变换方法，将其调整到 YC-ZC 基准平面的反面。具体操作方法是，当选择了 YC-ZC 基准平面后，先不要单击"√"图标，而是单击此工具条上的［基准平面］命令图标，如图 2-119 所示。当出现"基准平面"对话框时，用鼠标选取 XC 基准轴，然后选中"基准平面"对话框上"固定方法"栏下的［YC-ZC plane］命令图标，如图 2-120 所示。单击此对话框下面的"法向反向"按钮，并将实体模型旋转至所需要的角度（见图 2-121），确认无误后，单击"基准平面"对话框中的"确定"按钮，关闭"基准平面"对话框。然后，再单击"工具条"上的"√"图标，就会使 YC-ZC 基准平面反转过来，如图 2-122 所示。此时，将模型转换成静态线框模式，就可以绘制 6 个小孔的轮廓曲线了。

图 2-117 选择 YC-ZC 基准
平面作为草图平面

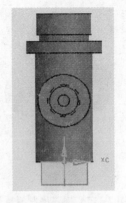

图 2-118 YC-ZC 的正面

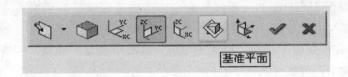

图 2-119 选择"基准平面"图标

图 2-120 选择［YC-ZC plane］命令图标

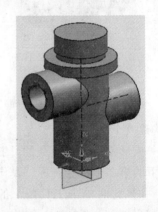

图 2-121 旋转模型至所需角度

为了便于确定小孔的圆心位置，可以先画出三条水平的直线和一条竖直直线，并进行相应的定位及尺寸标注。再以这三条直线作为基准，绘制出 6 个小孔轮廓曲线，如图 2-123 所示。返回到三维工作界面后，将"选择意图"设置为"单个曲线"，用鼠标逐一将 6 个小孔轮廓曲线选中，把握好拉伸方向，组合方式为"求差"，单击"确定"按钮，结束拉伸 6 个小孔的操作。构建出的 6 个小气孔如图 2-124 所示。

11. 倒斜角

单击"特征操作"工具条［倒斜角］命令，弹出"倒斜角"对话框。用鼠标选取 M24 ×2 螺纹柱上面的圆棱边，设置"偏置"值为"1"，单击对话框上的"确定"按钮，结束倒斜角操作。构建出的倒角如图 2-125 所示。

图 2-122 反转后的 YC-ZC 基准平面

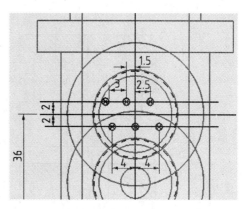

图 2-123 画出 6 个小孔轮廓曲线

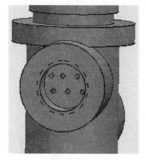

图 2-124 构建出 6 个小气孔

图 2-125 构建出的倒角

12. 倒圆角

单击"特征操作"工具条上［边倒圆］命令，弹出"边倒圆"对话框。用鼠标选取三个圆柱体的连接处及相应的棱边，在"设置 1 R"数据栏中输入数值"2"，单击对话框上的"确定"按钮，结束倒圆角操作。构建出的圆角如图 2-126 所示。

13. 图面处理

用［隐藏］命令将所有非实体图形要素隐藏起来。最后完成的气阀体实体模型如图 2-127 所示。

图 2-126 构建出的圆角

训练项目 6 活塞的设计

本训练项目要求用"草图—实体同步构建"方法，以及回转实体、坐标系平移、打孔、倒斜角等特征操作命令，完成图 2-128 所示的"活塞"的实体造型设计。可按提示的操作步骤和各阶段设计的草图、实体效果图，自行完成整个设计任务。

步骤 1 构建活塞体

单击"成形特征"工具条的［回转］命令，在弹出的"回转"对话框中，选中"选择步骤"栏下的第二个命令图标［草图剖面］，并选择 YC-ZC 基准平面作为草图平面，画出活塞体的轮廓曲线，如图 2-129 所示。返回到三维工作界面后，选择 YC 基准轴作为旋转轴，"起始值"为"0"、"结束值"为"360"，

图 2-127 最后完成的气阀体实体模型

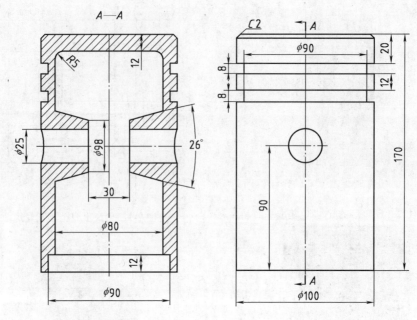

图 2-128　活塞

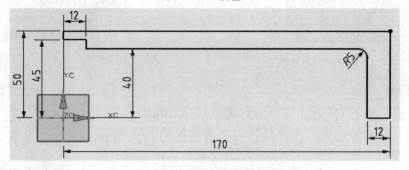

图 2-129　画出活塞体轮廓曲线

图 2-130　构建出活塞体

单击对话框的"确定"按钮，结束回转活塞体的操作，构建出的活塞体如图 2-130 所示。

步骤 2　平移坐标系

单击"菜单栏"的［格式］→［WCS］→［原点］命令，如图 2-131 所示。弹出"点构造器"对话框，将"基点"栏下的"YC"值设置为"90"，即将工作坐标系向 YC 轴正方向上平移 90。完成设置后，单击"点构造器"对话框的"确定"按钮。坐标系就会平移到新的位置，如图 2-132 所示，关闭"点构造器"对话框。为了便于绘制轮廓曲线，还应在新坐标系中创建出三个基准轴。单击"菜单栏"的［插入］→［基准/点］→［基准轴］命令，弹出"基准轴"对话框。选中上面第五个命令图标［固定基准］，会看到在新坐标系中出现三个基准轴预览图像，如图 2-133 所示。确认无误后，单击此对话框的"确定"按钮，结束创建基准轴操作。XC、YC、ZC 三个基准轴就会出现在新坐标系中。

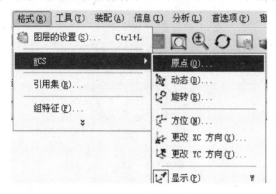

图 2-131　选择［原点］命令

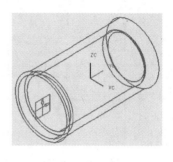

图 2-132　平移后的坐标系

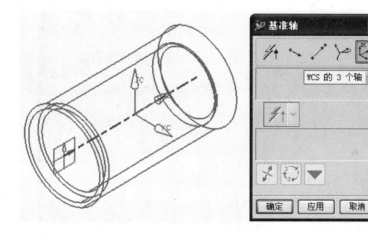

图 2-133　新坐标系的预览图像

步骤 3　构建内部锥台

单击"成形特征"工具条的［回转］命令，在弹出的"回转"对话框上，选中"选择步骤"栏下的第二个命令图标［草图剖面］，并选择 XC-YC 基准平面作为草图平面，准备绘制草图。可以先画出左侧的锥台轮廓曲线，然后，用"草图操作"工具条的［镜像］命令，以 YC 轴作为镜像中心线，镜像出右侧的轮廓曲线，镜像出的轮廓曲线需要单独地进行约束操作，将各个线段的首尾连接起来。画出的内部锥台轮廓曲线如图 2-134 所示。返回到三维工作界面后，用鼠标将两侧的锥台轮廓曲线都选中，选择新坐标系中 XC 基准轴作为旋转轴，"起始值"为"0"、"结束值"为"360"，组合方式为"求和"，单击对话框上的"确定"按钮，结束回转内部锥台的操作。构建出的内部锥台如图 2-135 所示。

步骤 4　构建 ϕ25 通孔

单击"特征操作"工具条的［孔］命令，弹出"孔"对话框。选择"简单"孔类型，设置参数，"直径"为"25"、"深度"为"50"（保证通孔即可）。用鼠标选择左侧的锥台表面作为孔的放置面，如图 2-136 所示。以锥台圆弧边缘作为孔中心的定位基准，单击"应用"按钮，构建出左侧的 φ25 通孔，如图 2-137 所示。用相同的方法再构建出右侧的 φ25 通孔，关闭"孔"对话框，结束打孔操作。构建出活塞的 φ25 通孔如图 2-138 所示。

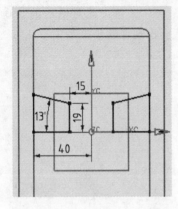

图 2-134　画出的锥台轮廓曲线

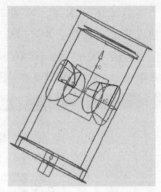

图 2-135　构建出内部锥台

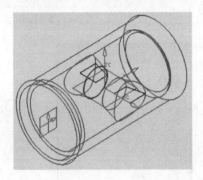

图 2-136　选择左侧锥台表面作为放置面

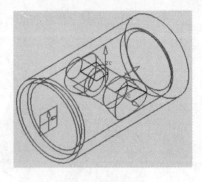

图 2-137　构建出左侧 φ25 孔

步骤 5　倒斜角

单击"特征操作"工具条的［倒斜角］命令，弹出"倒斜角"对话框。选择"等边"类型，设置"偏置"参数为"2"。用鼠标选择活塞顶面的圆棱边，单击"确定"按钮，结束倒斜角操作。完成倒角后的活塞如图 2-139 所示。

图 2-138　构建出活塞的 φ25 通孔

图 2-139　完成倒角后的活塞

步骤 6　图面处理

用［隐藏］命令将所有非实体图形要素隐藏起来。最后完成的活塞实体模型如图 2-140 所示。将活塞实体剖切开，其内部结构情况如图 2-141 所示。

图 2-140　最后完成的活塞实体模型

图 2-141　活塞实体内部结构

知 识 梳 理

1. 回转建模与拉伸建模的设计思路是一样的，即将零件拆分为由若干个简单几何形体组合而成的整体。按组合关系和空间位置，先后设计出各个简单的几何形体，并与前面的形体进行恰当地组合，如创建、求和、求差、求交等。先设计增添的形体，后设计去除的形体（如孔、槽、抽壳、螺纹等）。

2. 回转建模的设计过程是，选择回转体的纵截面作为草图平面，画出纵截面轮廓曲线。返回到三维工作界面后，要设置好起始（角度）值和结束（角度）值，并正确选取用于回转的旋转轴（如基准轴、直线、边线等），根据设计的需要单击"确定"或"应用"按钮，生成回转实体，并与前面的形体进行相应地组合。

3. 绘制草图时，要注意各个线段的约束关系和尺寸标注，特别是某些线段可能需要与XC 或 YC 基准轴保持共线。如果是轮廓曲线，则必须保证其完全闭合，不能有缝隙或搭头存在，否则回转后所形成的就不是实体而是片体。

4. 创建辅助草图平面时（如平行平面、角度平面、垂直直线平面等），要注意正确地选择参考平面、矢量方向，并输入准确的偏置值或转角值。如果在绘制轮廓曲线时需要以基准轴进行定位或尺寸标注，则需要将工作坐标系进行平移或旋转。此时，要准确地输入新坐标系的原点坐标值或旋转角度值。

5. 熟练运用曲线［变换］命令，可以加快曲线的绘制速度，并简化操作步骤。本单元讲述了曲线变换的几种方法，如镜像、矩形阵列、环形阵列、平移复制等。在曲线变换操作中，要注意正确地选择镜像用的中心线、矩形阵列的参考点和目标点、环形阵列的旋转轴或旋转点，以及平移复制的方向与增量值等。

6. ［实例特征］命令用于对特征实体进行复制或变换，本单元讲述了其中的镜像特征、环形阵列特征等。不同于曲线变换的操作，它是针对实体而言的，是在三维工作界面进行的。在镜像操作过程中，应注意正确选择镜像的对象和镜像平面；在环形阵列操作过程中，应注意正确选择环形阵列对象、参考点和旋转轴。

7. 在螺纹的设计中，外螺纹应首先选中螺纹所在的圆柱面，内螺纹则选中螺纹所在的孔表面。在选择螺纹表面时，无论是外螺纹还是内螺纹，都应注意将光标靠近起始表面，即螺纹长度的基准平面。不要忘记设置螺纹的参数及螺纹的长度，如果所选的整个表面均为螺纹，则应将"完整螺纹"选项选中。应当注意的是，在 UG 中螺纹是不能进行镜像和阵列的，只能在镜像或阵列螺纹底孔后，一次将所有相同参数的螺纹面选中，进行设计操作。

8. 在草图绘制中，如果使用［投影］或［偏置曲线］命令提取实体边缘作为定位或尺寸标注的基准线，务必用［约束］命令先将其固定住，以免提取的线段发生移动。

9. 绘制曲线时，应善于使用［约束］命令对各个线段进行必要的约束和限定。常用的约束形式有终点、中点、控制点、交点、圆弧中心、象限点和点在曲线上。具体使用哪种形式的约束，应根据图形的要求加以选择，并及时地将"捕捉点"工具条上所对应的命令激活，再进行约束操作。

训 练 作 业

用所学的回转和拉伸建模知识及特征操作命令，完成下面训练作业的实体设计。

【2-1】 从动轴，如图 2-142 所示。

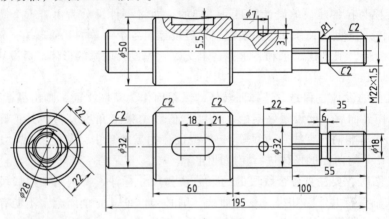

图 2-142 从动轴

【2-2】 过渡盘，如图 2-143 所示。

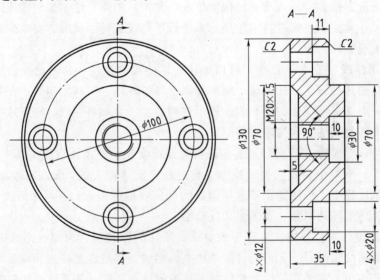

图 2-143 过渡盘

【2-3】 拐轴，如图 2-144 所示。

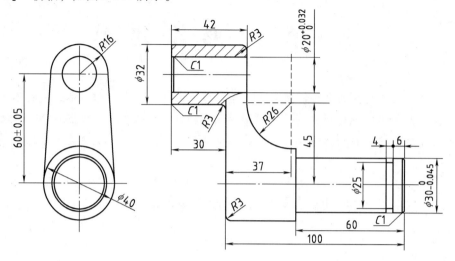

图 2-144 拐轴

【2-4】 弹性夹头，如图 2-145 所示。

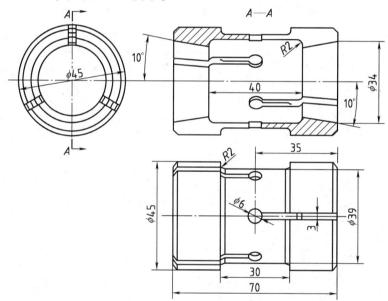

图 2-145 弹性夹头

第3单元 形体建模

形体建模是指运用如长方体、圆柱、圆锥、球、凸垫等简单几何形体，进行适当的组合和变换，生成零件实体的建模方法。使用这种方法构建实体模型，其优点在于不需要专门绘制轮廓曲线或绘制少量的轮廓曲线，而生成实体模型；其缺点是无法构建复杂结构的零件实体。

项目3-1 齿轮泵盖的设计

项目目标

在"建模"应用模块环境下，用形体建模方法，以及拔模、打孔、实体阵列、镜像特征、边倒圆等操作命令，完成图3-1所示"齿轮泵盖"零件的实体设计。

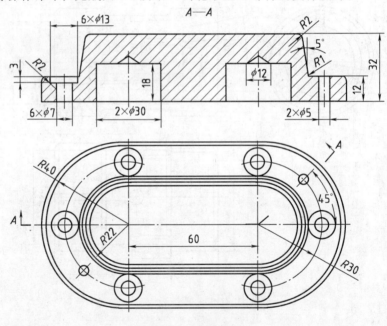

图3-1 齿轮泵盖

学习内容

创建基准平面、创建基准轴、长方体的构建与定位、凸垫的构建与定位、形体的拔模、打工艺孔、孔的环形阵列、孔系的镜像操作等。

任务分析

齿轮泵盖为铸造件，由长圆底板和带有拔模斜度（拔模角5°）的长圆凸板组合而成。

在底板上分布 6 个沉头孔和 2 个圆柱销孔；底板的底平面上开有两个 φ30 轴孔（带工艺孔）；形体相接处的棱边和拐角带有铸造圆角。在设计过程中，要注意单独创建基准平面和基准轴的方法；运用［拔模角］命令，对形体进行拔模处理；运用［环形阵列］命令，对非整圆分布孔进行阵列操作；运用［镜像特征］命令，镜像非整圆分布孔系，运用数据栏中的"函数"功能，对孔进行定位操作等。

设计路线

齿轮泵盖设计路线图如图 3-2 所示。

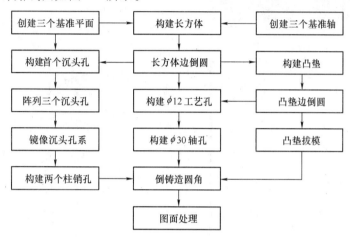

图 3-2　齿轮泵盖设计路线图

操作步骤

此零件的结构相对比较简单，可以不绘制草图，完全运用形体建模的方法来进行构建。在整个模型构建过程中，可以学习全新的设计方法。

1. 创建三个基准平面

单击"菜单栏"的［插入］→［基准/点］→［基准平面］命令，弹出"基准平面"对话框。此对话框的中部，在"固定方法"栏下面有四个命令图标，依次选中前三个命令图标，即［XC-YC plane］、［XC-ZC plane］、［YC-ZC plane］，如图 3-3 所示。每选中一个命令图标，单击对话框上的"应用"按钮，就会创建出一个基准平面。完成三个基准平面的创建后，单击"取消"按钮，关闭对话框，结束基准平面的创建。创建的三个基准平面，如图 3-4 所示。

2. 创建三个基准轴

单击"菜单栏"的［插入］→［基准/点］→［基准轴］命令，弹出"基准轴"对话框。选择此对话框中的第五个命令图标［固定基准］，在下面的参数栏中会出现"WCS 的 3个轴"，如图 3-5 所示。单击此对话框上的"确定"按钮，即可同时创建出 XC、YC、ZC 三个基准，如图 3-6 所示。

3. 构建长方体

单击"成形特征"工具条的［长方体］命令，弹出"长方体"对话框。选择对话框

"类型"下面的第一个命令图标［原点，边长度］；"选择步骤"为［点1］；"长度（XC）"为"140"、"宽度（YC）"为"80"、"高度（ZC）"为"12"，如图3-7所示。设置好选项及参数后，先不要单击"确定"按钮。用鼠标单击"捕捉点"工具条的［点构造器］命令图标，如图3-8所示。设置"点构造器"对话框上的参数"XC"为"－70"、"YC"为"－40"、"ZC"为"0"，单击"确定"按钮，将长方体在三维空间进行定位。返回到"长方体"对话框后，再单击此对话框的"确定"按钮，完成构建长方体的操作。构建出的长方体如图3-9所示。

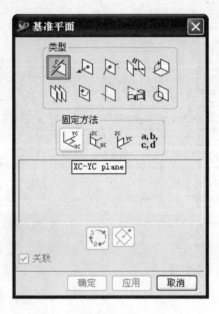

图3-3　"基准平面"对话框

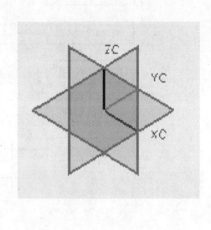

图3-4　创建的三个基准平面

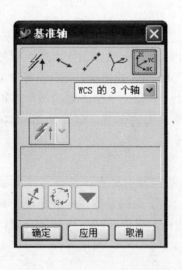

图3-5　"基准轴"对话框

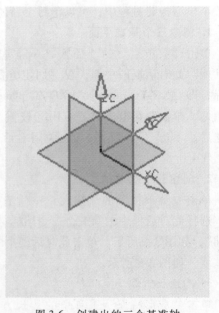

图3-6　创建出的三个基准轴

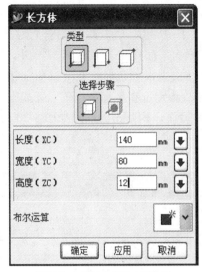

图 3-7 "长方体"对话框

图 3-8 选择"点构造器"

4. 长方体边倒圆

单击"特征操作"工具条的［边倒圆］命令，弹出"边倒圆"对话框。在"设置 1 R"栏中输入数值"40"，即倒半径为"40"的圆角。然后，用鼠标选取长方体的四条立棱边。确认选择正确后，单击对话框上的"确定"按钮，完成边倒圆操作，长方体即成为泵盖零件中的长圆底板。长方体边倒圆的效果，如图 3-10 所示。

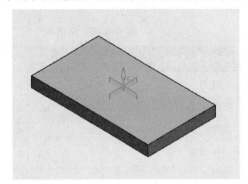

图 3-9 构建出的长方体

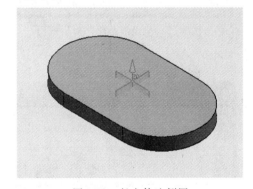

图 3-10 长方体边倒圆

5. 构建凸垫

单击"成形特征"工具条的［凸垫］命令，弹出"凸垫"对话框。选择此对话框的"矩形"按钮，如图 3-11 所示，单击"确定"按钮，出现"矩形凸垫"对话框，如图 3-12 所示。此对话框上的"名称"空白数据栏，是等待用户选择矩形凸垫的放置表面。用鼠标选择长圆底板的上表面，单击左键确定后，会出现"水平参考"对话框，如图 3-13 所示。单击"基准轴"按钮，弹出"选择物体"对话框，如图 3-14 所示。用鼠标选择 XC 基准轴，单击左键确定。又出现新的"矩形凸垫"对话框，设置参数"长度"为"104"、"宽度"为"44"、"高度"为"20"，如图 3-15 所示。单击"确定"按钮，弹出"定位"对话框，将光标移到第四个命令图标［垂直］上面，如图 3-16 所示。单击左键确定后，出现"垂直的"对话框，如图 3-17 所示。先用鼠标选取 XC 基准轴，再选取凸垫的水平中心线，又弹出"创建表达式"对话框。同时，模型中的 XC 基准轴与中心线之间出现一个尺寸值。此时，在对话框上面的数据栏中输入数值"0"，如图 3-18 所示。单击此对话框上的"确定"按钮，又弹出"定位"对话框。仍用上面的方法，选择［垂直］命令图标。然后，用鼠标分别选取 YC 基准轴和凸垫的垂直中心线，当两者之间出现尺寸值时，在对话框上输入数值"0"，如图 3-19 所示。这两项定位操作，实际上是将凸垫定位在坐标原点上。完成上面的操作后，分别单击"确定"按钮，结束构建矩形凸垫的操作。构建出的凸垫如图 3-20 所示。

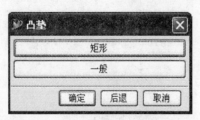

图 3-11 "凸垫"对话框

图 3-13 "水平参考"对话框

图 3-12 "矩形凸垫"对话框

图 3-14 "选择物体"对话框

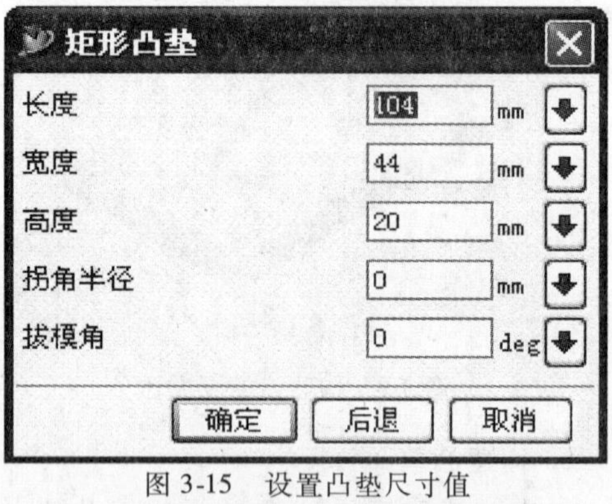

图 3-15 设置凸垫尺寸值

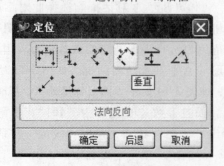

图 3-16 选择"垂直"图标

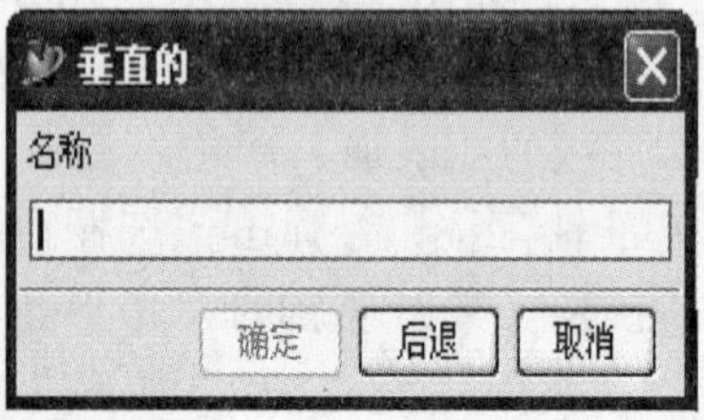

图 3-17 "垂直的"对话框

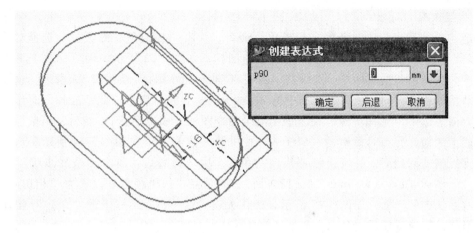

图 3-18　设定 XC 基准轴与凸垫水平中心线之间的距离值

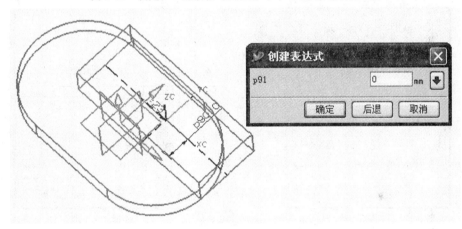

图 3-19　设定 YC 基准轴与凸垫垂直中心线之间的距离值

6. 凸垫边倒圆

单击"特征操作"工具条的［边倒圆］命令，弹出"边倒圆"对话框。在参数"设置 1 R"栏中输入数值"22"，即倒半径为"22"的圆角。然后，用鼠标选取凸垫的四条立棱边。确认选择正确后，单击对话框的"确定"按钮，完成边倒圆操作。凸垫边倒圆的效果如图 3-21 所示。

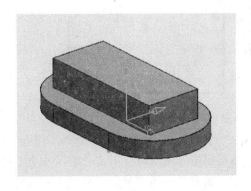

图 3-20　构建出的凸垫

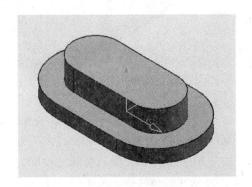

图 3-21　凸垫边倒圆

7. 凸垫拔模

单击"特征操作"工具条的［拔模角］命令，弹出"拔模角"对话框。选择对话框上"选择步骤"栏下的［自动判断的矢量］命令图标，如图 3-22 所示。用鼠标单击下拉箭头将其打开，展现出备选图标栏，选中其中的［ZC 轴］命令图标，如图 3-23 所示。这一操作是确定凸垫的拔模方向。此时，模型中的 ZC 轴会高亮显示，表示以此基准轴方向作为拔模的高度方向。选中"选择步骤"栏下的第二个命令图标［固定平面］，然后，用鼠标选取长圆底板的上表面，并在对话框的"Set1 A"栏中输入数值"5"，如图 3-24 所示。这一操作是在设定拔模的起始面，并确定将要拔模的角度。完成设置后，单击"选择步骤"栏下的第三个命令图标［Faces to Draft］（拔模表面）；同时将"选择意图"设置为"相切面"，用鼠标选取凸垫的侧表面，如图 3-25 所示。确认无误后，单击对话框上的"确定"按钮，结束拔模操作。完成拔模后的凸垫，如图 3-26 所示。

图 3-22　"拔模角"对话框

图 3-23　选择"ZC 轴"命令图标

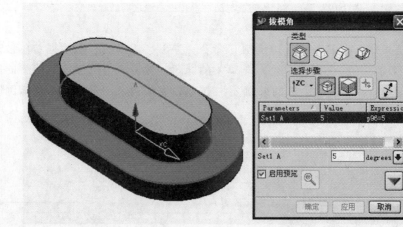

图 3-24　设置拔模的起始面及拔模的角度

8. 构建 $\phi 12$ 工艺孔

工艺孔在零件中并没有实际的功能，只是为加工制造方便而设。工艺孔的尺寸小于轴孔尺寸，是轴孔的预钻孔。有了工艺孔可以使轴孔加工更容易，同时节省制造成本。工艺孔的设计方法与正常孔是一样的。

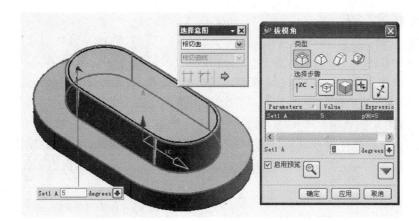

图 3-25　选择凸垫的拔模表面

　　单击"特征操作"工具条的［孔］命令，弹出"孔"对话框。选择"类型"栏下的第一个命令图标［简单］，设置孔参数"直径"为"12"、"深度"为"18"、"顶锥角"为"118"。选择长圆底板底面作为孔的放置面，并以圆弧中心作为孔的中心，单击孔对话框上的"应用"按钮，即可完成一个工艺孔的构建。用同样的方法，再将另一个工艺孔构建出来。完成的 φ12 工艺孔效果，如图 3-27 所示。

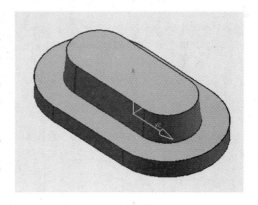

图 3-26　完成拔模后的凸垫

9. 构建 φ30 轴孔

　　此孔除尺寸参数不同外，与构建工艺孔的操作方法是一样的。单击"特征操作"工具条的［孔］命令，弹出"孔"对话框。选择"类型"栏下的第一个命令图标［简单］，设置孔参数"直径"为"30"、"深度"为"18"、"顶锥角"为"0"。仍选择长圆底板底面作为孔的放置面，并以圆弧中心作为孔的中心，单击对话框上的"应用"按钮，即可完成一个轴孔的构建。用同样的方法，构建出另一个轴孔。完成的 φ30 轴孔效果，如图 3-28 所示。

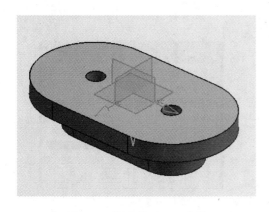

图 3-27　构建出 φ12 工艺孔

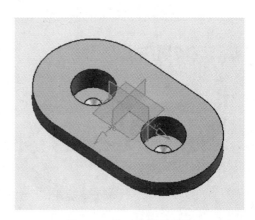

图 3-28　构建出 φ30 轴孔

10. 构建首个沉头孔

单击"特征操作"工具条的[孔]命令，弹出"孔"对话框。选择"类型"栏下的第二个命令图标[沉头孔]，设置孔参数"沉头直径"为"13"、"沉头深度"为"3"、"孔直径"为"7"、"深度"为"20"（保证通孔即可）。选择长圆底板上表面作为孔的放置面，单击"应用"按钮，出现"定位"对话框。选中第四个命令图标[垂直]，单击鼠标选择XC基准轴，在对话框数据栏中输入数值"30"，并单击<回车>键，如图3-29所示。再选择YC基准轴，在数据栏中也输入数值"30"，并单击<回车>键，如图3-30所示。完成上面的操作后，单击"确定"按钮，结束首个沉头孔的构建。构建出的沉头孔如图3-31所示。

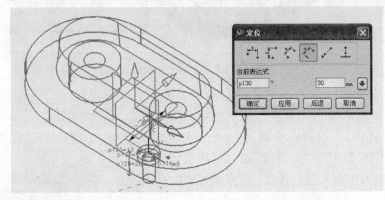

图 3-29　选择 XC 基准轴，并输入距离值"30"

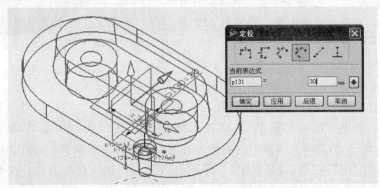

图 3-30　选择 YC 基准轴，并输入距离值"30"

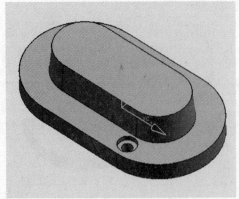

图 3-31　构建出的沉头孔

图 3-32　选取"Counterbore Hole（44）"

11. 阵列三个沉头孔

在同一圆周上的另外两个沉头孔，采用非整圆分布的环形阵列方法来构建。

单击"特征操作"工具条的［实例特征］命令，出现"实例"对话框时，选择上面的［环形阵列］命令图标，弹出新"实例"对话框。如图 3-32 所示，选取"过滤器"栏中的"Counterbore Hole（44）"（沉头孔）选项，单击"确定"按钮，又弹出新的"实例"对话框。选择"方法"栏下的"一般"选项，设置参数"数字"为"3"、"角度"为"90"，如图 3-33 所示。完成设置后，单击"确定"按钮，又出现新的"实例"对话框。选择"点和方向"按钮，如图 3-34 所示。单击"确定"按钮后，出现"矢量构造器"对话框。先选择第四个命令图标［边缘/曲线矢量］，再用鼠标选取长圆底板圆弧边缘，如图 3-35 所示。确认选择无误后，单击"确定"按钮。弹出"点构造器"对话框。选择第二行第一个命令图标［圆弧/椭圆/球中心］，再用鼠标选取长圆底板圆弧边缘，如图 3-36 所示。确认选择无误后，单击"确定"按钮，又会出现"创建引用"对话框。此时注意观察阵列生成的沉头孔预览图像是否正确，如图 3-37 所示。确认无误后，单击对话框上的"是"按钮，结束非整圆分布的环形阵列操作。阵列出的三个沉头孔如图 3-38 所示。

图 3-33　设置环形阵列参数

图 3-34　选择"点和方向"按钮

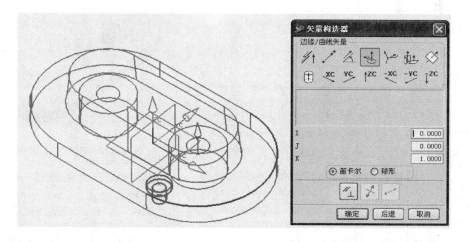

图 3-35　先后选择［边缘/曲线矢量］和圆弧边缘

12. 构建两个圆柱销孔

零件图中的两个 φ5 小孔是圆柱销孔，用于将泵盖定位在泵体上，使泵盖与泵体能够准确地配合。两个圆柱销孔分布在不同的圆周上，但它们与 ZC 基准轴成对称布局。利用这一

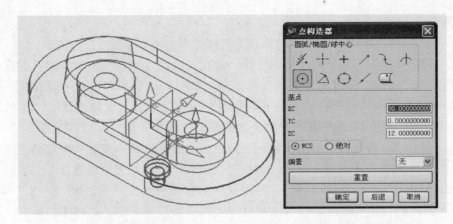

图 3-36　先后选择 ［圆弧/椭圆/球中心］ 和圆弧边缘

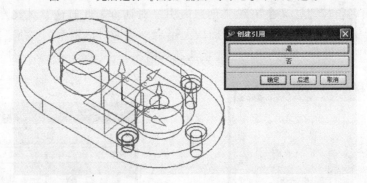

图 3-37　"创建引用" 对话框和阵列沉头孔的预览图像

点，可以先构建出一侧的圆柱销孔，然后运用环形阵列方法构建出另一侧的圆柱销孔。

单击 "特征操作" 工具条的 ［孔］ 命令，弹出 "孔" 对话框。选择 "类型" 栏下的第一个命令图标 ［简单］，设置孔参数 "直径" 为 "5"、"深度" 为 "20"（保证通孔即可）。选择长圆底板上表面作为孔的放置面，单击 "确定" 按钮，弹出 "定位" 对话框。选择上面的第四个命令图标 ［垂直］。用鼠标选取 XC 基准轴，在数据栏中输入函数 "30 * sin （45）"，如图 3-39 所示，单击 <回车> 键确定。再用鼠标选择

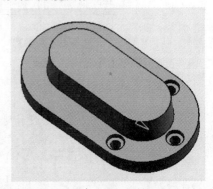

图 3-38　阵列出三个沉头孔

YC 基准轴，在数据栏中输入函数 "30 + 30 * cos （45）"，单击 <回车> 键确定。确认以上操作无误后，单击 "确定" 按钮，结束第一个圆柱销孔的构建。构建出一侧的圆柱销孔，如图 3-40 所示。

单击 "特征操作" 工具条的 ［实例特征］ 命令，出现 "实例" 对话框时，选择上面的 ［环形阵列］ 命令图标，弹出新 "实例" 对话框。选取刚才所构建的圆柱销孔，单击 "确定" 按钮，又弹出新的 "实例" 对话框。选择 "方法" 栏下的 "一般" 选项，设置参数 "数字" 为 "2"、"角度" 为 "180"。单击 "确定" 按钮，又出现新的 "实例" 对话框。选择 ［基准轴］ 命令图标后，弹出 "选择一个基准轴" 对话框，直接用鼠标选取 ZC 基准

轴，在模型中会出现阵列孔的预览图像，如图 3-41 所示。如果图形正确，单击"确定"按钮，结束环形阵列操作。阵列出另一侧的圆柱销孔，如图 3-42 所示。

13. 倒铸造圆角

单击"特征操作"工具条的［边倒圆］命令，弹出"边倒圆"对话框。按照零件工程图所标示的位置和尺寸，分别设置半径值"1"和"2"，选取对应的棱边或拐角，倒出零件上的全部铸造圆角，如图 3-43 所示。

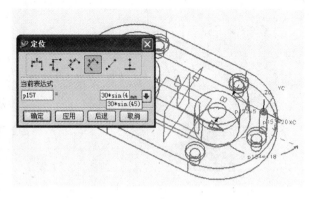

图 3-39　输入距 XC 轴的函数"30 ＊（45）"

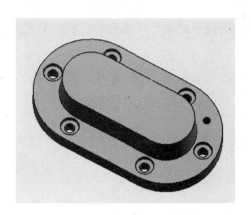

图 3-40　构建出一侧的圆柱销孔

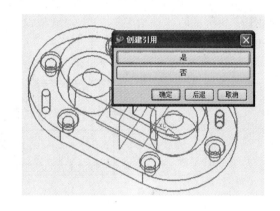

图 3-41　环形阵列孔的预览图像

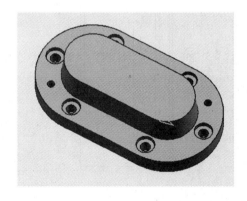

图 3-42　阵列出另一侧的圆柱销孔

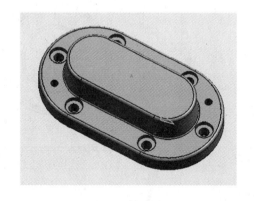

图 3-43　倒出铸造圆角

14. 图面处理

用［隐藏］命令将所有非实体图形要素隐藏起来。最后完成的齿轮泵盖实体模型，如图 3-44 所示。

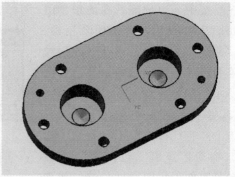

图 3-44　最后完成的齿轮泵盖实体模型

训练项目7　端法兰的设计

本训练项目要求用形体建模、矩形阵列、构建圆柱面上的孔、割槽等特征操作命令，完成图 3-45 所示的"端法兰"的实体造型设计。可按提示的操作步骤和各阶段设计的草图、实体效果图，自行完成整个设计任务。

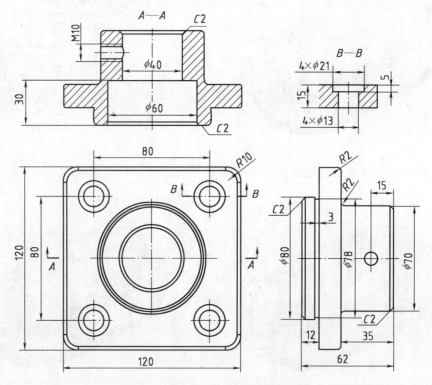

图 3-45　端法兰

步骤1　创建三个基准平面和三个基准轴

按照前面所讲述的方法，使用［基准平面］和［基准轴］命令，创建出 XC-YC、YC-ZC、XC-ZC 三个基准平面和 XC、YC、ZC 三个基准轴，如图 3-46 所示。

步骤2　构建方形座板

使用［长方体］命令，设置参数"长度"为"120"、"宽度"为"120"、"高度"为

"15"，定位在点（-60，-60，-15）上。构建出的方形座板如图 3-47 所示。

步骤 3　构建 φ80 圆柱体

使用［圆柱］命令，放置面设在方形座板的底面上。设置参数"直径"为"80"、"高度"为"12"，定位在点（0，0，-15）上，组合方式为"求和"。构建出的 φ80 圆柱体如图 3-48 所示。

步骤 4　φ80 圆柱体割槽

单击"成形特征"工具条的［割槽］命令，弹出"沟槽"对话框。单击上面的"矩形"按钮，如图 3-49 所示。弹出"矩形沟槽"对话框，用鼠标选取 φ80 圆柱面为沟槽放置面，如图 3-50 所示。弹出新的"矩形沟槽"对话框。设置参数"沟槽直径"为"78"、"宽度"为"3"，如图 3-51 所示。单击"确定"按钮，又弹出"定位沟槽"对话框，同时，提示栏显示"选择目标边或'确定'接受初始位置"，这是让用户选择沟槽边缘的放置基准。选取方形座板底面一条边缘作为沟槽定位基准，如图 3-52 所示。确认选择正确后，单击左键确定，并单击"确定"按钮。此时，对话框仍是"定位沟槽"，但提示栏显示"选择刀具边"，这是让用户选择以沟槽哪个边缘作为参考基准。选取沟槽圆柱体靠近方形座板的沟槽边缘作为参考基准，如图 3-53 所示。确认选择正确后，单击左键确定，并单击"确定"按钮，又弹出"创建表达式"对话框，在数据栏中输入数值"0"，此数值即是定位基准与参考基准之间的距离值，如图 3-54 所示。单击"确定"按钮，结束割槽操作。构建出 φ80 圆柱体上的沟槽，如图 3-55 所示。

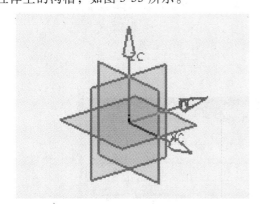

图 3-46　创建出三个基准面和三个基准轴

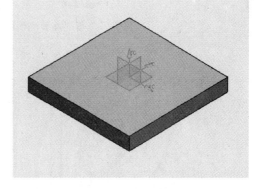

图 3-47　构建出的方形座板

图 3-48　构建出的 φ80 圆柱体

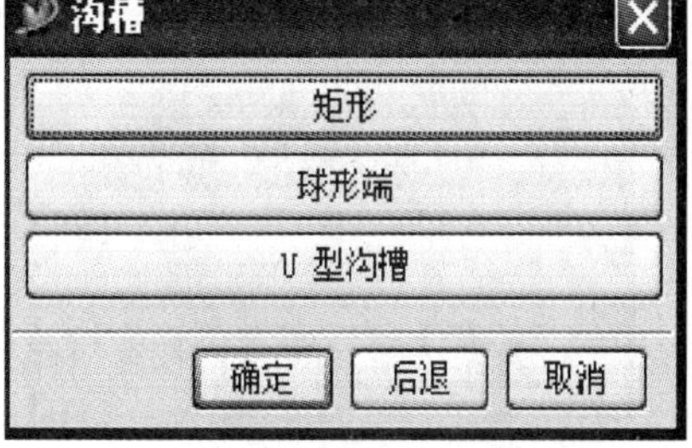

图 3-49　单击"矩形"按钮

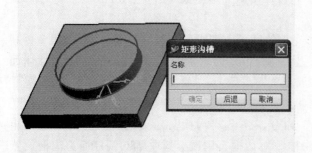

图 3-50 选取圆柱面为沟槽放置面

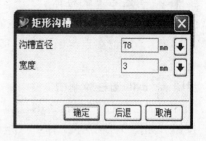

图 3-51 设置沟槽参数

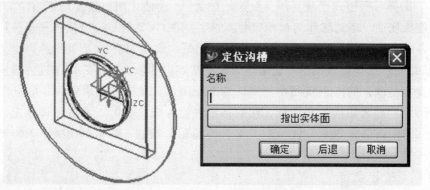

图 3-52 选取方形座板底面一条边缘作为沟槽定位基准

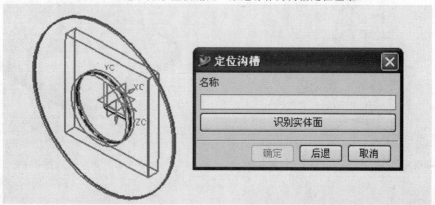

图 3-53 选取靠近方形座板的沟槽边缘作为参考基准

图 3-54 输入两个基准的距离值

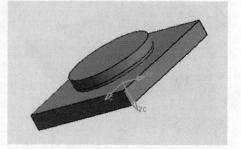

图 3-55 构建出 $\phi80$ 圆柱体上的沟槽

步骤 5　构建 φ70 圆柱体

使用［圆柱］命令，放置面设在方形座板的上表面。设置参数"直径"为"70"、"高度"为"35"，定位在点（0，0，0）上，组合方式为"求和"。构建出的 φ70 圆柱体，如图 3-56 所示。

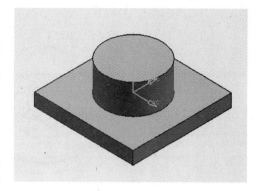

图 3-56　构建出的 φ70 圆柱体

步骤 6　构建 φ40 孔

使用［孔］命令，放置面设在 φ70 圆柱体的上表面。设置参数"直径"为"40"、"深度"为"80"，以圆柱的轴线作为孔的中心线进行定位。构建出的 φ40 孔如图 3-57 所示。

步骤 7　构建 φ60 平底孔

使用［孔］命令，放置面设在 φ80 圆柱体的平面上。设置参数"直径"为"60"、"深度"为"30"、"顶锥角"为"0"，以圆柱的轴线作为孔的中心线进行定位。构建出的 φ60 平底孔如图 3-58 所示。

图 3-57　构建出的 φ40 孔

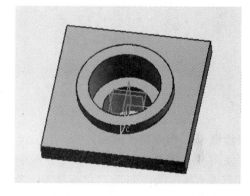

图 3-58　构建出的 φ60 平底孔

步骤 8　创建平行平面

单击"菜单栏"的［插入］→［基准/点］→［基准平面］命令，弹出"基准平面"对话框。选中"类型"下面的第四个命令图标［按某一距离］。用鼠标选取 YC-ZC 基准平面为参考基准面，观察出现的新平面方向是否指向左前方。如果不是，则单击"反向"按钮。然后，在"偏置"数据栏中输入数值"35"，如图 3-59 所示。确认操作无误后，单击对话框的"确定"按钮，结束创建平行平面操作。创建出的平行平面如图 3-60 所示。

步骤 9　构建 M10 螺纹孔

使用［孔］命令，放置面设在创建的平行平面上。设置参数"直径"为"8.376"（螺纹孔底径）、"深度"为"20"（保证通孔即可）。先以 ZC 基准轴定位，距离为"0"；再以方形座板底面定位，距离为"35"。构建出的 M10 螺纹底孔如图 3-61 所示。使用［螺纹］命令，选择螺纹底孔面作为放置面，选择平行平面作为螺纹起始基准。设置螺纹参数为 M10 ×1.5，将"完整螺纹"选项选中。单击"确定"按钮，完成构建 M10 螺纹孔的操作。构建出的 M10 螺纹孔如图 3-62 所示。

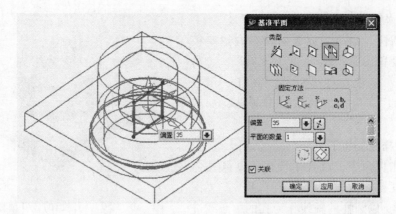

图 3-59　设置平行平面方向及偏置距离

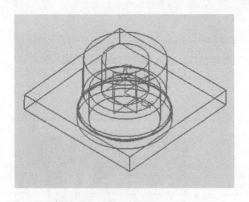

图 3-60　创建出的平行平面

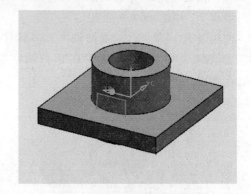

图 3-61　构建出的 M10 螺纹底孔

步骤 10　构建首个沉头孔

使用［孔］命令，放置面设在方形座板的上表面。选择"类型"为［沉头孔］。设置参数"沉头直径"为"21"、"沉头深度"为"5"、"孔直径"为"13"、"孔深度"为"20"（保证通孔即可）。先以 XC 基准轴定位，距离为"40"；再以 YC 基准轴定位，距离为"40"。构建出的首个沉头孔如图 3-63 所示。

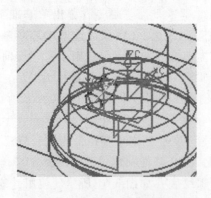

图 3-62　构建出的 M10 螺纹孔

图 3-63　构建出的首个沉头孔

步骤 11　矩形阵列四个沉头孔

单击"特征操作"工具条的［实例特征］命令，弹出"实例"对话框。选择"矩形阵列"按钮，如图 3-64 所示，单击左键确定，出现新的"实例"对话框。选取"过滤器"栏中的"Counterbore Hole（15）"（沉头孔）选项，如图 3-65 所示。单击"确定"按钮，出现"输入参数"对话框。选择"方法"栏下的"一般"选项。设置参数"XC　向的数量"为"2"、"XC　偏置"为"80"、"YC 向的数量"为"2"、"YC 偏置"为"80"，如图 3-66 所示。确认输入参数正确后，单击"确定"按钮，又出现"创建引用"对话框。同时，在模型中出现四个阵列沉头孔的预览图像。确认正确，单击"是"按钮，结束矩形阵列操作。阵列出的四个沉头孔如图 3-67 所示。

步骤 12　构建倒斜角

使用［倒斜角］命令，设置"偏置"值为"2"，倒出零件上 4 处 $C2$（$2 \times 45°$）的斜角，如图 3-68 所示。

图 3-64　选择"矩形阵列"按钮

图 3-65　选取要阵列的沉头孔

图 3-66　设置矩形阵列参数

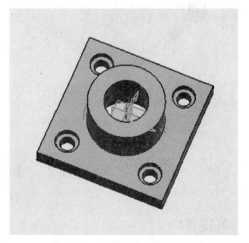

图 3-67　阵列出的四个沉头孔

步骤 13　倒 R10 的圆角

使用［边倒圆］命令，设置"设置 1 R"值为"10"，倒出方形座板四个立棱边圆角，如图 3-69 所示。

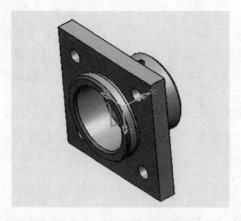

图 3-68　倒出 4 处 C2 的斜角

图 3-69　倒出 R10 的圆角

步骤 14　倒 R2 的圆角

使用［边倒圆］命令，设置"设置 1 R"值为"2"，倒出零件上两处 R2 的圆角，如图 3-70 所示。

步骤 15　图面处理

用［隐藏］命令将所有非实体图形要素隐藏起来。最后完成的端法兰实体模型如图3-71 所示。

图 3-70　倒出 R2 的圆角

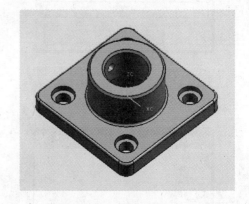

图 3-71　最后完成的端法兰实体模型

项目 3-2　单柄对重手柄的设计

项目目标

在"建模"应用模块环境下，用形体建模方法，以及球体、圆锥体、坐标系平移、实体多重组合、修剪体、绘制定位曲线等操作命令，完成图 3-72 所示"单柄对重手柄"的设计。该部件由两个零件组装而成，零件 1 为球柄体，如图 3-73 所示；零件 2 为手柄，如图 3-74 所示。本项目的任务是分别完成这两个零件的实体模型设计。

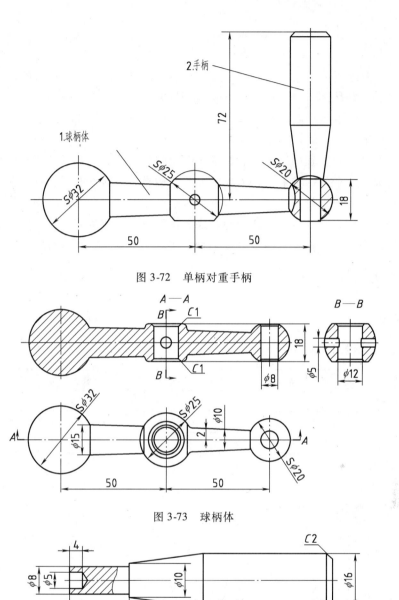

图 3-72　单柄对重手柄

图 3-73　球柄体

图 3-74　手柄

学习内容

　　构建球体、圆锥体、修剪体、平移坐标系、绘制定位曲线、创建平行平面、点和方向的矢量平面、球体打孔、实体多重组合等操作。

任务分析

零件1（球柄体）由大、中、小三个球体和圆锥体组合而成。在球体的水平方向上开有 $\phi12$、$\phi8$ 轴孔；在球体的垂直方向上开有 $\phi5$ 圆柱销孔。

零件2（手柄）由大小两个圆柱体和一个圆锥体组合而成，在小圆柱体端面开有一个铆接孔。

在两个零件的设计过程中，要注意圆锥杆底面的放置位置，它的位置与由定位曲线确定的平行平面有关。由于设计的需要，每个特征实体构建后不能即时组合，要在全部构建完毕后逐一进行组合。为便于修剪实体，需要创建多个平行平面。为准确绘制定位曲线，需要对坐标系进行平移操作，并在定位曲线绘制完成后将坐标系移回到绝对坐标原点。本部分只需单独设计球柄体和手柄，不要求组装（在后面的单元中会讲述装配设计）。

【球柄体的设计】

设计路线

球柄体设计路线图如图 3-75 所示。

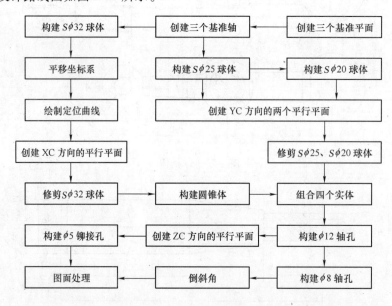

图 3-75 球柄体设计路线图

操作步骤

此零件除绘制定位曲线外，基本采用形体建模的方法来完成设计。设计的主要难点是圆锥体大端面位置的确定。零件图上要求 $S\phi32$ 球体与圆锥体的相接处的直径为 $\phi15$。为保证这一尺寸的准确，运用了平移坐标系、绘制定位曲线、创建点和方向的矢量平面的方法，以及对 $S\phi32$ 球体进行修剪等特殊设计方法。

1. 创建三个基准平面

按照项目 3-1 所讲述的方法。运用"菜单栏"的［插入］→［基准/点］→［基准平面］命令，创建出 XC-YC、XC-ZC、YC-ZC 三个基准平面，如图 3-4 所示。

2. 创建三个基准轴

按照项目 3-1 所讲述的方法。运用"菜单栏"的［插入］→［基准/点］→［基准轴］命令，创建出 XC、YC、ZC 三个基准轴，如图 3-6 所示。

3. 构建 $S\phi25$ 球体

单击"成形特征"工具条的［球］命令，弹出"球"对话框，如图 3-76 所示。单击对话框上的"直径，圆心"按钮，出现新的"球"对话框，在"直径"数据栏中输入数值"25"，如图 3-77 所示。单击"确定"按钮，弹出"点构造器"对话框。将此对话框上"基点"栏下的 XC、YC、ZC 三个坐标值都设置为"0"，即将该球体的球心放置在坐标原点上。单击"确定"按钮，结束构建球体的操作。构建出的 $S\phi25$ 球体如图 3-78 所示。

图 3-76　单击"直径，圆心"按钮

图 3-77　输入球体参数

4. 构建 $S\phi20$ 球体

单击"成形特征"工具条的［球］命令，弹出"球"对话框。单击对话框上的"直径，圆心"按钮，弹出新的"球"对话框，在"直径"数据栏中输入数值"20"。单击"确定"按钮，弹出"点构造器"对话框。将此对话框上"基点"栏下的 XC、YC、ZC 三个坐标值分别设置为 XC = 50、YC = 0、ZC = 0，即将该球放置在距离坐标原点为 50 的 XC 基准轴上。单击"确定"按钮，结束构建球体的操作。构建出的 $S\phi20$ 球体如图 3-79 所示。注意此球体的组合方式是"创建"，是一个独立的实体。

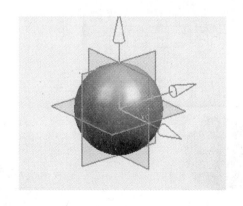

图 3-78　构建出的 $S\phi25$ 球体

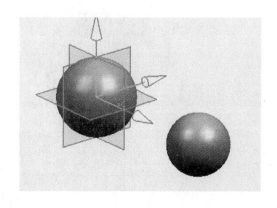

图 3-79　构建出的 $S\phi20$ 球体

5. 创建 YC 方向的两个平行平面

单击"菜单栏"的［插入］→［基准/点］→［基准平面］命令，弹出"基准平面"对话框。选中"类型"下面的第四个命令图标［按某一距离］。用鼠标选取 XC-ZC 基准平面为参考基准面，然后，在"偏置"数据栏中输入数值"9"。单击对话框上的"确定"按钮，结束创建一侧平行平面操作。再用同样的方法，创建出另一侧的平行平面（偏置值也是9）。创建出的两个 YC 方向的平行平面如图 3-80 所示。

6. 修剪 $S\phi25$、$S\phi20$ 球体

按照零件图要求，要在 $S\phi25$ 和 $S\phi20$ 两个球体上修剪出两个平行端面。单击"特征操作"工具条的［修剪体］命令，弹出"修剪体"对话框，如图 3-81 所示。先选择"选择步骤"栏下的第一个命令图标［目标］，再选取两个球体。然后，将第二个命令图标的下拉列表打开，选择其中的［平面］选项，如图 3-82 所示。再用鼠标选取一侧的平行平面，在"偏置"数据栏中输入数值"0"，如图 3-83 所示。单击"确定"按钮，修剪出两个球体一侧的端面，如图 3-84 所示。用上述同样的方法，修剪出两个球体另一侧的端面，如图 3-85 所示。

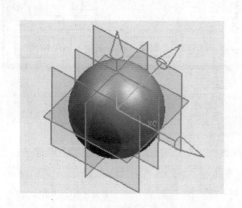

图 3-80　创建两个平行平面

图 3-81　"修剪体"对话框

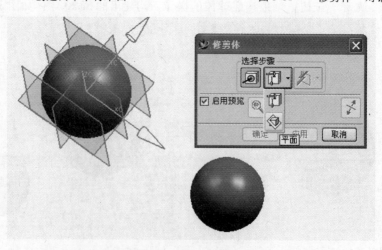

图 3-82　选取两个球体后，选择［平面］选项

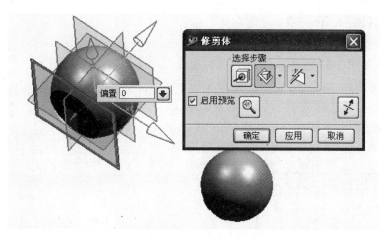

图 3-83 选取一侧平行平面，输入偏置值"0"

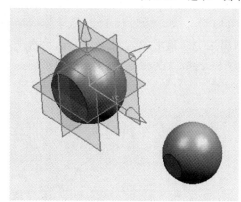

图 3-84 修剪出两个球体一侧的端面

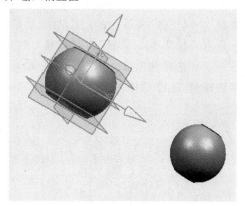

图 3-85 修剪出两个球体另一侧的端面

7. 构建 Sϕ32 球体

单击"成形特征"工具条的［球］命令，弹出"球"对话框。单击对话框上的"直径，圆心"按钮，出现新的"球"对话框，在"直径"数据栏中输入数值"32"。单击"确定"按钮，弹出"点构造器"对话框。将此对话框上"基点"栏下的 XC、YC、ZC 三个坐标值，分别设置为 XC = −50、YC = 0、ZC = 0，即将该球体放置在距离坐标原点反方向为 50 的 XC 基准轴上。单击"确定"按钮，结束球体的构建。构建出的 Sϕ32 球体如图 3-86 所示。注意此球体的组合方式也是"创建"，是一个独立的实体。

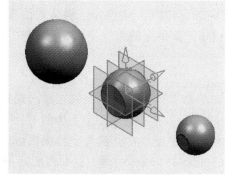

图 3-86 构建出 Sϕ32 球体

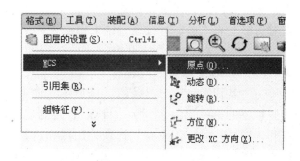

图 3-87 单击［原点］命令

8. 平移坐标系

单击"菜单栏"的［格式］→［WCS］→［原点］命令，如图3-87所示。弹出"点构造器"对话框。选择［圆弧/椭圆/球中心］命令图标后，选取 $S\phi32$ 球体，使其高亮显示。单击左键确定后，坐标系就会自动平移到 $S\phi32$ 球体的中心点上，如图3-88所示。完成坐标系的平移后，参照前面讲述的方法，在新的坐标系中，再创建出三个基准平面和三个基准轴，如图3-89所示。

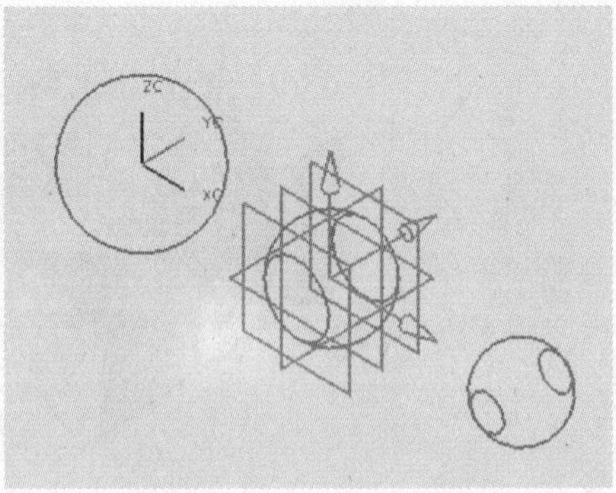

图3-88　平移后的工作坐标系

9. 绘制定位曲线

单击"成形特征"工具条的［草图］命令，选择新坐标系中的 XC-YC 基准平面作为草图平面。进入草图工作界面后，画出如图3-90所示的用于定位的曲线。注意务必进行关系约束和尺寸标注。实际上此定位曲线就是直角三角形轮廓线。斜边长16，是球体的半径尺寸；垂直边长7.5，是圆锥体底端面半径尺寸。利用这个三角形及勾股定理，确定水平边长尺寸。下一步将利用这个水平直线的端点，来创建一个由"点和方向"限定的平面，并以此平面修剪 $S\phi32$ 球体；再以此端面放置圆锥体的底面。

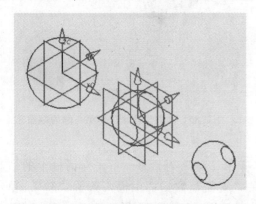

图3-89　创建基准平面和基准轴

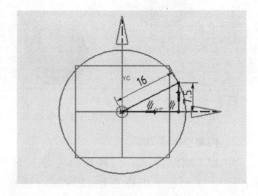

图3-90　画出用于定位的曲线

10. 创建 XC 方向的平行平面

单击"菜单栏"的［插入］→［基准/点］→［基准平面］命令，弹出"基准平面"对话框。选中"类型"下面的第二个命令图标［点和方向］。用鼠标选取水平直线的端点，单击左键确定后，会在直线的终点生成一个平面预览图像，如图3-91所示。确认无误后，单击对话框上的"确定"按钮，结束创建矢量平面的操作。新创建的矢量平面如图3-92所示。

11. 修剪 $S\phi32$ 球体

单击"特征操作"工具条的［修剪体］命令，弹出"修剪体"对话框。先选择"选择步骤"栏下的第一个命令图标［目标］，再选取 $S\phi32$ 球体。然后，将第二个图标的下拉列表打开，选择其中的［平面］选项，用鼠标选取刚才创建的平面，在"偏置"数据栏中输入数值"0"，如图3-93所示。单击"确定"按钮，修剪出 $S\phi32$ 球体的端面，如图3-94所示。

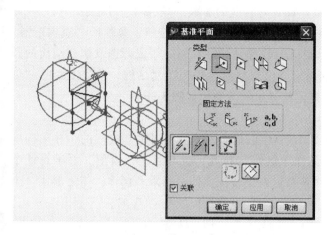

图 3-91　选取水平直线终点生成一个平面预览图像

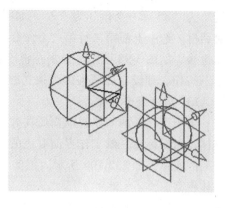

图 3-92　新创建的矢量平面

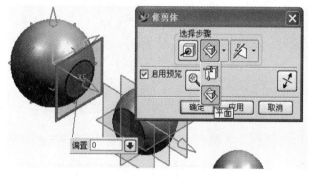

图 3-93　选取修剪平面，输入偏置值"0"

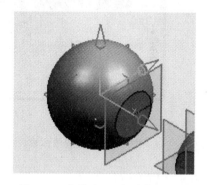

图 3-94　修剪出 $S\phi 32$ 球体的端面

12. 构建圆锥体

单击"成形特征"工具条的［圆锥］命令，弹出"圆锥"对话框。单击对话框上的"底部直径，高度，半角"按钮，如图 3-95 所示。弹出"点构造器"对话框。选择上面第一行第六个命令图标［面的法向］，如图 3-96 所示。用鼠标选取修剪出的球体端面，单击

图 3-95　单击"底部直径，高度，半角"按钮

图 3-96　选择［面的法向］图标

"确定"按钮，出现新的"圆锥"对话框。设置对话框的参数，"底部直径"为"15"、"高度"为"85"、"半角"为"2"，如图3-97所示。单击"确定"按钮，又弹出"点构造器"对话框。选中上面第二行第一个命令图标〔圆弧/椭圆/球中心〕，用鼠标选取修剪端面的圆弧边缘，如图3-98所示。单击左键确定后，会出现"布尔操作"对话框，单击上面的"创建"按钮，即设定此圆锥体为独立的实体。构建出的圆锥体如图3-99所示。

13. 组合四个实体

由于设计上的需要，前面所构建的四个特征实体都是独立（创建方式）的，并未构成整体。用鼠标将三维工作界面右侧的"部件导航器"打开，会看到在"模型"栏下有四个并列的实体，如图3-100所示。因此，需要对这四个特征实体进行求和操作，使之形成一个整体模型。

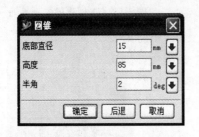

图3-97 设置圆锥体参数

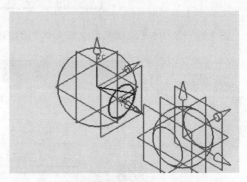

图3-98 选取修剪端面的圆弧边缘

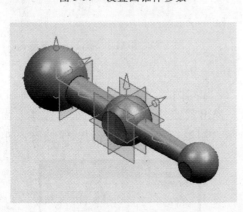

图3-99 构建出的圆锥体

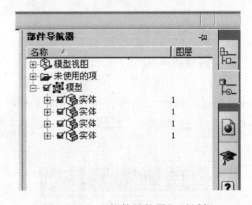

图3-100 "部件导航器"对话框

单击"特征操作"工具条的〔求和〕命令，弹出"求和"对话框，如图3-101所示。在"选择步骤"栏下有两个命令图标，分别是〔目标体〕和〔工具体〕。先选择一个命令图标，并选取一个特征实体；再选择另一个命令图标，并选取另一个特征实体。单击"应用"按钮，即可将两个特征实体组合在一起。反复运用此方法，将四个实体组合成一个整体。组合后的零件实体模型如图3-102所示。

14. 构建 $\phi12$ 轴孔

单击"特征操作"工具条的〔孔〕命令，弹出"孔"对话框。选择"类型"栏下的第一个命令图标〔简单〕，设置孔参数"直径"为"12"、"深度"为"30"（保证通孔即可）。选择 $S\phi25$ 球体修剪面作为孔的放置面，并以球体中心线作为孔的中心线，单击对话框上的"应用"按钮，即可完成 $\phi12$ 轴孔的构建，如图 3-103 所示。

图 3-101 "求和"对话框

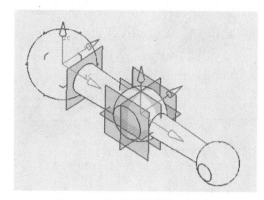

图 3-102 组合后的零件实体模型

15. 构建 $\phi8$ 轴孔

此时，对话框并未关闭。仍选择"类型"栏下的第一个命令图标 [简单]，设置孔参数"直径"为"8"、"深度"为"30"（保证通孔即可）。选择 $S\phi20$ 球体修剪面作为孔的放置面，并以球体中心线作为孔的中心线，单击对话框的"应用"按钮，即可完成 $\phi8$ 轴孔的构建，如图 3-104 所示。

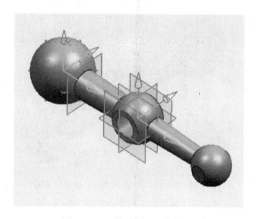

图 3-103 构建出 $\phi12$ 轴孔

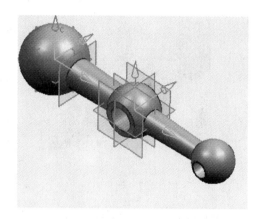

图 3-104 完成 $\phi8$ 轴孔的构建

16. 创建 ZC 方向的平行平面

用前面所讲述的创建平行平面的方法，创建出 ZC 方向的平行平面（偏置距离为"12.5"），如图 3-105 所示。

17. 构建 $\phi5$ 铆接孔

单击"特征操作"工具条的 [孔] 命令，弹出"孔"对话框。选择"类型"栏下的第一个命令图标 [简单]，设置孔参数"直径"为"5"、"深度"为"30"（保证通孔即可）。选择刚刚创建的 ZC 方向的平行平面作为孔的放置面，单击"确定"按钮，弹出"定位"对话框。选择 [垂直] 命令图标，然后分别选择 XC 基准轴和 YC 基准轴，距离值均为"0"。确认操作正确后，单击"确定"按钮，结束 $\phi5$ 铆接孔的构建。构建出的 $\phi5$ 铆接孔如图 3-106所示。

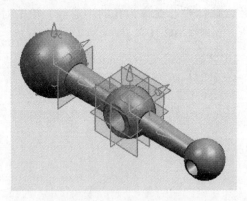

图 3-105　创建出 ZC 方向的平行平面

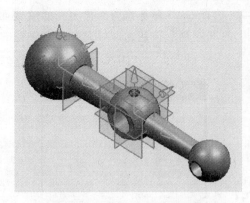

图 3-106　构建出的 φ5 铆接孔

18. 倒斜角

使用［倒斜角］命令，对 φ12 轴孔两侧边缘进行倒斜角操作，设置偏置值为"1"，倒出的斜角如图 3-107 所示。

19. 图面处理

用［隐藏］命令将所有非实体图形要素隐藏起来。最后完成的球柄体实体模型如图 3-108 所示。

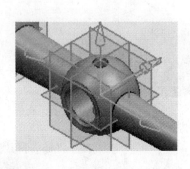

图 3-107　倒出斜角

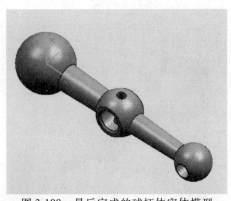

图 3-108　最后完成的球柄体实体模型

【手柄的设计】

设计路线

手柄设计路线图如图 3-109 所示。

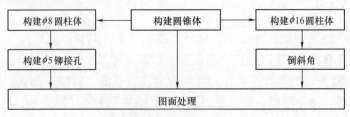

图 3-109　手柄设计路线图

操作步骤

此零件的结构非常简单，在设计过程中无需创建基准平面、基准轴和草图，完全运用形体建模方法来完成。

1. 构建圆锥体

单击"成形特征"工具条的［圆锥］命令，弹出"圆锥"对话框，如图 3-110 所示。单击图 3-110 的"直径，高度"按钮，出现"矢量构造器"对话框，选择［YC］命令图标，如图 3-112 所示。单击"确定"按钮，出现新的"圆锥"对话框，设置参数"底部直径"为"10"、"顶部直径"为"16"、"高度"为"23"，如图 3-111 所示。单击"确定"按钮，又出现"点构造器"对话框。单击对话框的"重置"按钮，XC、YC、ZC 三个数据栏中的数值会自动变成"0"，即将圆锥体底部（φ10）平面定位在坐标原点上。单击"确定"按钮，就会构建出圆锥体，如图 3-113 所示。

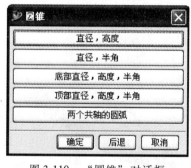

图 3-110　"圆锥"对话框

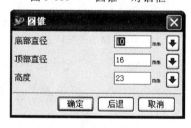

图 3-111　设置圆锥体参数

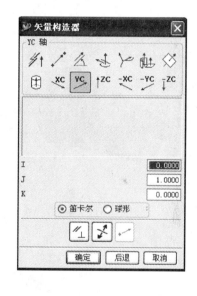

图 3-112　选择［YC］命令图标

2. 构建 φ16 圆柱体

单击"成形特征"工具条的［圆柱］命令，弹出"圆柱"对话框。单击上面的"直径，高度"按钮，出现"矢量构造器"对话框。选择［面的法向］命令图标，然后，用鼠标选择圆锥体大端平面，单击左键确定，会在此端面出现一个箭头，如图 3-114 所示。单击"确定"按钮，又弹出新的"圆柱"对话框，参数设置"直径"为"16"、"高度"为"40"。确认参数输入无误后，单击"确定"按钮，弹出"点构造器"对话框。选择对话框的"圆弧/椭圆/球中心"图标，然后，用鼠标选取圆锥体大端面的圆弧边缘，如图 3-115 所示。再单击"确定"按钮，弹出"布尔操作"对话框。单击此对话框上的"求和"按钮，结束 φ16 圆柱体的构建操作。构建出的 φ16 圆柱体如图 3-116 所示。

3. 构建 φ8 圆柱体

用同样的方法，使用［圆柱］命令。选择圆锥体的小端面作为放置面，并以圆弧边缘定位。参数设置"直径"为"8"、"高度"为"18"，组合方式为"求和"。构建出的 $\phi8$ 圆柱体如图 3-117 所示。

4. 构建 $\phi5$ 铆接孔

使用〔孔〕命令，选择圆锥体的小端面作为放置面，并以圆弧边缘定位。设置参数"直径"为"5"、"深度"为"4"。构建出的 $\phi5$ 铆接孔如图 3-118 所示。

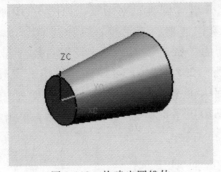

图 3-113　构建出圆锥体

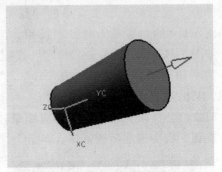

图 3-114　选择圆锥体大端平面

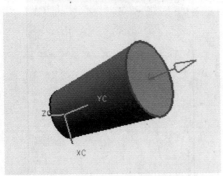

图 3-115　选择圆锥体大端面的圆弧边缘

图 3-116　构建出的 $\phi16$ 圆柱体

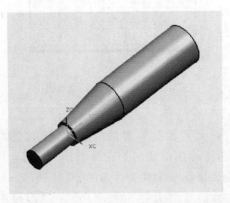

图 3-117　构建出的 $\phi8$ 圆柱体

图 3-118　构建出的 $\phi5$ 铆接孔

5. 倒斜角

使用〔倒斜角〕命令，选择 $\phi16$ 圆柱体的端面边缘，设置"偏置"距离为"2"。完成手柄的倒斜角如图 3-119 所示。

6. 图面处理

由于在手柄的整个设计过程中，未创建任何基准平面、基准轴和草图等非实体要素，因此，无需进行隐藏操作。至此，完成了单柄对重手柄的全部设计。如果用后面讲述的装配设计方法，将这两个零件组装起来，其部件的整体效果，如图 3-120 所示。

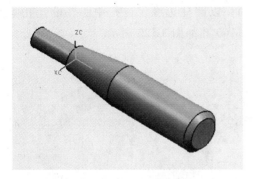

图 3-119　完成手柄的倒斜角

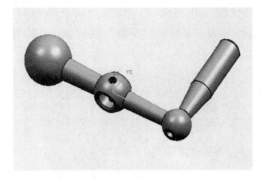

图 3-120　单柄对重手柄效果图

训练项目 8　阀门手轮的设计

本训练项目要求用形体建模方法，以及圆柱、长方体、球、环形阵列、边倒圆、倒斜角、实体组合等操作命令，完成图 3-121 所示的"阀门手轮"的实体造型设计。可按提示的操作步骤和各阶段设计的草图、实体效果图自行完成整个设计任务。

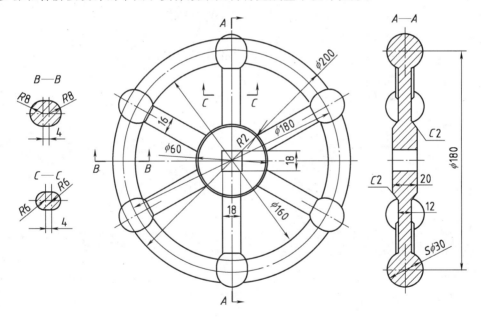

图 3-121　阀门手轮

步骤 1　创建三个基准平面和三个基准轴

按照前面所讲述的方法，使用［基准平面］和［基准轴］命令，创建出 XC-YC、YC-ZC、XC-ZC 三个基准平面和 XC、YC、ZC 三个基准轴。

步骤 2　构建 φ200 圆柱体

使用［圆柱］命令，放置面方向为 ZC 轴正向，圆心点坐标为 XC = 0、YC = 0、ZC = −8。设置圆柱体参数"直径"为"200"、"高度"为"16"。构建出的 φ200 圆柱体如图

3-122所示。

步骤3 构建φ160孔

使用［孔］命令，放置面设在圆柱体上表面，以圆柱边缘定位孔中心。设置孔参数"直径"为"180"、"深度"为"20"。构建出的φ160孔如图3-123所示。

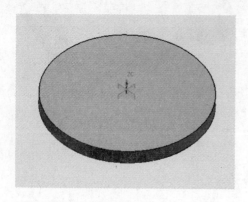
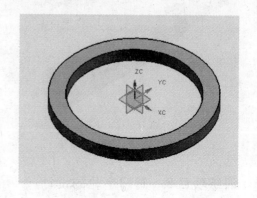

图3-122 构建出的φ200圆柱体　　　　　　图3-123 构建出的φ160孔

步骤4 圆环体边倒圆

使用［边倒圆］命令，"设置1 R"为"8"，即倒出半径为8的圆角。用鼠标选取圆环体内外四个圆边缘，倒出的圆环体的圆角，如图3-124所示。

步骤5 构建首个Sφ30球体

使用［球］命令，设置球体直径为"30"；定位球心在点（-90，0，0）上。构建出首个球体，如图3-125所示。

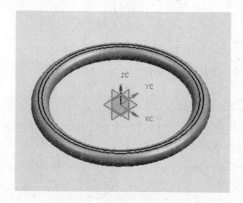
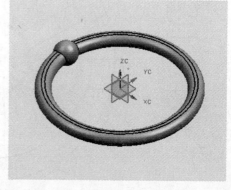

图3-124 倒出圆环体的圆角　　　　　　图3-125 构建出首个Sφ30球体

步骤6 环形阵列六个球体

使用［实例特征］命令，设置参数"数字"为"6"，"角度"为"60"；选取ZC基准轴作为环形阵列旋转轴。阵列出六个球体，如图3-126所示。

步骤7 构建首个长方体

使用［长方体］命令，设置长方体参数"长度"为"90"，"宽度"为"18"，"高度"为"12"；定位长方体的基点在点（-90，-9，-6）上；组合方式为"求和"。构建出的首个长方体如图3-127所示。

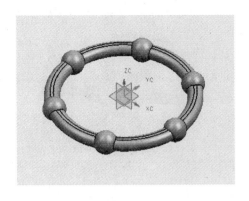

图 3-126　陈列出六个球体

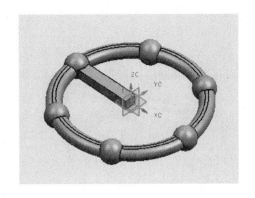

图 3-127　构建出的首个长方体

步骤 8　环形阵列六个长方体

使用［实例特征］命令，设置参数"数字"为"6"，"角度"为"60"；选取 ZC 基准轴作为环形阵列旋转轴。阵列出六个长方体，如图 3-128 所示。

图 3-128　陈列出六个长方体

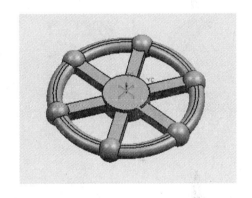

图 3-129　构建出的 $\phi60$ 圆柱体

步骤 9　构建 $\phi60$ 圆柱体

使用［圆柱］命令，放置方向为 ZC 轴正向，圆心点位于点（0，0，-10）；设置圆柱体参数"直径"为"60"、"高度"为"20"；组合方式为"求和"。构建出的 $\phi60$ 圆柱体如图 3-129 所示。

步骤 10　六个长方体边倒圆

使用［边倒圆］命令，"设置 1 R"为"6"，即倒出半径为 6 的圆角。用鼠标选取六个长方体所有的棱边。构建出的圆角如图 3-130 所示。

步骤 11　构建 18×18 方孔

使用［长方体］命令，设置长方体参数"长度"为"18"，"宽度"为"18"，"高度"为"22"；定位长方体的基点在点（-9，-9，-11）上；组合方式为"求差"。构建出的 18×18 方孔如图 3-131 所示。

步骤 12　$\phi60$ 圆柱体倒斜角

使用［倒斜角］命令，设置"偏置"值为"2"，选取 $\phi60$ 圆柱体上下两个端面边缘。倒出的斜角如图 3-132 所示。

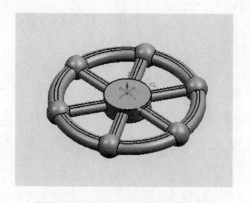

图 3-130　倒出的六个长方体圆角

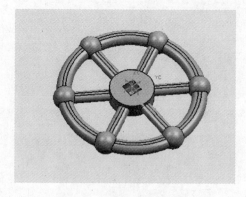

图 3-131　构建出 18×18 方孔

步骤 13　六个长方体根部倒圆角

使用［边倒圆］命令，"设置 1 R"为"2"，即倒出半径为 2 的圆角。用鼠标选取六个长方体与 ϕ60 圆柱体相接根部所有的棱边。倒出的长方体根部圆角如图 3-133 所示。

图 3-132　倒出圆柱体斜角

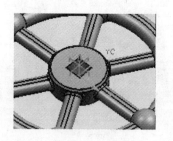

图 3-133　倒出的长方体根部圆角

步骤 14　图面处理

用［隐藏］命令将所有非实体图形要素隐藏起来。最后完成的阀门手轮实体模型如图 3-134 所示。图 3-135 所示是阀门手轮的轴测图。

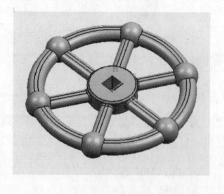

图 3-134　最后完成的阀门手轮实体模型

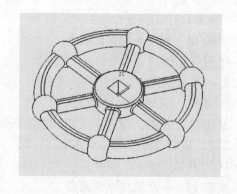

图 3-135　阀门手轮的轴测图

项目 3-3　键盘按键的设计

项目目标

在"建模"应用模块环境下，用形体建模方法，以及长方体、圆柱、抽壳、投影曲线、绘制文本轮廓、文本拉伸、斜边倒圆等操作命令，完成图 3-136 所示"键盘按键"的设计。

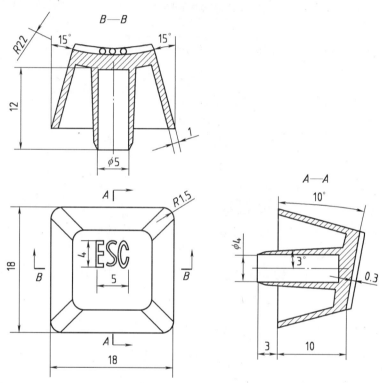

图 3-136　键盘按键

学习内容

拔模实体抽壳、倾斜圆柱体的定位、投影曲线至曲面、绘制文本轮廓、文本拉伸、圆柱体拔模、曲线的缩放等操作。

任务分析

此零件为注塑件，基本结构由锥棱柱和圆锥台组合而成。锥棱柱内的型腔用抽壳方法获得。圆锥台内是一个 $\phi4$ 的平底孔。锥棱柱的顶面上一个半径 22 的圆弧曲面，上面刻有文本字符"ESC"字样。锥棱柱四边倒有 $R=1.5$ 的圆角。在设计过程中，要注意锥棱柱型腔的特殊的抽壳方法，会用到变厚度抽壳方法；运用 [文本] 命令，绘制文本轮廓；运用 [拉伸] 命令，构建文本刻线；运用草图中的 [直线] 命令，构建倾斜圆柱体矢量轴；运用曲线中的 [变换] 命令，对文本轮廓进行缩放等操作。

设计路线

键盘按键设计路线图如图 3-137 所示。

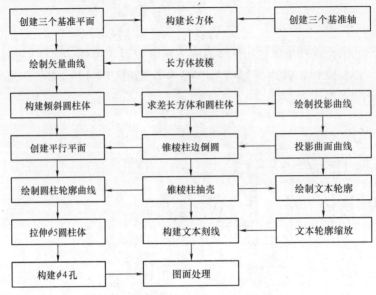

图 3-137　键盘按键设计路线

操作步骤

此零件的结构比较复杂，既要用到形体建模方法，又要用到拉伸、绘制平面曲线、投影空间曲线等设计技巧。

1. 创建三个基准平面

按照项目 3-1 所讲述的方法，运用"菜单栏"的［插入］→［基准/点］→［基准平面］命令，创建出 XC-YC、XC-ZC、YC-ZC 三个基准平面，如图 3-4 所示。

2. 创建三个基准轴

按照项目 3-1 所讲述的方法，运用"菜单栏"的［插入］→［基准/点］→［基准轴］命令，创建出 XC、YC、ZC 三个基准轴，如图 3-6 所示。

3. 构建长方体

使用［长方体］命令，设置长方体参数"长度"为"18"，"宽度"为"18"，"高度"为"16"；定位长方体的基点在点（-9，-9，0）上；组合方式为"创建"。构建出的长方体，如图 3-138 所示。

4. 长方体拔模

单击"特征操作"工具条的［拔模角］命令，弹出"拔模角"对话框。将"选择步骤"栏下的第一个命令图标打开，选择其中的［ZC轴］命令图标，如图 3-139 所示。再选择第二个命令图标［固定平面］，然后，用鼠标选取长方体的底面，如图 3-140 所示。再选择第三个命令图标［Faces to Draft］（拔模面），然后，用鼠标选取长方体的四个立面，并在数据栏中输入数值"15"，如图 3-141 所示。确认选择无误后，单击对话框的"确定"按钮，结束拔模操作。长方体经过拔模处理后成为锥棱柱，如图 3-142 所示。

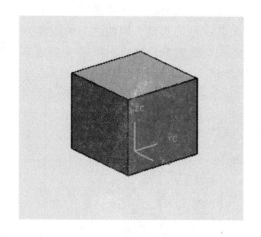

图 3-138 构建出的长方体

图 3-139 选择［ZC 轴］命令图标

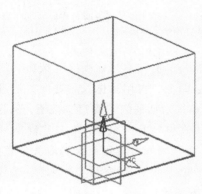

图 3-140 选择［固定平面］命令图标及长方体底面

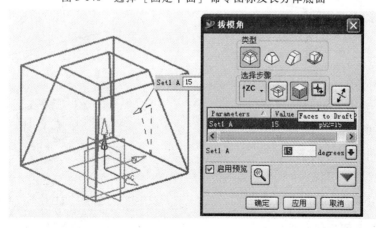

图 3-141 选择［Faces to Draft］命令图标及长方体四个立面

5. 绘制矢量曲线

单击"成形特征"工具条的［草图］命令，选择 XC-ZC 基准平面作为草图平面。先画出两条直线，并标注出尺寸和角度，如图 3-143 所示。然后，用"草图曲线"工具条的［快速延伸］命令，将10°倾斜直线延伸到竖直线上。再用"草图操作"工具条的［偏置曲线］命令，对延伸后的倾斜直线向上方偏置，获得一条与其平行的直线，两线之间的距离为22，同时，将右边的竖直线删除，如图3-144所示。完成矢量曲线的绘制后，单击［完成草图］命令，返回三维工作界面。

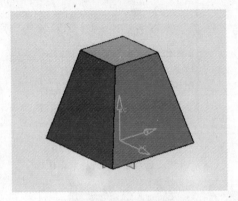

图3-142　拔模后的长方体成为锥棱柱

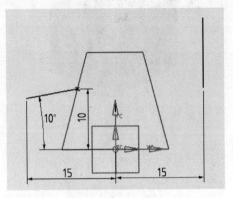

图3-143　画出两条直线并标注尺寸和角度

6. 构建倾斜圆柱体

单击［圆柱］命令，弹出"圆柱"对话框。单击"直径，高度"按钮，弹出"矢量构造器"对话框。先选择上面的［两个点］命令图标，再用鼠标先后选取上边直线的左右两个端点，如图3-145所示。确认选择无误后，单击对话框的"确定"按钮，又弹出新的"圆柱"对话框，设置参数"直径"为"44"，"高度"为"50"。单击"确定"按钮，出现"点构造器"对话框。先选择上面的［终点］命令图标，再用鼠标选取矢量直线的左端点，单击左键确定后，弹出"布尔操作"对话框。单击此对话框上的"创建"按钮，结束构建圆柱体的操作。构建出的倾斜圆柱体如图3-146所示。

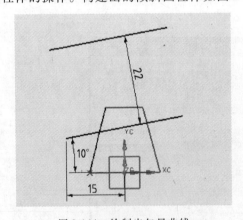

图3-144　绘制出矢量曲线

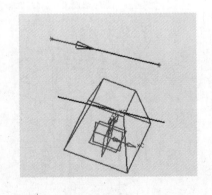

图3-145　选择上边直线的左右两个端点

7. 对长方体和圆柱体求差

单击"特征操作"工具条的［求差］命令，弹出"求差"对话框。先选择"选择步骤"栏下的第一个命令图标［目标体］，再选取锥棱柱；然后，选择第二个命令图标［工具体］，再选取圆柱体。单击"确定"按钮，结束求差操作。两个实体求差后，构建出锥棱柱的上表面曲面，如图3-147所示。

图 3-146　构建出的倾斜圆柱体

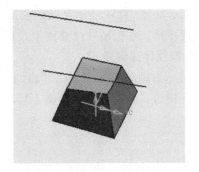

图 3-147　构建出锥棱柱的上表面曲面

8. 绘制投影曲线

单击"成形特征"工具条的［草图］命令，选择 YC-ZC 基准平面作为草图平面。在草图工作界面下，单击"草图操作"工具条的［偏置曲线］命令，弹出"偏置曲线"对话框，在"距离"栏中输入数值"0"。用鼠标先后选取曲面上的两条边缘，提取出两条直线，如图 3-148 所示。然后，用［直线］命令分别以提取的两条直线中点作为起始点和结束点，画出一条水平直线，如图 3-149 所示。

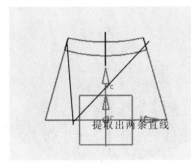

图 3-148　提取出两条直线

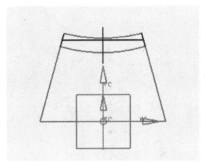

图 3-149　过中点画出一条直线

9. 投影曲面曲线

在三维工作界面下，单击"曲线"工具条的［投影］命令，弹出"投影曲线"对话框。先选择"选择步骤"栏下的第一个命令图标［曲线/边/点］，再用鼠标选取投影出来的水平直线，如图 3-150 所示。然后，选择第二个命令图标［面/平面］，再用鼠标选取锥棱柱上的

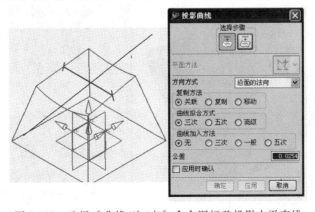

图 3-150　选择［曲线/边/点］命令图标及投影水平直线

投影曲面，如图 3-151 所示。确认全部选择无误后，单击对话框的"确定"按钮，结束投影曲面曲线操作。在锥棱柱体曲面上投影出来的曲线如图 3-152 所示。

10. 锥棱体边倒圆

使用［边倒圆］命令，在"边倒圆"对话框上，设置圆角半径为"1.5"。选择锥棱体的四条立棱边，倒出圆角，如图 3-153 所示。

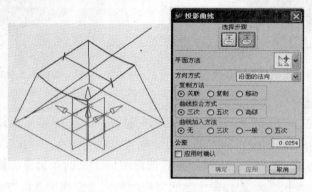

图 3-151　选择［面/平面］命令图标及投影曲面

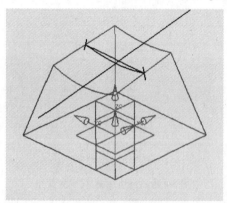

图 3-152　投影出的曲面曲线

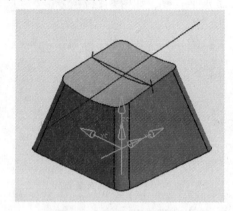

图 3-153　倒出锥棱体圆角

11. 锥棱体抽壳

单击"特征操作"工具条的［外壳］命令，弹出"外壳"对话框。先选择"选择步

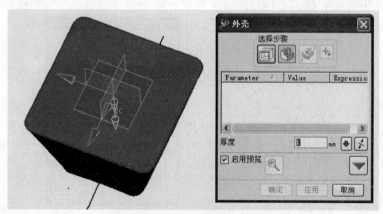

图 3-154　选取移除面

骤"栏下的第二个命令图标［移除面］，再用鼠标选取锥棱体的底面，如图 3-154 所示。然后，选择第三个命令图标［Alternate Thickness List］（厚度列项），再用鼠标选取锥棱体的四个侧表面，并在"Set1 T"数据栏中输入数值"1"后，单击回车键，如图 3-155 所示。选择第四个命令图标［完成一个步骤集然后开始下一个步骤集］，再用鼠标选取锥棱体的曲面，并在"Set1 T"数据栏中输入数值"2"后，单击回车键，如图 3-156 所示。确认以上操作后，单击对话框的"确定"按钮，结束抽壳操作。锥棱体抽壳效果如图 3-157 所示。

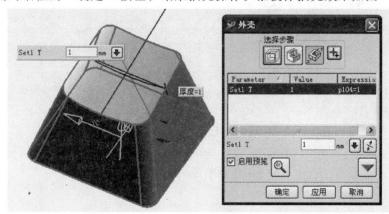

图 3-155　选取锥棱体四个侧表面

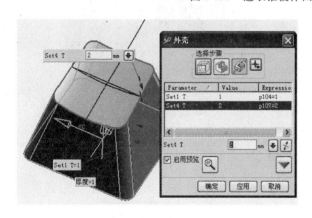

图 3-156　选取锥棱体的曲面

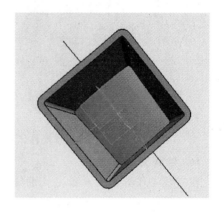

图 3-157　完成锥棱体抽壳

12. 创建平行平面

用前面所讲述的创建平行平面的方法，创建出 ZC 方向的平行平面（偏置距离为 3），如图 3-158 所示。

13. 绘制圆柱轮廓曲线

使用［草图］命令，在刚刚创建的平行平面上，画出圆柱轮廓曲线，如图 3-159 所示。

14. 拉伸 $\phi 5$ 圆柱体

单击"成形特征"工具条的［拉伸］命令，弹出"拉伸"对话框。用鼠标选取圆曲线，将"起始"值设为"0"，"结束"值设为"直至下一个"，"拔模角"设为"-3"；组合方式为"求和"。单击"确定"按钮，结束拉伸操作。构建出的 $\phi 5$ 圆柱体如图 3-160 所示。

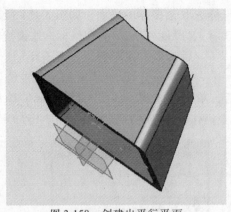

图 3-158　创建出平行平面

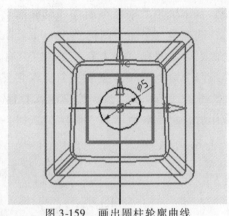

图 3-159　画出圆柱轮廓曲线

15. 构建 $\phi4$ 孔

使用［孔］命令，在"孔"对话框上设置选项及参数，"类型"为"简单"，"直径"为"4"、"深度"为"12"、"顶锥角"为"0"。选择 $\phi5$ 圆柱体端面为放置面，并以 $\phi5$ 圆柱体轴线作为孔中心线。构建出的 $\phi4$ 孔如图 3-161 所示。

图 3-160　构建出的 $\phi5$ 圆柱体

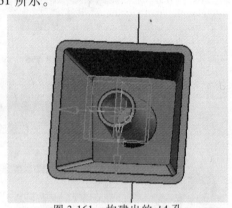

图 3-161　构建出的 $\phi4$ 孔

16. 绘制文本轮廓

在三维工作界面下，单击"曲线"工具条的［文本］命令，弹出"文本"对话框。设置对话框上的选项及参数，选择"类型"为第三个命令图标［在面上］，"选择步骤"为第一个命令图标［面］；在文本空白栏中输入"ESC"，"字体"为"黑体"，并选中［粗体］。然后，用鼠标选取实体的曲面，如图 3-162 所示。再选择"选择步骤"栏下的第二个命令图

图 3-162　设置选项及选取实体曲面

标［面上的曲线］，用鼠标选取投影曲线后，单击"预览"按钮，会出现字符样式，如图3-163所示。确认以上操作无误后，单击对话框的"确定"按钮，结束绘制文本轮廓的操作。绘制出的文本（ESC），如图3-164所示。

图 3-163　选取投影曲线后单击"预览"按钮，出现字符样式

17. 文本轮廓缩放

绘制出来的文本，其大小规格并不符合设计要求，需要对其缩放操作。

用鼠标选中"ESC"三个字符，单击鼠标右键，弹出一个快捷菜单，选择其中的"变换"选项，如图3-165所示。单击左键确定后，出现"变换"对话框，单击上面的"比例"按钮，如图3-166所示。又弹出"点构造器"对话框。选择此对话框上的［自动判断的点］命令图标，再将光标移动到投影曲线与竖直线的相交处，出现"交点"符号时，如图3-167所示，单击左键确定。又弹出新的"变换"对话框，在"比例"数据栏中输入

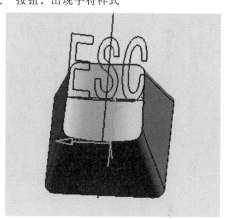

图 3-164　绘制出文本轮廓

数值"0.4"，然后单击"确定"按钮，又弹出新的"变换"对话框，单击上面的"复制"按钮，会出现缩放后文本的预览图像，如图3-168所示。确认正确后，要单击此对话框的"取消"按钮，而不要单击"确定"按钮，否则会出现两个缩放文本，要特别注意这一点。

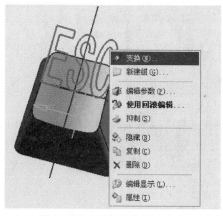

图 3-165　选择"变换"选项

图 3-166　单击"比例"按钮

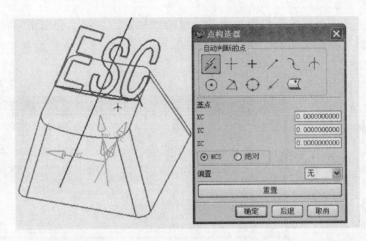

图 3-167　选择投影曲线与竖直线的交点

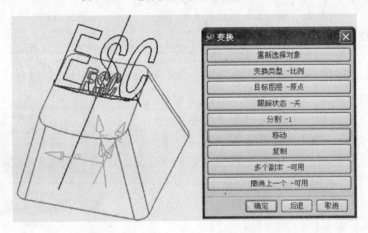

图 3-168　单击"复制"按钮，出现文本预览图像

　　完成上面的缩放操作后，文本轮廓如图 3-169 所示。正如看到的，在模型上存在两套字符。可以用鼠标选中大文本字符，单击鼠标右键，出现快捷菜单时选择其中的"隐藏"选项，将其隐藏起来，只保留缩放后的文本字符，如图 3-170 所示。

图 3-169　缩放出的文本字符

图 3-170　保留缩放文本字符

18. 构建文本刻线

为了使绘制的"ESC"字符呈现出雕刻效果，需要对字符进行拉伸处理，使其刻入按键的曲面上。

单击 [拉伸] 命令，弹出"拉伸"对话框。设置参数"起始值"为"0"、"结束值"为"0.3"。用鼠标选取三个字符轮廓曲线图，选择"求差组合"方式，单击"确定"按钮，结束拉伸操作。雕刻出的字符如图 3-171 所示。

19. 图面处理

用 [隐藏] 命令将所有非实体图形要素隐藏起来。最后完成的键盘按键实体模型如图 3-172 所示。

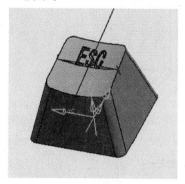

图 3-171　雕刻出的字符

图 3-172　最后完成的键盘按键实体模型

训练项目9　话筒外壳的设计

本训练项目要求用形体建模方法，以及圆锥、球、管道、沟槽、镜像特征、螺纹、边倒圆、实体组合等操作命令，完成图 3-173 所示的"话筒外壳"的设计。

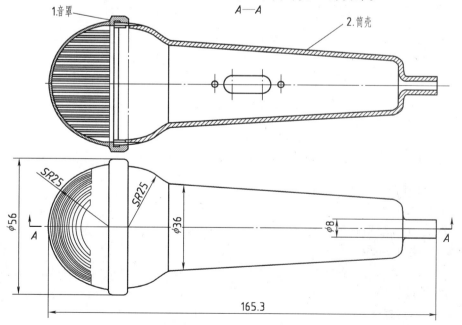

图 3-173　话筒外壳

128

该部件是由两个零件组装而成，零件1为音罩，如图3-174所示；零件2为筒壳，如图3-175所示。本项目的任务是分别完成这两个零件的实体模型设计。可按提示的操作步骤和各阶段设计的草图、实体效果图，自行完成整个设计任务。

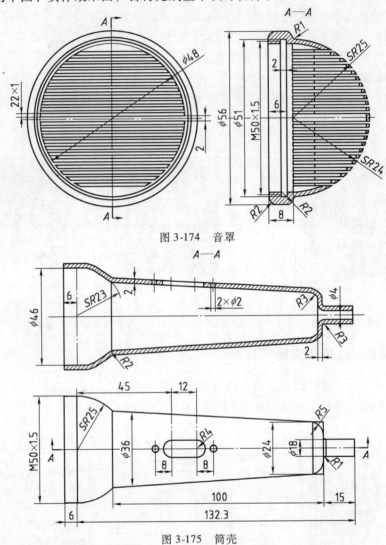

图 3-174　音罩

图 3-175　筒壳

【音罩的设计】

步骤1　创建基准平面和基准轴

按照前面所讲述的方法，使用［基准平面］和［基准轴］命令，创建出 XC-YC、YC-ZC、XC-ZC 三个基准平面和 XC、YC、ZC 三个基准轴。

步骤2　构建 $S\phi50$ 球体

使用［球］命令，设置球体直径为"50"；定位球心在点（0，0，0）上。构建出 $S\phi50$ 球体，如图3-176所示。

步骤3　修剪球体

使用［修剪体］命令，以 XC-ZC 基准平面作为修剪平面，将球体的后半球修剪掉，如

图 3-177 所示。

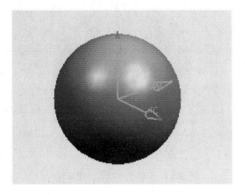

图 3-176　构建出 φ50 球体

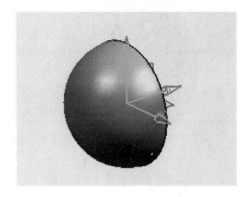

图 3-177　修剪成半球体

步骤 4　半球体抽壳

使用［外壳］命令，选择半球平面作为移除面，厚度为"1"，修剪成半球壳体，如图 3-178 所示。

步骤 5　绘制音槽轮廓曲线

使用［草图］命令，选择 XC-ZC 基准平面作为草图平面，画出左半部所有音槽轮廓曲线，如图 3-179 所示。绘制曲线过程中，可以综合运用［矩形阵列］、［快速修剪］等操作命令来完成。

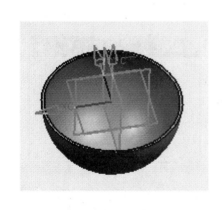

图 3-178　修剪成半球壳体

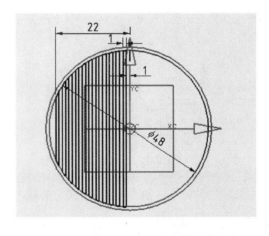

图 3-179　画出左半部所有音槽轮廓曲线

步骤 6　构建左半部音槽

使用［拉伸］命令，选取绘制的音槽轮廓曲线，组合方式为"求差"，使音槽穿透半球壳体。构建出的左半部音槽，如图 3-180 所示。

步骤 7　镜像右半部音槽

使用［实例特征］中的［镜像］命令，选取左半部音槽，以 YC-ZC 基准平面作为镜像平面，镜像出右半部音槽。为了后面设计的方便，可先将音槽轮廓曲线隐藏起来，如图 3-181 所示。

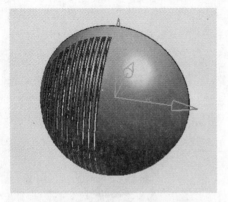

图 3-180　构建出的左半部音槽

图 3-181　镜像出右半部音槽

步骤 8　构建管状体

构建一个管状体，需要绘制一条导线。使用［草图］命令，选择 XC-YC 基准平面作为草图平面，画出一条直线，长度为"8"，并使其与 YC 基准轴保持共线，如图 3-182 所示。回到三维工作界面后，单击"成形特征"工具条的［管道］命令，弹出"管道"对话框。设置管道参数"外直径"为"56"、"内直径"为"48"；选择"输出类型"栏下的"单段"选项，如图 3-183 所示。单击"确定"按钮，出现新的"管道"对话框，且提示栏中显示"选择引导线串"。用鼠标选取绘制出的导线，如图 3-184 所示。单击"确定"按钮，又弹出"布尔操作"对话框，单击"求和"按钮，完成管道设计。构建出的管状体如图 3-185所示。

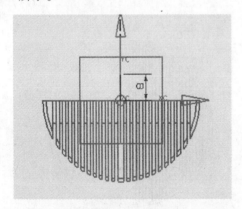

图 3-182　画出导线

图 3-183　设置管道参数

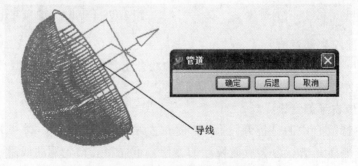

图 3-184　选取用于构建管道的导线

步骤 9　构建退刀槽

使用［沟槽］命令，选择"矩形"类型，选取管状体内圆表面作为放置面，出现"矩形沟槽"对话框，设置沟槽参数"沟槽直径"为"51"、"宽度"为"2"。在弹出"定位沟槽"对话框时，分别选择管状体的端面边缘和沟槽圆柱体的外侧边缘，作为目标边和刀具边，两者之间的距离设为"4"，单击"确定"按钮，结束退刀槽设计。构建出的退刀槽如图 3-186 所示。

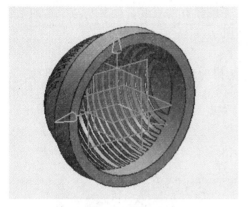

图 3-185　构建出管状体

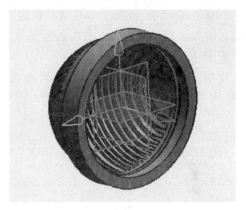

图 3-186　构建出的退刀槽

步骤 10　构建 M50×1.5 内螺纹

使用［螺纹］命令，设置螺纹参数为 M50×1.5，选中"完整螺纹"选项。构建出 M50×1.5 内螺纹，如图 3-187 所示。

步骤 11　倒圆角和图面处理

使用［边倒圆］命令，半径分别设置为"1"、"2"，倒出所有圆角。使用［隐藏］命令将所有非实体图形要素隐藏起来。最后完成的音罩实体模型如图 3-188 所示。

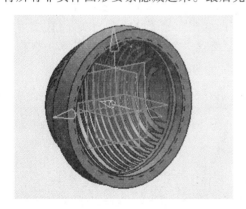

图 3-187　构建出内螺纹

图 3-188　最后完成的音罩实体模型

【筒壳的设计】

步骤 1　创建基准平面和基准轴

按照前面所讲述的方法，使用［基准平面］和［基准轴］命令，创建出 XC-YC、YC-ZC、XC-ZC 三个基准平面和 XC、YC、ZC 三个基准轴。

步骤 2 构建 Sφ50 球体

使用［球］命令，设置球体直径为"50"；定位球心在点（0，0，0）上。构建出 Sφ50 球体，与图 3-176 所示完全一样。

步骤 3 绘制定位曲线和导线

使用［草图］命令，选择 XC-YC 基准平面作为草图平面。先画定位曲线，定位曲线为直角三角形，务必将直角三角形的顶点固定在坐标原点上，水平直边与 XC 基准轴保持共线，并标注出尺寸。导线在 XC 基准轴的下面，是一条竖直的直线，使其与 YC 基准轴保持共线，也标注出尺寸。画出的两条曲线如图 3-189 所示。

步骤 4 修剪球体

使用［修剪体］命令，以 XC-ZC 基准平面作为修剪平面，修剪掉球体的前半球，如图 3-190 所示。

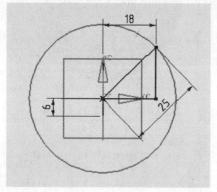

图 3-189 画出的定位曲线和导线

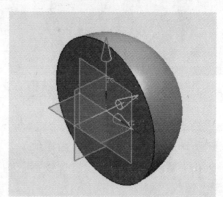

图 3-190 修剪掉前半球

步骤 5 创建平行平面

单击"菜单栏"上的［基准/点］→［基准平面］命令，弹出"基准平面"对话框。先选择［点和方向］命令图标，再用鼠标选取定位曲线中垂直于 XC-ZC 平面的直线端点作为平行平面点，如图 3-191 所示。单击左键确定，会出现一个平行平面预览图像。单击"确定"按钮，结束创建平行平面的操作。创建出的平行平面如图 3-192 所示。

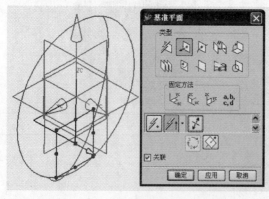

图 3-191 选择直线端点作为平行平面点

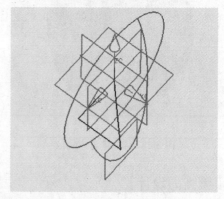

图 3-192 创建出的平行平面

步骤 6 修剪后半球体端面

使用［修剪体］命令，以创建出的平行平面作为修剪平面，修剪出一个后半球体端面，如图 3-193 所示。

步骤 7 构建圆锥体

使用 [圆锥] 命令，以修剪出的半球体端面作为放置面。在"圆锥"对话框上，设置圆锥体参数"底部直径"为"36"、"顶部直径"为"24"、"高度"为"100"。以端面圆弧圆心定位圆锥体的底面中心，组合方式为"求和"。构建出的圆锥体如图 3-194 所示。

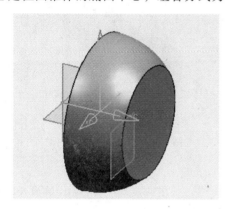

图 3-193 修剪出后半球体端面

图 3-194 构建出的圆锥体

步骤 8 构建 φ8 圆柱体

使用 [圆柱] 命令，以圆锥体端面作为放置面。在"圆柱"对话框上，设置圆柱体参数"底部直径"为"8"、"高度"为"15"。以端面圆弧圆心定位圆柱体的底面中心，组合方式为"求和"。构建出的 φ8 圆柱体如图 3-195 所示。

步骤 9 倒圆角

按此件的工程图要求，在相应的边缘分别倒出半径为"1"和"5"的圆角，如图 3-196 所示。

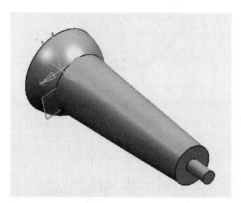

图 3-195 构建出的 φ8 圆柱体

图 3-196 倒出全部圆角

步骤 10 组合体抽壳

使用 [外壳] 命令，选择半球体前端面和 φ8 圆柱体端面作为移除面，厚度为"2"，使组合体构建成壁厚为"2"的壳体，如图 3-197 所示。

步骤 11 构建管道体

使用 [管道] 命令，在"管道"对话框上，设置管道参数"外直径"为"50"、"内直径"为"46";选择"输出类型"栏下的"单段"选项。选取绘制出的导线作为拉伸轨迹，组合方式为"求和"。构建出的管道体如图 3-198 所示。

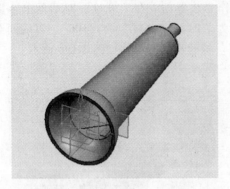

图 3-197　抽壳后的组合体

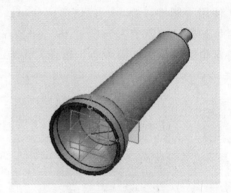

图 3-198　构建出的管道体

步骤 12　构建 M50×1.5 外螺纹

使用［螺纹］命令，设置螺纹参数为"M50×1.5"，长度为"6"。构建出 M50×1.5 外螺纹，如图 3-199 所示。

步骤 13　倒出内圆角

使用［边倒圆］命令，设置半径为"2"，倒出半球体与圆锥体相接处的内部圆角，如图 3-200 所示。

图 3-199　构建出 M50×1.5 外螺纹

图 3-200　倒出内部圆角

步骤 14　绘制三个孔轮廓曲线

使用［草图］命令，选择 XC-YC 基准平面作为草图平面，分别绘制出一个键形孔轮廓曲线和两个圆曲线，并进行必要的定位和标注尺寸。画出的三个孔轮廓曲线如图 3-201 所示。

步骤 15　拉伸出三个孔

使用［拉伸］命令，选择键形孔和两个圆孔轮廓曲线，组合方式为"求差"，构建出三个不同形状的孔。并使用［隐藏］命令，将不需要的图形要素隐藏起来。最后完成的筒壳实体模型，如图

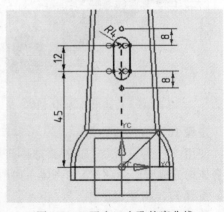

图 3-201　画出三个孔轮廓曲线

3-202 所示。

用后面即将讲述的装配设计方法，将这两个零件组装起来，话筒外壳的整体效果如图 3-203 所示。

图 3-202　最后完成的筒壳实体模型　　　　图 3-203　话筒外壳的整体效果

知 识 梳 理

1. 形体建模适用于由简单基本形体组合而成的零件的设计。其设计思路也是将零件的整体分解成若干个基本形体，并逐一地构建单个形体，然后对它们进行适当地组合，如求和、求差、求交等。形体建模的优点是，除创建必要的基准平面和基准轴外，无需专门绘制轮廓草图，直接构建各个特征实体，简化了设计过程。

2. 形体建模的设计过程是，首先设计基础形体，即用于确定整个零件空间方位的形体，再设计与其直接关联的形体，并确定它们之间的位置关系和组合方式。设计过程中，除需要准确地确定定位基点外，也要重视形体几何尺寸的设定。

3. 本单元讲述了圆柱体、圆锥体、长方体、球体、管道体、凸垫、割槽等基本形体的构建方法。每种基本形体都有不同的定位基点和构建方式，应注意根据设计的实际需要加以正确地选择使用。

4. 基本形体的空间定位是形体建模的一个难点。空间定位不仅包括基准点位置的确定，还包括方向的选择。有时为了设计的方便，需要对坐标系进行平移、旋转等操作。能够移动的坐标系是工作坐标系，而不是绝对坐标系。移动工作坐标系时，务必要仔细确定移动的目标点和各个基准轴的方向。

5. 在实体上构建文本，特别是构建曲面上的文本，是设计中的一个难点。在文本构建的操作中，要注意文本的放置面、文本的定位基线的正确选择。当构建出的文本大小、长宽比例不合适时，应运用变换的方法对其进行缩放和不同方向的比例调整。

6. 为了准确地确定所要构建形体的空间位置和方向，有时需要绘制定位曲线。绘制定位曲线的直接目的是通过已知线段的尺寸，确定出未知线段的长度、直径、角度或定位点，定位曲线通常是三角形、直线或圆。

7. 在拔模操作中，要注意基准面、拔模方向和拔模角的确定。当拔模的方向与设计要

136

求不相符时，最简便的方法是将角度值设置为负值。

8. 在修剪体操作中，要注意修剪目标、修剪平面和修剪方向的确定。修剪平面可以是基准平面、创建的平面（平行平面、角度平面、矢量平面等），也可以是实体平面。当修剪方向与设计要求相反时，可以通过反向命令按钮进行切换。

训 练 作 业

用所学的形体建模知识以及特征操作命令，完成以下训练作业的实体设计。

【3-1】 小锤头，如图 3-204 所示。

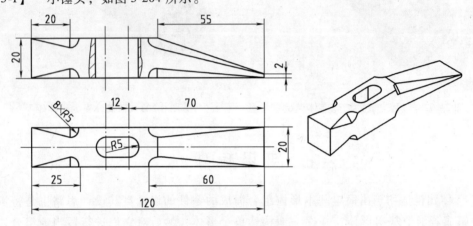

图 3-204 小锤头

【3-2】 机箱体，如图 3-205 所示。

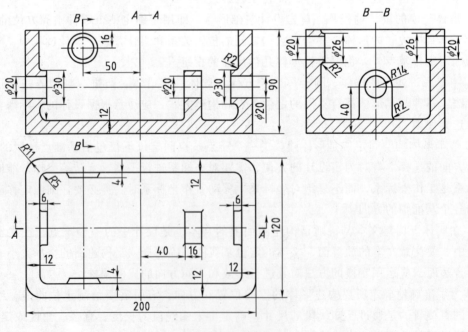

图 3-205 机箱体

【3-3】 十字轴，如图 3-206 所示。

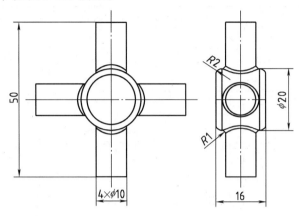

图 3-206 十字轴

【3-4】 真空阀的零件设计（项目 5-1 所用），共 25 个零件，各零件工程图如下。

零件 1：三通管；材料：HT200；如图 3-207 所示。

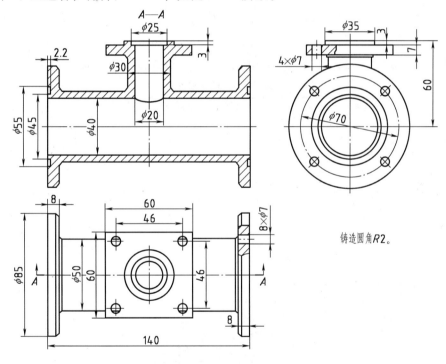

铸造圆角 *R*2。

图 3-207 三通管

零件 2：端盖；材料：Q235；如图 3-208 所示。

零件 3、7、8、12、18：密封圈；材料：真空橡胶；具体规格见表 3-1。

表 3-1 5 种规格密封圈

零件号	名称	内径	外径	厚度	件数
3	D45 密封圈	$\phi45$	$\phi55$	4	1
7	D25 密封圈	$\phi25$	$\phi35$	4	2

（续）

零件号	名称	内径	外径	厚度	件数
8	D12 密封圈	$\phi12$	$\phi20$	4	1
12	D16 密封圈	$\phi16$	$\phi23$	4	1
18	D36 密封圈	$\phi36$	$\phi44$	4	1

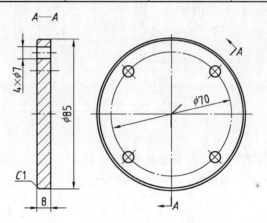

图 3-208　端盖

零件 4、5、6、21、23、25：紧固标准件；材料：Q235；具体规格见表 3-2。

表 3-2　6 种标准件

零件号	名称	件数	材料	备注
4	螺栓 M6×28	4	Q235	GB/T 5782—2000
5	螺母 M6	4	Q235	GB/T 6170—2000
6	垫圈 6	20	Q235	GB/T 97．1—2002
21	螺栓 M6×18	4	Q235	GB/T 5782—2000
23	螺钉 M5×8	2	Q235	GB/T 71—1985
25	螺栓 M6×16	8	Q235	GB/T 5782—2000

零件 9：压块；材料：45；如图 3-209 所示。

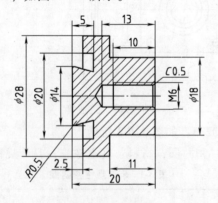

图 3-209　压块

零件 10：阀体；材料：Q235；如图 3-210 所示。

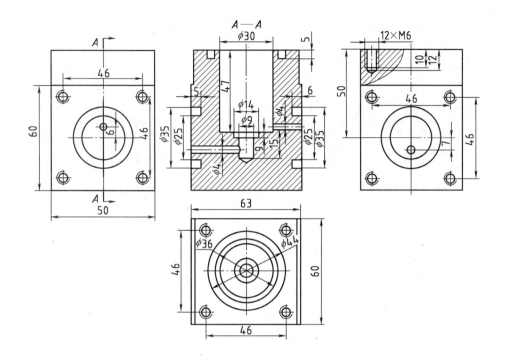

图 3-210 阀体

零件 11：接头体；材料：Q235；如图 3-211 所示。

零件 13：垫圈；材料：Q235；如图 3-212 所示。

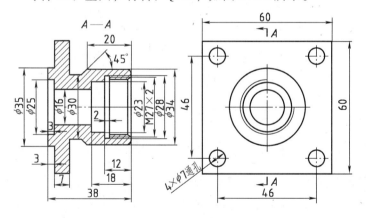

图 3-211 接头体

图 3-212 垫圈

零件 14：压紧螺母；材料：Q235；如图 3-213 所示。

零件 15：波纹套；材料：橡胶；如图 3-214 所示。

零件 16：丝杠；材料：45；如图 3-215 所示。

零件 17：圆柱销；材料：45；如图 3-216 所示。

零件 19：法兰盘；材料：Q235；如图 3-217 所示。

零件 20：法兰套；材料：Q195；如图 3-218 所示。

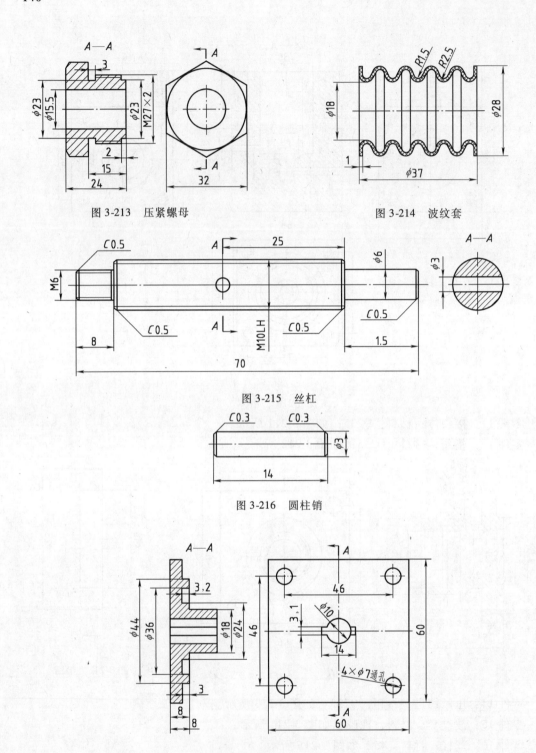

图 3-213　压紧螺母

图 3-214　波纹套

图 3-215　丝杠

图 3-216　圆柱销

图 3-217　法兰盘

零件 22：手轮；材料：Q235；如图 3-219 所示。

零件 24：调整螺母；材料：Q235；如图 3-220 所示。

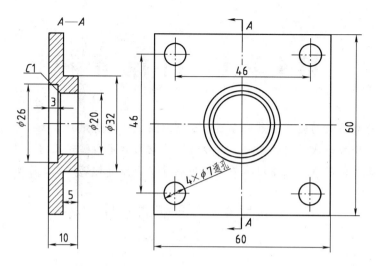

图 3-218 法兰套

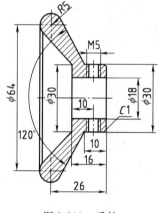

图 3-219 手轮

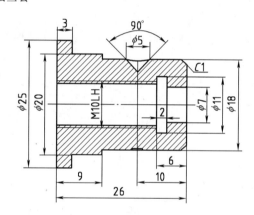

图 3-220 调整螺母

第4单元 扫掠建模

扫掠建模是指将截面轮廓沿着引导线串移动而生成实体的建模方法。扫掠时选取的截面轮廓可以是草图轮廓曲线、实体表面、实体边缘、空间封闭曲线等几何要素。选取的引导线串可以是连续的多条曲线、实体边缘等。使用这种方法可以构建比较复杂的实体模型。

项目4-1 握柄的设计

项目目标

在"建模"应用模块环境下，使用扫掠建模方法，以及构建空间曲线、投影曲线、创建多个平行平面和垂直平面、多个实体同时拉伸等操作命令，完成图4-1所示"握柄"的零件实体设计。

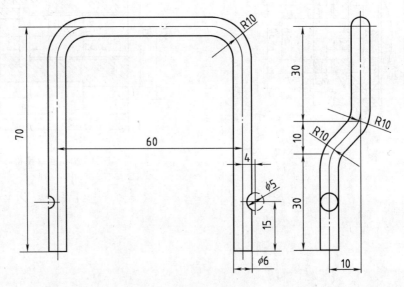

图4-1 握柄

学习内容

单引导线扫掠构建实体、绘制空间曲线、投影曲线、多个实体同时拉伸等操作。

任务分析

此零件为弯杆结构，弯杆轴线位于不同平面上，且在各个拐角处以圆弧相连接。在握柄的两个端部各开有 $\phi5$ 的圆槽，用于将握柄固定在某个零件上。该零件需要以截面圆曲线作为剖面线串，以弯杆轴线作为引导线串，运用单引导线扫掠的方法构建成形。本设计的难点是弯杆轴线，即引导线串的绘制。绘制引导线串时，要准确地确定各条曲线所在的平面，以及线段之间的圆滑连接。扫掠建模中，要求所有的引导线串必须是相切的曲线。

设计路线

握柄设计路线图如图 4-2 所示。

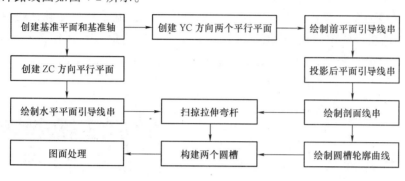

图 4-2　握柄设计路线图

操作步骤

此零件结构简单，设计的要点在于准确地绘制出全部引导线串和剖面线串（截面轮廓曲线）。这是一种特殊的建模方法，应注意把握具体的操作技巧。

1. 创建基准平面和基准轴

按照前面所讲述的方法，使用［基准平面］和［基准轴］命令，创建出 XC-YC、YC-ZC、XC-ZC 三个基准平面和 XC、YC、ZC 三个基准轴。

2. 创建 YC 方向两个平行平面

使用［基准平面］命令，在"基准平面"对话框上，选择［按某一距离］命令图标，以 XC-ZC 基准平面作为参考平面，设置"偏置距离"为"30"，分别创建出正负两个方向的平行平面，如图 4-3 所示。

3. 绘制前平面引导线串

单击"成形特征"工具条的［草图］命令，选择前面的平行平面作为草图平面。绘制出引导线串，并进行必要的定位和尺寸标注，如图 4-4 所示。

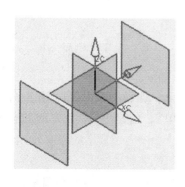

图 4-3　创建正负两个方向的平行平面

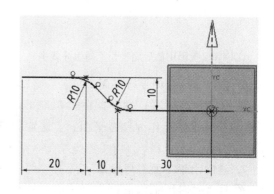

图 4-4　绘制出前平面引导线串

144

4. 投影后平面引导线串

单击"成形特征"工具条的［草图］命令，选择后面的平行平面作为草图平面。进入后面平面的草图界面后，会看到前面平面上的引导线串轮廓，但其颜色是深蓝色的。此步骤的设计操作，就是利用这个轮廓曲线，投影出本草图的引导线串。单击"草图操作"工具条的［投影］命令，弹出"投影对象到草图"和"选择意图"两个对话框。将"选择意图"设置为"任何"，"投影对象到草图"对话框上的选项和参数保持默认状态。用鼠标选取前面平面上的引导线串曲线，如图 4-5 所示。单击左键确定后，单击"投影对象到草图"对话框上的"确定"按钮，结束投影曲线的操作。再单击［完成草图］命令，返回到三维工作界面。投影出的后面平面上的引导线串如图 4-6 所示。

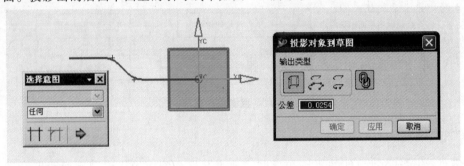

图 4-5　选取前面平面上的引导线串曲线

5. 绘制剖面线串

单击"成形特征"工具条的［草图］命令，选择 YC-ZC 基准平面作为草图平面。使用［圆］命令，选择前面平面的引导线串的端点作为圆心点，画出直径为"φ6"的圆曲线，如图 4-7 所示。

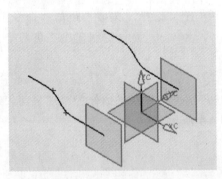

图 4-6　投影出的后面平面上的引导线串

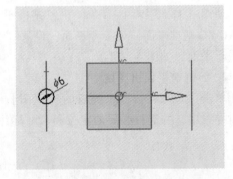

图 4-7　画出剖面线串

6. 创建 ZC 方向平行平面

使用［基准平面］命令；在"基准平面"对话框上，选择［按某一距离］命令图标，以 XC-YC 基准平面作为参考平面，"偏置距离"为"10"，创建出 ZC 正方向的平行平面，如图 4-8 所示。

7. 绘制水平平面引导线串

单击"成形特征"工具条的［草图］命令，选择水平平行平面作为草图平面，绘制出引导线串，并进行相切约束和尺寸标注，如图 4-9 所示。

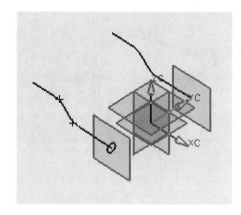

图 4-8　创建出 ZC 方向的平行平面

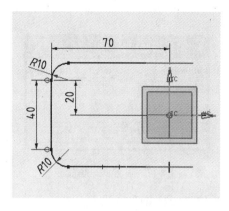

图 4-9　绘制出水平平面引导线串

8. 扫掠拉伸弯杆

单击"成形特征"工具条的［沿导引线扫掠］命令，弹出"沿导引线扫掠"和"选择意图"两个对话框。同时，提示栏上显示"选择剖面线串"。用鼠标选取剖面线串（圆曲线），如图 4-10 所示。单击对话框的"确定"按钮，此时两个对话框并未发生变化，但提示栏上显示"选择引导线串"。用鼠标选取引导线串（弯杆轴线），如图 4-11 所示。单击"确定"按钮，弹出新的"沿导引线扫掠"对话框，同时，提示栏上显示"输入扫掠偏置"。设置对话框上的参数"第一偏置"为"0"、"第二偏置"为"0"，如图 4-12 所示。单击对话框的"确定"按钮，结束扫掠拉伸操作。构建出的握柄弯杆如图 4-13 所示。

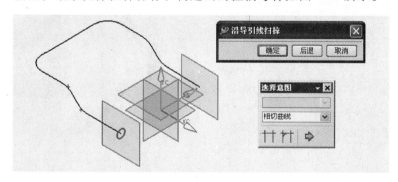

图 4-10　选取剖面线串

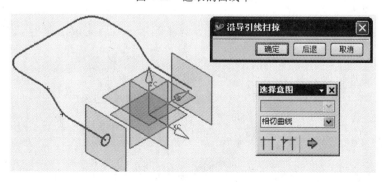

图 4-11　选取引导线串

图 4-12　设置两个偏置量

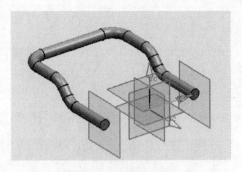

图 4-13　构建出的握柄弯杆

9. 绘制圆槽轮廓曲线

单击"成形特征"工具条的［草图］命令，选择 XC-YC 基准平面作为草图平面。先绘制出上面的圆曲线，并进行尺寸标注。然后，用镜像方法绘制出下面的圆曲线，如图 4-14 所示。

10. 构建两个圆槽

单击"成形特征"工具条的［拉伸］命令，弹出"拉伸"对话框。先用鼠标选取两个圆曲线，设置选项及参数"起始值"为"–5"、"结束值"为"5"，组合方式为"求差"。单击对话框的"确定"按钮，结束拉伸操作。构建出的两个圆槽如图 4-15 所示。

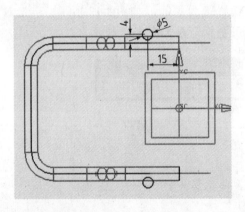

图 4-14　绘制出圆槽轮廓曲线

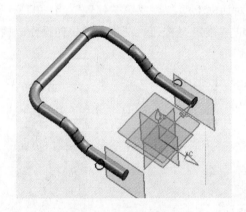

图 4-15　构建出的两个圆槽

11. 图面处理

使用［隐藏］命令将所有非实体图形要素隐藏起来。最后完成的握柄实体模型如图4-16所示。

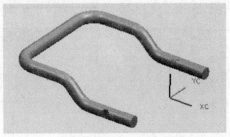

图 4-16　最后完成的握柄实体模型

训练项目 10　弹簧的设计

本训练项目要求用形体建模、矩形阵列等特征操作命令，构建圆柱面上的孔、割槽，完成图 4-17 所示的"弹簧"的实体造型设计。弹簧的"总长度"为"48"、"有效圈数"为"4"、"螺距"为"10"、"旋向"为"右"、"弹簧中径"为"30"、"簧丝直径"为"4"。按提示的操作步骤和各阶段设计的草图、实体效果图，自行完成整个设计任务。

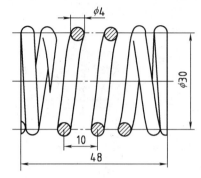

图 4-17　弹簧

步骤 1　创建基准平面和基准轴

使用［基准平面］和［基准轴］命令，创建出 XC-YC、YC-ZC、XC-ZC 三个基准平面和 XC、YC、ZC 三个基准轴。

步骤 2　绘制底部螺旋线

单击"曲线"工具条的［螺旋线］命令，弹出"螺旋线"对话框。设置螺旋线选项及参数"转数"为"1"、"螺距"为"4"、"半径"为"15"、"旋转方向"为"右手"，如图 4-18 所示。单击对话框上的"点构造器"按钮，弹出"点构造器"对话框时，设置螺旋线基点参数"XC"为"0"、"YC"为"0"、"ZC"为"0"，如图 4-19 所示。单击"确定"按钮，返回到"螺旋线"对话框。再次单击此对话框上的"应用"按钮，结束螺旋线操作。绘制出的底部螺旋线如图 4-20 所示。

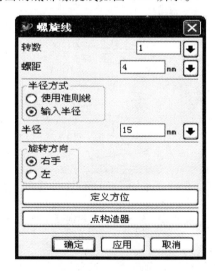

图 4-18　设置螺旋线参数

图 4-19　设置螺旋线基点参数

步骤 3　绘制中部螺旋线

由于使用［应用］命令，"螺旋线"对话框仍然开启，直接设置螺旋线选项及参数。"转数"为"4"、"螺距"为"10"、"半径"为"15"、"旋转方向"为"右手"。单击对话框的"点构造器"按钮，弹出"点构造器"对话框时，设置螺旋线基点参数"XC"为"0"、"YC"为"0"、"ZC"为"4"。单击"确定"按钮，返回到"螺旋线"对话框。再次单击"应用"按钮，结束螺旋线的操作。绘制出的中部螺旋线如图4-21所示。

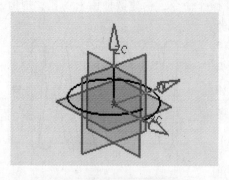

图 4-20　绘制出的底部螺旋线

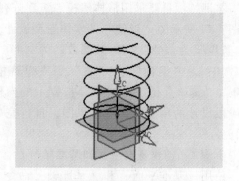

图 4-21　绘制出的中部螺旋线

步骤 4　绘制顶部螺旋线

在"螺旋线"对话框上，设置螺旋线选项及参数。"转数"为"1"、"螺距"为"4"、"半径"为"15"、"旋转方向"为"右手"。单击对话框的"点构造器"按钮，弹出"点构造器"对话框时，设置螺旋线基点参数"XC"为"0"、"YC"为"0"、"ZC"为"44"。单击"确定"按钮，返回到"螺旋线"对话框。此次单击"确定"按钮，结束螺旋线的操作，并关闭"螺旋线"对话框。绘制出的顶部螺旋线如图4-22所示。

步骤 5　绘制弹簧丝剖面曲线

使用［草图］命令，选择 XC-ZC 基准平面作为草图平面。将圆心点定位在底部螺旋线的端点，绘制出直径为"4"的弹簧丝剖面曲线如图4-23所示。

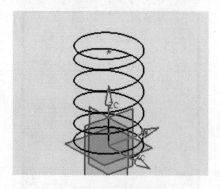

图 4-22　绘制出的顶部螺旋线

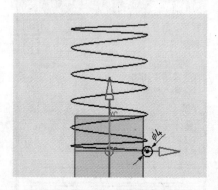

图 4-23　绘制出弹簧丝剖面曲线

步骤 6　扫掠拉伸弹簧

单击［沿导引线扫掠］命令，出现"沿导引线扫掠"对话框时，先选取剖面曲线，单击"确定"按钮；再选取底部、中部、顶部三段螺旋线，单击"确定"按钮。弹出新的"沿导引线扫掠"对话框时，第一偏置和第二偏置参数都设置为"0"。单击"确定"按钮，结束扫掠操作。构建出的弹簧如图4-24所示。

步骤 7　创建平行平面

使用［基准平面］命令，创建一个与 XC-YC 基准平面平行的平面，偏置距离为"48"，如图4-25所示。

图 4-24 构建出的弹簧

图 4-25 创建出平行平面

步骤 8 修剪弹簧两个端面

使用［修剪体］命令，弹出"修剪体"对话框。选择弹簧实体为目标体，选择 XC-YC 基准平面为刀具平面，方向向下，单击"应用"按钮，修剪出弹簧下面的端面。再用同样的方法，选择创建的平行平面为刀具平面，方向向上，单击"确定"按钮，修剪出弹簧上面的端面，结束修剪操作。修剪出弹簧的两个端面，如图 4-26 所示。

步骤 9 图面处理

使用［隐藏］命令将所有非实体图形要素隐藏起来。最后完成的弹簧实体模型如图4-27所示。

图 4-26 修剪出弹簧的两个端面

图 4-27 最后完成的弹簧实体模型

项目 4-2 艺术茶壶的设计

项目目标

在"建模"应用模块环境下，用曲面的扫掠建模方法，以及曲线旋转、曲线偏置、曲线拖动和组合实体抽壳等操作命令，完成图 4-28 所示"艺术茶壶"的实体造型设计。该模型由两个实体组装而成，实体 1 为壶体，如图 4-29 所示；实体 2 为壶盖，如图 4-30 所示。本项目的任务是分别完成这两个实体模型的设计。

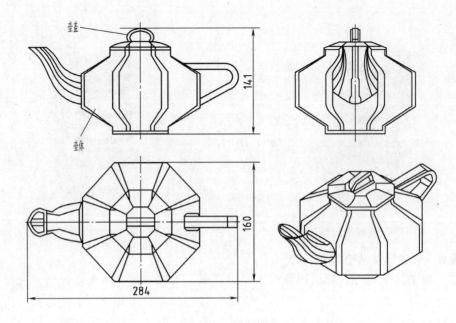

壶盖

壶体

图 4-28　艺术茶壶

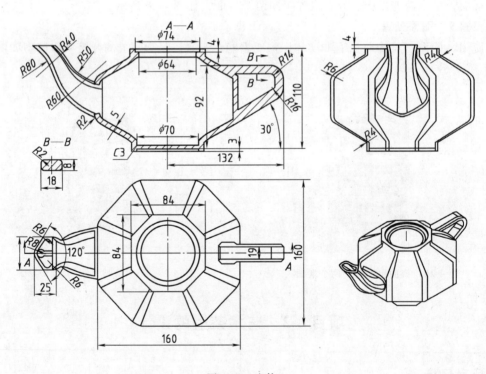

图 4-29　壶体

学习内容

曲面建模中的多引导线扫掠构建实体、曲线旋转、曲线偏置、曲线拖动、连续修剪曲线、组合实体抽壳和多余实体清除操作等。

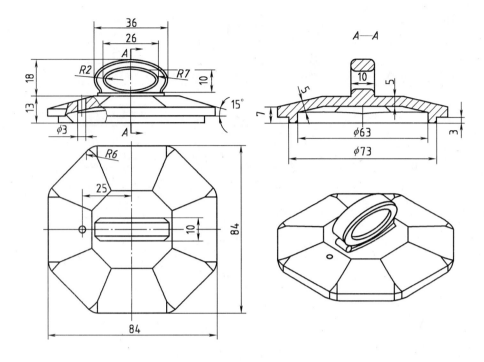

图 4-30　壶盖

任务分析

实体 1（壶体）由主体、壶嘴和壶把组成，它的三个组成部分有着明显的特征。壶体是一个尺寸连续变化的八棱柱结构；壶嘴是一个以平滑曲线轨迹扫掠而成的五边形体；壶把是一个由直线和平滑过渡曲线轨迹扫掠而成的矩形体。壶体和壶嘴组合成一体后，形成一个空腔的薄壳体。

实体 2（壶盖）由八棱柱体、八棱锥体、圆柱体和椭圆环体组成。八棱柱体、八棱锥体和圆柱体组合成一体后，形成一个空腔结构。

在两个实体的设计过程中，绘制剖面线串和引导线串时，要注意正确地选择各自所在的草图平面位置、绘制顺序和相互的关联定位关系；在扫掠操作中，要注意剖面线串和引导线串不同的选取方式、选取曲线的先后顺序和提示栏所指定的操作内容；构建特征实体时，要注意设计的先后步骤和连接方式；非抽壳特征实体的构建，要在抽壳实体完成后再构建，否则会影响抽壳操作的正常进行；移动坐标系时，要考虑方便坐标系重新移回原点。本项目只要求完成单个实体模型的设计，不必组装（在后面的单元中会讲述装配设计）。

【壶体的设计】

设计路线

壶体设计路线图如图 4-31 所示。

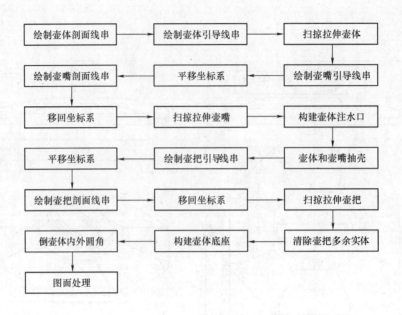

图 4-31　壶体设计路线图

操作步骤

该实体模型的设计，必须严格按照路线图的步骤进行，因为后面的特征实体都与前面的实体密切关联，且需要以前面实体的轮廓曲线和实体边缘作为定位基准。

1. 绘制壶体剖面线串

单击"成形特征"工具条的［草图］命令，选择 XC-YC 基准平面作为草图平面。先画出一个正方形曲线，并标注尺寸，如图 4-32 所示。然后，用鼠标将所有的尺寸选中，单击鼠标右键，弹出快捷菜单，选择其中的［隐藏］命令，如图 4-33 所示，将尺寸全部隐藏起来。再用鼠标选取正方形曲线，单击鼠标右键，弹出快捷菜单，选择其中的［变换］命令，如图 4-34 所示。单击左键确定后，弹出"变换"对话框，选择其中的绕点旋转，如图 4-35 所示。单击左键确定后，弹出"点构造器"对话框。设置旋转点参数"XC"为"0"、"YC"为"0"、"ZC"为"0"，单击"确定"按钮。弹出新的"变换"对话框，在"角度"栏中输入数值"45"，如

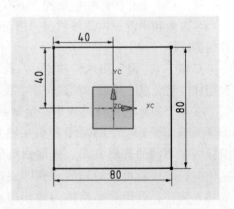

图 4-32　绘制出正方形曲线
并标注尺寸

图 3-36 所示。单击"确定"按钮，又弹出新的"变换"对话框。单击其中的"复制"按钮，单击左键确定后，在正方形曲线上会出现一个旋转 45°的正方形曲线，如图 4-37 所示。确认图形正确后，应单击对话框的"取消"按钮，结束变换操作，而不是"确定"按钮。这一点要特别注意，否则会多出一个正方形曲线。

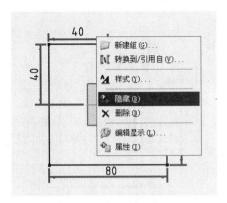

图 4-33 选择 [隐藏] 命令

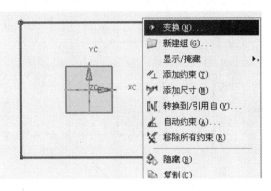

图 4-34 选择 [变换] 命令

图 4-35 选择 [绕点旋转] 按钮

图 4-36 输入角度值 "45"

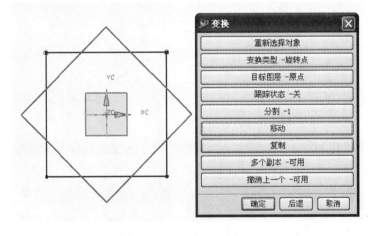

图 4-37 单击 "复制" 按钮，出现旋转 45°的正方形曲线

　　此时，要对绘制出的两个叠加的正方形曲线进行修剪，使其成为正八边形轮廓。由于要修剪的曲线太多，可以使用连续修剪方法。单击 [快速修剪] 命令后，按住鼠标左键，在需要剪除的线段上划出一条连续的线路，松开左键，就会在一次操作中将所有不需要的线段修剪掉。完成修剪后，图形变成正八边形，如图 4-38 所示。单击 [圆角] 命令，将八个角修剪成半径为 "6" 的圆角。在后面的设计过程中，要反复用到坐标系的移动和移回操作，因此，为了方便坐标系的定位，以坐标原点为圆心画出一个圆曲线，圆的直径可为任意值。

至此，完成了壶体剖面线串的绘制，如图4-39所示。

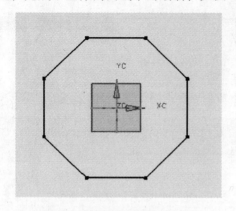

图4-38　修剪后成为正八边形

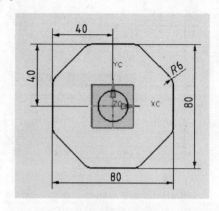

图4-39　完成壶体剖面线串的绘制

2. 绘制壶体引导线串

单击"成形特征"工具条的［草图］命令，选择YC-ZC基准平面作为草图平面。先绘制YC轴左侧的引导曲线，并进行必要的尺寸标注和关系约束，如图4-40所示。然后，将尺寸隐藏起来，并用镜像曲线方法绘制出右侧的引导曲线，如图4-41所示。再用［圆角］命令，倒出两条引导曲线的所有圆角，如图4-42所示。至此，完成了壶体引导线串的绘制操作，返回到三维工作界面后剖面线串和引导线串，如图4-43所示。

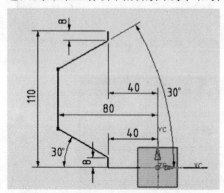

图4-40　绘制YC轴左侧的引导曲线

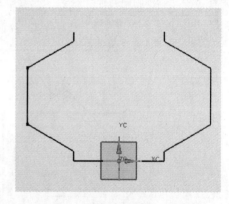

图4-41　镜像出右侧的引导曲线

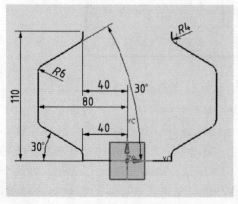

图4-42　倒出两条引导曲线的所有圆角

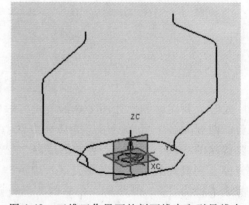

图4-43　三维工作界面的剖面线串和引导线串

3. 扫掠拉伸壶体

壶体的扫掠拉伸不是用"成形特征"工具条上的命令，也不是用［沿导引线扫掠］命令，而是要用"曲面"工具条的［已扫掠］命令来完成。如果在三维工作界面上没有出现此工具条，可以通过单击"菜单栏"的［工具］→［自定义］命令，在弹出的"自定义"对话框上，将"曲面"这个工具条调出来，如图4-44所示。

图4-44　"曲面"工具条

单击"曲面"工具条的［已扫掠］命令，弹出"已扫掠"对话框，如图4-45所示。同时，在提示栏中显示"选择引导线串1"，这是在提示用户选择第一条用于扫掠的引导线串，即剖面线串所要经过的轨迹曲线。单击对话框上的"曲线"按钮，然后，用鼠标按顺序由下至上地选取左侧的引导线串。注意必须连续地选取，中间不能断开，如图4-46所示。全部选中后，连续两次单击"确定"按钮。提示栏中又显示"选择引导线串2"。按上述方法选中右侧的引导曲线，仍然连续两次单击"确定"按钮。此时，提示栏中再次显示"选择引导线串3"。由于本设计中只有两条引导线串（此项操作限定引导线串最多只能有三条），因此，只需再次单击"确定"按钮，结束引导线串的选择。

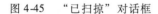

图4-45　"已扫掠"对话框

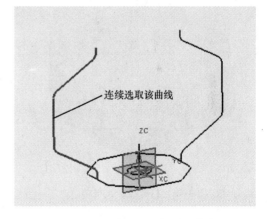

图4-46　连续选取左侧引导曲线

这时，提示栏中显示"选择剖面线串1"，这是要求用户选择第一个剖面线串。单击"已扫掠"对话框的"曲线链"按钮，用鼠标选取剖面线串中的一段曲线，单击"确定"按钮，会看到整个剖面曲线轮廓都被选中。连续三次单击"确定"按钮，提示栏中又显示"选择剖面线串2或重选起始元素"。由于本设计中只有一个剖面线串，因此，单击"确定"按钮，结束剖面线串的选择。

此时，出现新的"已扫掠"对话框，如图4-47所示。此对话框上的所有选项和参数都无需改动，保持默认状态，单击"确定"按钮。又出现新的"已扫掠"对话框，如图4-48所示。单击上面的"均匀比例"按钮，对话框又返回到图4-45所示的状态。同时，提示栏中显示"选择脊线串"。本设计中没有脊线串，可不必选，继续单击"确定"按钮。至此，扫掠拉伸出壶体，如图 4-49 所示。

图 4-47　新的"已扫掠"对话框

图 4-48　单击［均匀比例］按钮

4. 绘制壶嘴引导线串

单击"成形特征"工具条的［草图］命令，选择 YC-ZC 基准平面作为草图平面。由于该线串圆弧较多，为方便确定各个圆弧的位置，可先画出四条定位直线，如图 4-50 所示。然后，以这四条直线所确定的位置绘制出壶嘴全部引导线串，如图 4-51 所示。注意，四条圆弧曲线和两条水平直线是引导曲线，而最左边的竖直线则是移动坐标系的定位线。所有引导曲线相接处务必保持相切。

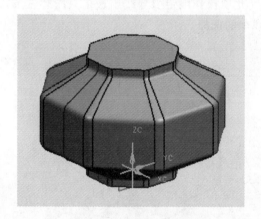

图 4-49　扫掠拉伸出壶体

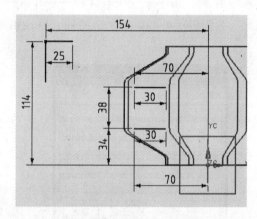

图 4-50　画出四条定位直线

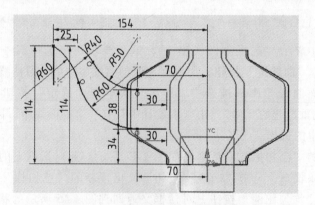

图 4-51　绘制出壶嘴全部引导线串

5. 平移坐标系

单击"菜单栏"的［格式］→［WCS］→［原点］命令，弹出"点构造器"对话框。先选择对话框的［终点］命令图标，再用鼠标选择引导线串中定位线上部端点，如图 4-52 所示。确认选择无误后，单击左键确定，坐标系就会平移到竖直线的端点上。单击对话框的"取消"按钮，关闭对话框，结束坐标系平移的操作。平移后的坐标系原点就位于壶嘴引导线串的顶点上，如图 4-53 所示。

6. 绘制壶嘴剖面线串

单击"成形特征"工具条的［草图］命令，选择移动后坐标系的 XC-YC 基准平面作为草图平面。先绘制出壶嘴剖面的基本轮廓曲线，如图 4-54 所示。然后，用［圆角］命令，倒出轮廓曲线的所有圆角，如图 4-55 所示。

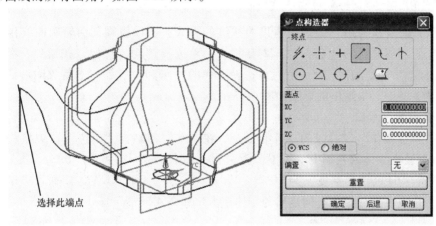

图 4-52　先选择［终点］命令图标，再选择直线端点

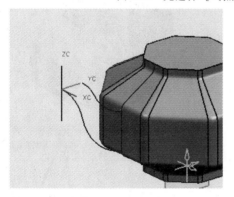

图 4-53　平移后的坐标系

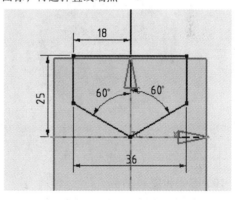

图 4-54　绘制出壶嘴剖面的基本轮廓曲线

7. 移回坐标系

单击"菜单栏"的［格式］→［WCS］→［原点］命令，弹出"点构造器"对话框。先选择对话框上的［圆弧/椭圆/球中心］命令图标，再用鼠标选择壶体剖面线串中事先绘制的圆曲线，如图 4-56 所示。确认选择无误后，单击左键确定，坐标系就会移回到原来的绝对坐标系原点上。单击"取消"按钮，关闭对话框，结束坐标系移回的操作。

8. 扫掠拉伸壶嘴

单击"曲面"工具条的［已扫掠］命令，按照前面所讲述的方法，先分别选取壶嘴引

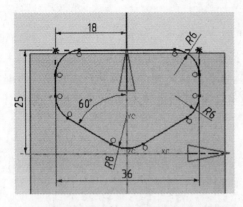

图 4-55　倒出壶嘴剖面轮廓曲线的所有圆角

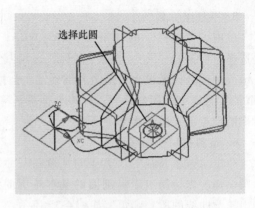

图 4-56　选择圆曲线，移回坐标系

导线串的两条曲线作为引导线串；再以曲线链的方式，选取壶嘴剖面轮廓曲线作为剖面线串。在出现的各种形式的"已扫掠"对话框中，除选择"均匀比例"按钮外，都保持默认状态。当出现"布尔操作"对话框时，选择上面的"求和"按钮，然后关闭对话框，结束扫掠拉伸壶嘴操作。构建出的壶嘴如图 4-57 所示。

9. 构建壶体注水口

单击"特征操作"工具条的［孔］命令，在"孔"对话框上，选择"类型"为［沉头孔］，放置面设在壶体的顶面上。设置参数"沉头直径"为"74"、"沉头深度"为"4"、"孔直径"为"64"、"孔深度"为"8"、"顶锥角"为"0"，以壶体剖面线串中事先绘制的圆中心为孔中心进行定位。构建出的壶体注水口如图 4-58 所示。

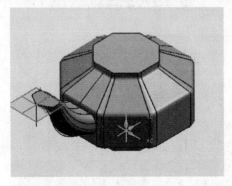

图 4-57　构建出的壶嘴

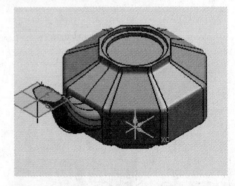

图 4-58　构建出的壶体注水口

10. 壶体和壶嘴抽壳

单击"特征操作"工具条的［外壳］命令，弹出"外壳"和"选择意图"两个对话框。将"选择意图"设为"相切面"。先选择"外壳"对话框上的［移除面］命令图标，再分别选取注水口中平面和壶嘴顶面，如图 4-59 所示。然后，选择第三个命令图标［Alternate Thickness List］（厚度列项），用鼠标选取壶体的侧表面，并在"Set1 T"数据栏中输入数值"5"后，单击回车键，如图 4-60 所示。再单击第四个命令图标［完成一个步骤集然后开始下一个步骤集］，用鼠标选取壶嘴的侧表面，并在"Set2 T"数据栏中输入数值"2"后，单击回车键，如图 4-61 所示。以上操作确认无误后，单击"确定"按钮，结束抽壳操作。壶体和壶嘴抽壳后的效果如图 4-62 所示。

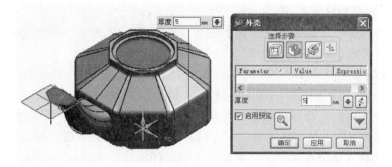

图 4-59　选择注水口中平面和壶嘴顶面作为移除面

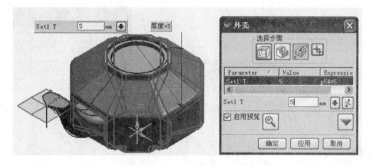

图 4-60　选取壶体侧表面，输入厚度值 "5"

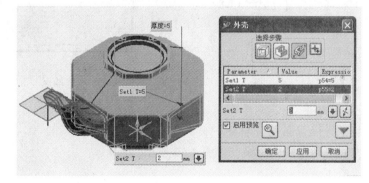

图 4-61　选取壶嘴侧表面，输入厚度值 "2"

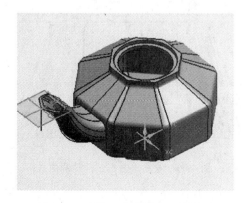

图 4-62　壶体和壶嘴抽壳后的效果

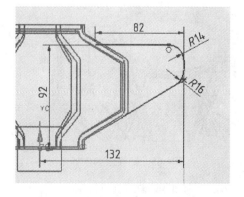

图 4-63　绘制出壶把全部引导线串

11. 绘制壶把引导线串

单击"成形特征"工具条的［草图］命令，选择 YC-ZC 基准平面作为草图平面。绘制出壶把全部引导曲线，如图 4-63 所示。

12. 平移坐标系

单击"菜单栏"的［格式］→［WCS］→［原点］命令，弹出"点构造器"对话框。先选择对话框的［终点］命令图标，再用鼠标选取壶把引导线串水平直线的端点，如图4-64所示。确认选择无误后，单击左键确定，坐标系就会平移到水平直线的端点处。单击对话框上的"取消"按钮，关闭对话框，结束坐标系平移的操作。平移后的坐标系原点就位于壶把引导线串的端点上，如图 4-65 所示。

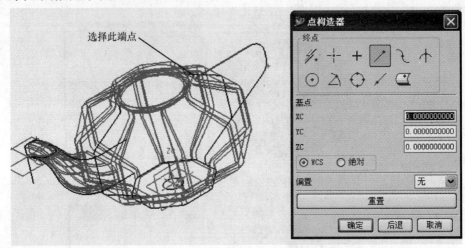

图 4-64　先选择［终点］命令图标，再选择水平直线端点

13. 绘制壶把剖面线串

单击"成形特征"工具条的［草图］命令，选择移动后坐标系的 XC-ZC 基准平面作为草图平面，绘制出壶把剖面轮廓曲线，如图 4-66 所示。

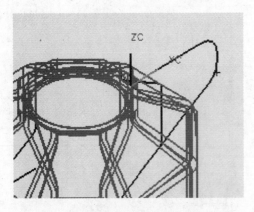

图 4-65　平移后的坐标系

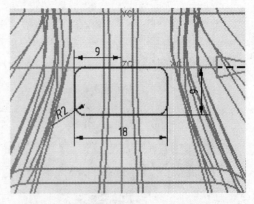

图 4-66　绘制出壶把剖面轮廓曲线

14. 移回坐标系

按照前面讲述的方法将坐标系移回到绝对坐标系的原点上。

15. 扫掠拉伸壶把

壶把的扫掠拉伸是使用单引导线扫掠方式，即使用"成形特征"工具条的［沿导引线扫掠］命令来进行。单击［沿导引线扫掠］命令，弹出"沿导引线扫掠"对话框时，用前面讲述的方法，先后选择"剖面线串"和"引导线串"；将第一和第二偏置值都设置为"0"；在"布尔操作"对话框上，单击"求和"按钮，结束单引导线扫掠操作。构建出的壶把如图 4-67 所示。

16. 清除壶把多余实体

由于壶把是在壶体抽壳后构建的，会在壶体内产生多余的实体。如果用修剪实体操作，将壶体的前半部裁剪掉，就会看到壶体内多余的部分，如图 4-68 所示。这种情况显然是不符合设计要求的，要运用拉伸方法，将多余实体清除掉。

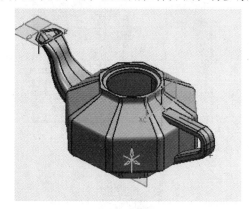

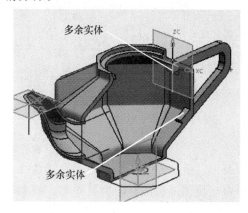

图 4-67　构建出的壶把　　　　　　图 4-68　壶体内多余的实体

单击"成形特征"工具条的［拉伸］命令，弹出"拉伸"对话框。选择"选择步骤"栏下的［草图剖面］命令图标，准备进入草图界面。选择 YC-ZC 基准平面作为草图平面，综合运用［投影］、［直线］、［快速修剪］等命令，绘制出一个包含多余实体的轮廓曲线，如图 4-69 所示。单击"完成草图"按钮，回到三维工作界面。设置拉伸参数"起始值"为"–10"、"结束值"为"10"，组合方式为"求差"。单击对话框的"确定"按钮，结束拉伸操作。清除壶把多余实体的效果如图 4-70 所示。为了继续后面的设计，要通过"部件导航器"，选中修剪实体项目，将它删除，使壶体恢复完整状态。

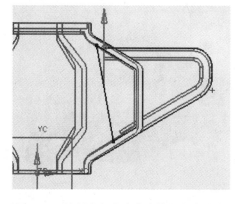

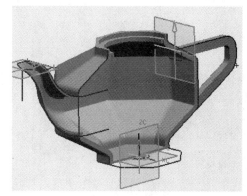

图 4-69　绘制出包含多余实体的轮廓曲线　　　图 4-70　清除壶把多余实体的效果

17. 构建壶体底座

单击"成形特征"工具条的 [拉伸] 命令，弹出"拉伸"和"选择意图"两个对话框。将"选择意图"设为"面的边"，"起始值"为"0"、"结束值"为"3"，用鼠标选取壶体的底平面，如图 4-71 所示。确认以上选择和设置无误后，将组合方式设为"求和"，单击"确定"按钮，结束拉伸操作。经过对底座平面的选择和拉伸后，使壶底增加 3mm 厚度，如图 4-72 所示。

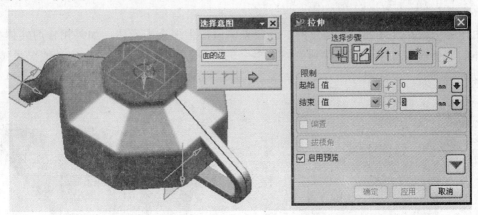

图 4-71　设置对话框参数，选取壶体底平面

单击 [孔] 命令，以增厚的底面为孔的放置面，以定位圆曲线的圆心为孔中心；设置孔参数"直径"为"70"、"深度"为"3"、"顶锥角"为"0"。构建出一个直径为"70"的底座孔，如图 4-73 所示。

单击 [倒斜角] 命令，偏置值设为"3"，将底座的边缘倒出 45°斜角，如图 4-74 所示。

18. 倒壶体内、外圆角

使用 [边倒圆] 命令，按工程图所示部位和尺寸，倒出茶壶内部、外部所有的圆角，如图 4-75 ~ 图 4-77 所示。

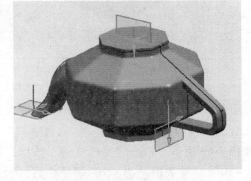

图 4-72　壶底增厚 3mm

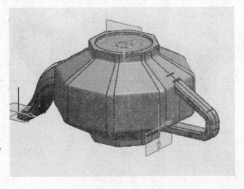

图 4-73　构建出 φ70 的底座孔

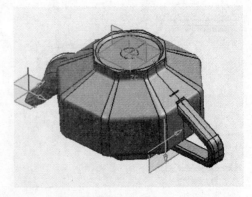

图 4-74　倒出底座 45°斜角

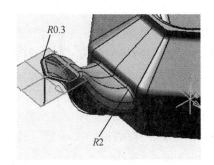

图 4-75　倒出壶嘴及根部圆角

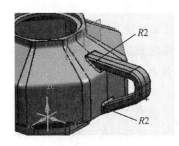

图 4-76　倒出壶把根部圆角

19. 图面处理

使用 [隐藏] 命令将所有非实体图形要素隐藏起来。最后完成的茶壶体实体模型如图 4-78 所示。

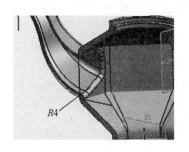

图 4-77　倒出壶体内部圆角

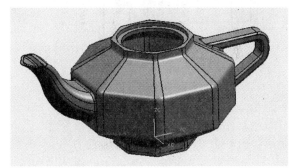

图 4-78　最后完成的茶壶体实体模型

【壶盖的设计】

设计路线

壶盖设计路线图如图 4-79 所示。

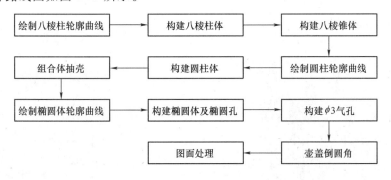

图 4-79　壶盖设计路线图

操作步骤

该实体模型的设计非常简单，只需运用拉伸、抽壳、打孔等操作方法即可完成。

164

1. 绘制八棱柱轮廓曲线

单击"成形特征"工具条的［草图］命令，选择 XC-YC 基准平面作为草图平面。按照前面所讲述的方法，先绘制出正八边形曲线并标注尺寸，然后倒出半径为"6"的圆角。绘制的八棱柱轮廓曲线如图 4-80 所示。

2. 构建八棱柱体

单击"成形特征"工具条的［拉伸］命令，选择八棱柱轮廓曲线，向上拉伸。设置拉伸参数"起始值"为"0"、"结束值"为"4"，单击"拉伸"对话框的"确定"按钮，结束本次操作。构建出的八棱柱体如图 4-81 所示。

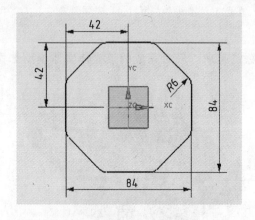

图 4-80　绘制的八棱柱轮廓曲线

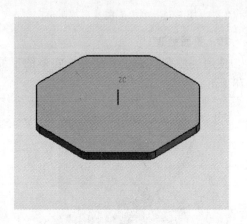

图 4-81　构建出的八棱柱体

3. 构建八棱锥体

单击"成形特征"工具条的［拉伸］命令，弹出"选择意图"和"拉伸"两个对话框。选择八棱柱顶面，向上拉伸。设置拉伸参数"起始值"为"0"、"结束值"为"6"，启用"拔模角"选项，"角度"为"75°"，组合方式为"求和"，单击"确定"按钮，结束拉伸操作。构建出的八棱锥体如图 4-82 所示。

4. 绘制圆柱轮廓曲线

单击"成形特征"工具条的［草图］命令，选择 XC-YC 基准平面作为草图平面。绘制一个 $\phi73$ 的圆曲线，如图 4-83 所示。

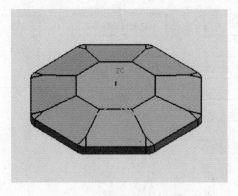

图 4-82　构建出的八棱锥体

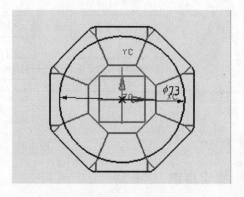

图 4-83　绘制一个 $\phi73$ 的圆曲线

5. 构建圆柱体

单击"成形特征"工具条的［拉伸］命令，选择圆曲线，向下拉伸。设置拉伸参数"起始值"为"0"、"结束值"为"3"，组合方式为"求和"，单击"确定"按钮，结束拉伸操作。构建出的圆柱体如图 4-84 所示。

6. 组合体抽壳

单击"特征操作"工具条的［外壳］命令，选择圆柱体的底平面作为移除面，壳体厚度设置为"5"。单击"确定"按钮，结束抽壳操作。完成抽壳的盖体如图 4-85 所示。

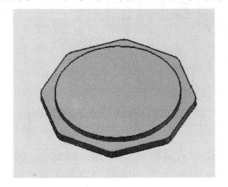

图 4-84　构建出的圆柱体

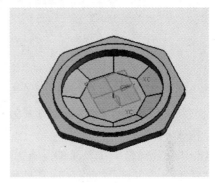

图 4-85　完成抽壳的盖体

7. 绘制椭圆体轮廓曲线

单击"成形特征"工具条的［草图］命令，选择 YC-ZC 基准平面作为草图平面。先画出一条定位直线，务必让该直线与竖直基准轴保持共线，并标注出尺寸，如图 4-86 所示。然后，以定位直线上部的端点作为椭圆的基点，绘制椭圆曲线。单击"草图曲线"工具条的［椭圆］命令，弹出"点构造器"对话框，选择"终点"定位方式，再选取定位直线的顶点，出现"创建椭圆"对话框。设置椭圆参数"长半轴"为"18"、"短半轴"为"10"、"起始角"为"0"、"终止角"为"360"、"旋转角度"为"0"，如图 4-87 所示。单击"确定"按钮，绘制出一条椭圆曲线。再用偏置曲线方法，偏置值为"5"，绘制出一个同基点的内部椭圆曲线如图 4-88 所示。

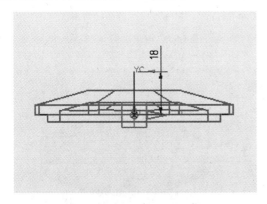

图 4-86　画出定位直线并标注尺寸

图 4-87　设置椭圆参数

8. 构建椭圆体及椭圆孔

使用"成形特征"工具条的［拉伸］命令，先拉伸出椭圆体，双向拉伸，"起始值"为

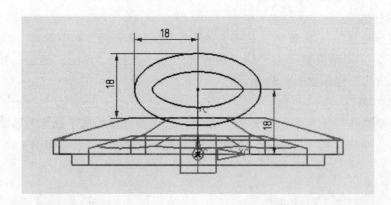

图 4-88 绘制出内、外两个椭圆曲线

"－5"、"结束值"为"5"，组合方式为"求和"；再拉伸椭圆孔，双向拉伸，"起始值"为"－5"、"结束值"为"5"，组合方式为"求差"。构建出的椭圆体和椭圆孔如图 4-89 所示。

9. 构建 φ3 气孔

单击"特征操作"工具条的［孔］命令，在"孔"对话框上，设置孔参数"直径"为"3"、"深度"为"50"（保证通孔即可），放置面选择盖体上的顶面。定位方式选择［垂直］，先以 YC 基准轴定位，"距离"为"0"；再以 XC 基准轴定位，"距离"为"25"。单击"确定"按钮，结束孔操作。构建出的 φ3 气孔如图 4-90 所示。

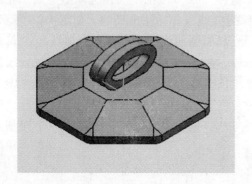

图 4-89 构建出的椭圆体和椭圆孔

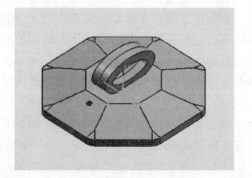

图 4-90 构建出的 φ3 气孔

10. 壶盖倒圆角

使用［边倒圆］命令，具体的圆角半径可根据自己的审美观点加以确定，完成壶盖全部倒圆角的效果如图 4-91 所示。

11. 图面处理

使用［隐藏］命令将所有非实体图形要素隐藏起来。最后完成的茶壶盖实体模型如图 4-92 所示。如果用后面讲述的装配设计方法，将壶体和壶盖组装起来，则完整的艺术茶壶效果如图 4-93 所示。

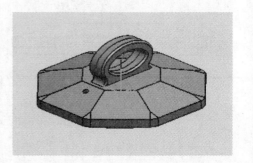

图 4-91 完成壶盖全部倒圆角的效果

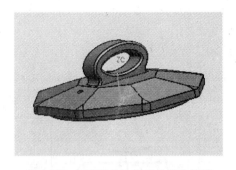

图 4-92 最后完成的茶壶盖实体模型

图 4-93 完整的艺术茶壶效果

训练项目 11 叉架的设计

本训练项目要求用多引导线扫掠拉伸、创建平行平面、绘制空间曲线、创建圆柱体和打孔等特征操作命令，完成图 4-94 所示的"叉架"的实体造型设计。按提示的操作步骤和各阶段设计的草图、实体效果图，自行完成整个设计任务。

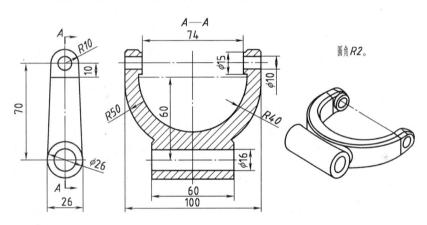

图 4-94 叉架

步骤 1　绘制 φ26 圆柱体轮廓曲线和相切定位直线

单击"成形特征"工具条的［草图］命令，选择 YC-ZC 基准平面作为草图平面。绘制一个 φ26 的圆曲线和两条与圆曲线相切的直线（相切定位直线），如图 4-95 所示。

步骤 2　构建 φ26 圆柱体

单击"成形特征"工具条的［拉伸］命令，选择圆曲线，双向拉伸。设置拉伸参数"起始值"为"－30"、"结束值"为"30"，组合方式为"创建"。构建出的 φ26 圆柱体如图 4-96 所示。

步骤 3　绘制基准曲线

单击"成形特征"工具条的［草图］命令，选择 XC-YC 基准平面作为草图平面。绘制出一

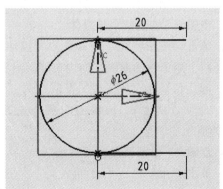

图 4-95　绘制出圆曲线和两条相切定位直线

条半圆曲线和两条竖直线，如图 4-97 所示。

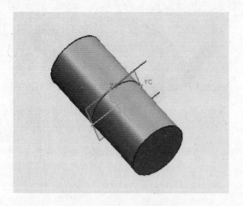

图 4-96 构建出的 φ26 圆柱体

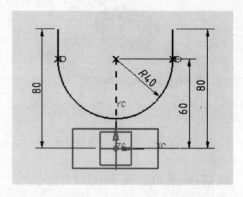

图 4-97 绘制出一条半圆曲线和两条竖直线

步骤 4 创建 YC 方向的平行平面

使用［基准平面］命令，先创建出 XC-ZC 基准平面；再创建一个平行于此基准平面的平行平面，即 YC 方向的平行平面偏置距离为"80"，如图 4-98 所示。

步骤 5 绘制两个矩形轮廓曲线

单击"成形特征"工具条的［草图］命令，选择刚刚创建的平行平面作为草图平面，绘制出左右两个矩形轮廓曲线，如图 4-99 所示。

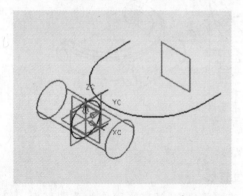

图 4-98 创建 YC 方向的平行平面

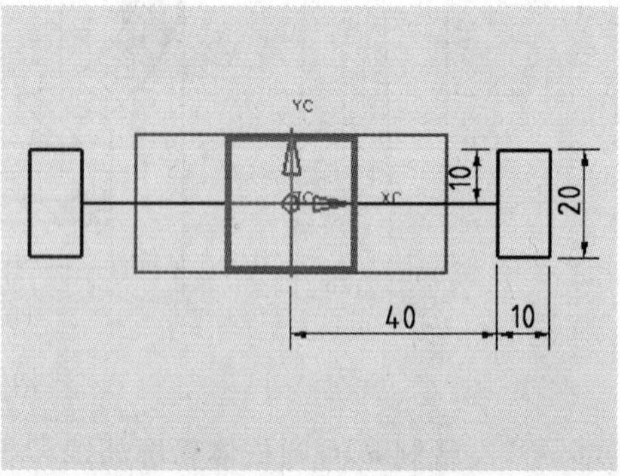

图 4-99 绘制出左右两个矩形轮廓曲线

步骤 6 构建两个长方体

单击"成形特征"工具条的［拉伸］命令，选择两个矩形轮廓曲线，向内拉伸。设置拉伸参数"起始值"为"0"、"结束值"为"20"，组合方式为"创建"。构建出的两个长方体如图 4-100 所示。

步骤 7 绘制两条空间曲线

单击"菜单栏"的［插入］→［曲线］→［圆弧/圆］命令，弹出"圆弧/圆"对话框。用鼠标选取左侧长方体一条棱边的端点，如图

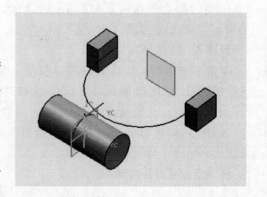

图 4-100 构建出的两个长方体

4-101所示，单击左键确定。再选取右侧长方体一条棱边的端点，如图 4-102 所示，单击左键确定。最后选取定位直线的端点，如图 4-103 所示，单击左键确定。单击"圆弧/圆"对话框上的"应用"按钮，构建出第一条空间曲线。再用同样的方法，构建出下面的第二条空间曲线，如图 4-104 所示。

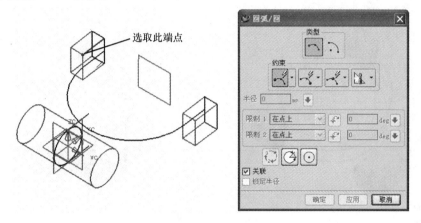

图 4-101　选取左侧长方体棱边的端点

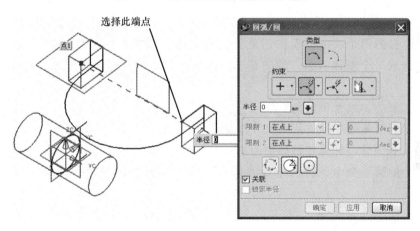

图 4-102　选取右侧长方体棱边的端点

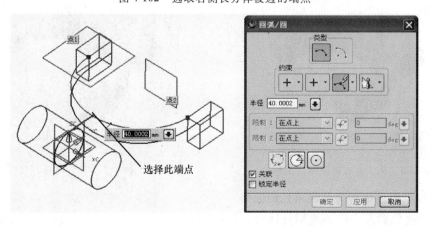

图 4-103　最后选取定位直线的端点

步骤 8 扫掠拉伸弯体

用前面讲述的多引导线扫掠方法，选取两条空间曲线作为引导线串，选择一侧的长方体表面作为剖面线串，扫掠拉伸出的弯体，组合方式为"与圆柱体求和"，如图 4-105 所示。

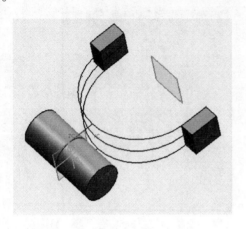 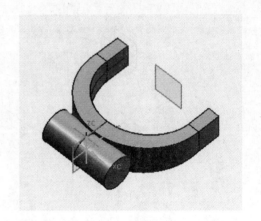

图 4-104　绘制出两条空间曲线　　　　　　图 4-105　扫掠拉伸出的弯体

步骤 9 组合实体

前面构建出的两个长方体现在还是独立的实体，需要使用［求和］命令，将所有的特征实体组合成一个整体。组合后的整个实体从外观上看没有什么变化，仍如图 4-105 所示。

步骤 10 长方体端部倒圆角

使用［边倒圆］命令，将两个长方体端部倒出半径为"10"的圆角，如图 4-106 所示。

步骤 11 长方体与弯体相接处倒圆角

使用［边倒圆］命令，将两个长方体与弯体相接处倒出半径为"20"的圆角，如图 4-107所示。

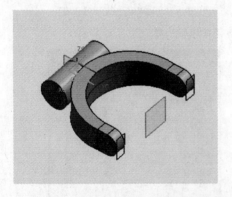 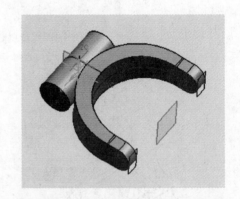

图 4-106　两个长方体端部倒出圆角　　　　图 4-107　两个长方体与弯体相接处倒圆角

步骤 12 圆柱体与弯体相接处倒圆角

使用［边倒圆］命令，将圆柱体与弯体相接处倒出半径为"2"的圆角，如图 4-108 所示。

步骤 13　构建两个 φ16 圆柱体

使用［圆柱］命令，选择弯体的内表面作为放置面，以长方体端部圆弧作为定位基准。设置圆柱参数"直径"为"16"、"高度"为"3"。构建出两个 φ16 圆柱体，如图 4-109 所示。

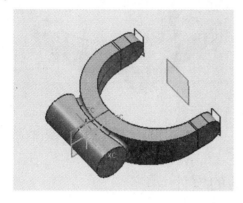

图 4-108　圆柱体与弯体相接处倒圆角

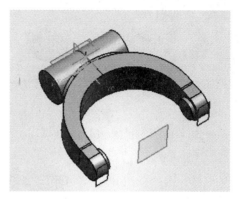

图 4-109　构建出两个 φ16 圆柱体

步骤 14　构建 φ16 孔

使用［孔］命令，选择 φ26 圆柱体端面作为放置面，并以端面圆弧作为定位基准。设置孔参数"直径"为"16"、"深度"为"65"（保证通孔即可）。构建出 φ16 孔，如图 4-110 所示。

步骤 15　构建 φ10 孔

使用［孔］命令，选择弯体外表面作为放置面，并以端面圆弧作为定位基准。设置孔参数"直径"为"10"、"深度"为"110"（保证通孔即可）。构建出 φ10 孔，如图 4-111 所示。

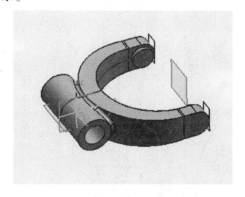

图 4-110　构建出 φ16 孔

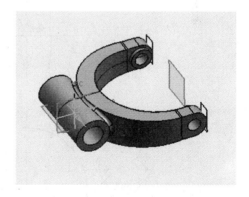

图 4-111　构建出 φ10 孔

步骤 16　倒铸造圆角

使用［边倒圆］命令，根据图样要求倒出叉架上所有的铸造圆角，圆角半径设置为"2"。倒出铸造圆角的效果如图 4-112 所示。

步骤 17　图面处理

使用［隐藏］命令，将所有非实体图形要素隐藏起来。最后完成的叉架实体模型如图 4-113 所示。

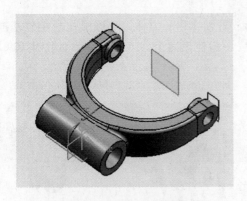

图 4-112　倒出铸造圆角的效果

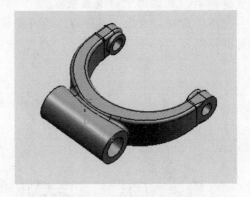

图 4-113　最后完成的叉架实体模型

项目 4-3　吊钩的设计

项目目标

在"建模"应用模块环境下，应用扫掠建模方法，以及绘制多圆弧曲线、曲线编辑、创建平行和矢量平面、构建球体和构建外螺纹等操作命令，完成图 4-114 所示"吊钩"的实体设计。

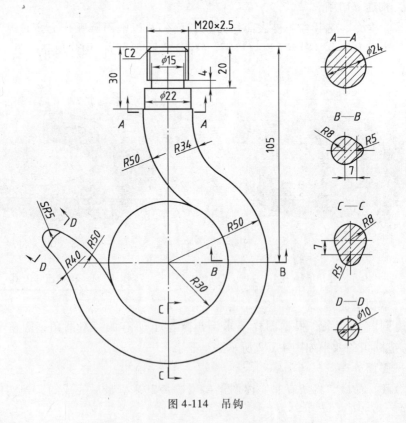

图 4-114　吊钩

学习内容

多引导线和多剖面扫掠拉伸实体、球体的空间定位、剖面线串的矢量方向编辑等操作。

任务分析

此零件为弯钩形结构，在弯钩体的不同截面有着不同的剖面轮廓，需要绘制四个剖面线串和两条引导线串，经扫掠而成。本设计的难点是，正确地选择剖面线串的方向点，以保证扫掠拉伸中不发生形体的异变。当选取的剖面线串矢量方向不一致时，要用到曲线矢量编辑等操作技巧。

设计路线

吊钩设计路线图如图 4-115 所示。

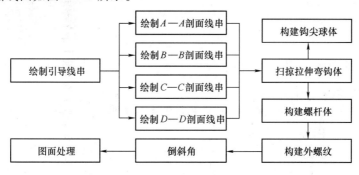

图 4-115　吊钩设计路线图

操作步骤

此零件设计的要点在于正确地选择各个剖面线串的矢量方向，使剖面轮廓曲线上的切线方向保持一致。

1. 绘制引导线串

单击"成形特征"工具条的［草图］命令，选择 YC-ZC 基准平面作为草图平面，绘制出全部引导线串曲线。注意，除用于定位的直线外，所有圆弧曲线都要保持相切和首尾连接。此外，还要绘制出一条用于定位钩尖球体的定位直线。绘制出的整个引导线串如图 4-116 所示。

2. 绘制 A—A 剖面线串

先创建一个与 XC-YC 基准平面的距离为"75"，且平行于 XC-YC 基准平面的平行平面。再使用［草图］命令，选择平行平面作为草图平面，绘制出一

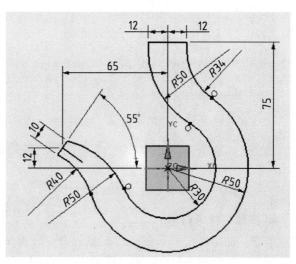

图 4-116　绘制出的整个引导线串

个圆曲线，即 *A—A* 剖面线串，如图 4-117 所示。

3. 绘制 *B—B* 剖面线串

使用［草图］命令，选择 XC-YC 基准平面作为草图平面，绘制出 *B—B* 剖面轮廓曲线，即 *B—B* 剖面线串，如图 4-118 所示。

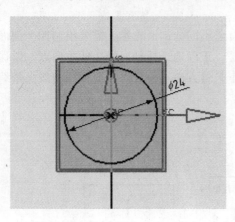
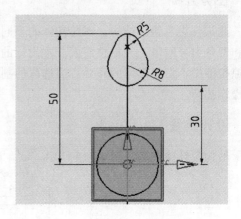

图 4-117　绘制出 *A—A* 剖面线串　　　　图 4-118　绘制出 *B—B* 剖面线串

4. 绘制 *C—C* 剖面线串

使用［草图］命令，选择 XC-YC 基准平面作为草图平面，绘制出 *C—C* 剖面轮廓曲线，即 *C—C* 剖面线串，如图 4-119 所示。

5. 绘制 *D—D* 剖面线串

先使用［点和方向］命令，创建一个垂直于定位直线的矢量平面，如图 4-120 所示。再使用［草图］命令，选择矢量平面作为草图平面，绘制出 *D—D* 剖面轮廓曲线，即 *D—D* 剖面线串，如图 4-121 所示。至此，绘制出全部引导线串和剖面线串，在三维工作界面上，这些曲线的分布情况如图 4-122 所示。

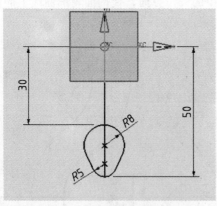
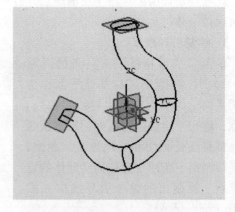

图 4-119　绘制出 *C—C* 剖面线串　　　　图 4-120　创建一个矢量平面

6. 扫掠拉伸弯钩体

单击"曲面"工具条的［已扫掠］命令，弹出"已扫掠"对话框。按照前面讲述的具体操作方法，分别选取两条引导线串，如图 4-123 所示。注意，选取引导线串时要连续选取各线段，不能中断，且两条线串的选择方向必须保持一致。然后，选取剖面线串。剖面线串的选取顺序也要连续，不能跳跃，如按照从弯钩根部剖面至弯钩尖部剖面的选取顺序，相反顺序亦可。当选取了第一个剖面线串后，要注意观察剖面曲线上的矢量箭头方向，如图4-124所示。在后面选取剖面线串时，也要使各个剖面曲线上的矢量箭头方向保持一致，如图4-125所示，才能保证扫掠出正确的弯钩体。如果所选取的各个剖面曲线其矢量箭头方向不一致时，如图4-126所示，扫掠拉伸出的弯钩体如图4-127所示。从构建出的实体模型可以看出，形体发生了异变情况。如果这种情况发生，就需要运用曲线对齐编辑方法来加以调整。

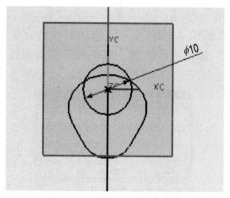

图 4-121　绘制出 D—D 剖面线串

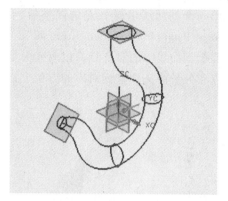

图 4-122　绘制出的全部引导线串和剖面线串

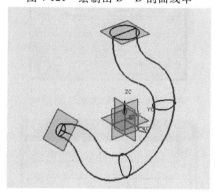

图 4-123　选取两条引导线串

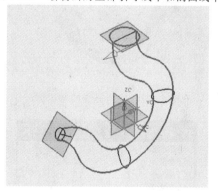

图 4-124　注意剖面的箭头方向

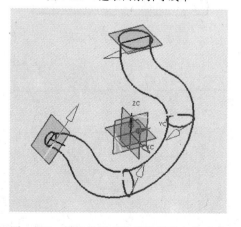

图 4-125　剖面曲线上的矢量箭头方向一致

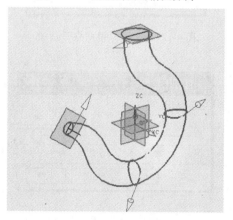

图 4-126　剖面曲线矢量箭头不一致

　　具体操作方法是，选中已扫掠出的实体，单击鼠标左键，当出现快捷菜单时，选择其中的［使用回滚编辑］命令，弹出"编辑参数"对话框，如图4-128所示。单击上面的"编辑对齐方式"按钮。出现新的"编辑参数"对话框，选择"对齐方法"栏下的"根据点"选项，如图4-129所示。单击"确定"按钮，弹出一个对话框，如图4-130所示。同时，在提示栏中显示"Select Alignment Points from Section String #1"，即选择剖面线串1的对齐点。选取第一个剖面线串，单击左键确定后，出现"百分比控制"对话框，如图4-131所示。用鼠标按住上面的指针左右拖动，就会改变剖面线串上的对齐点，从而改变矢量箭头的方向。完成第一个剖面线串对齐点的调整后，单击"确定"按钮。在提示栏中又会显示"Select Alignment Points from Section String #2"，即选择剖面线串2的对齐点，再用同样的方法，调整第二个剖面线串的对齐点，以改变矢量箭头方向。如此连续操作，直至将所有剖面线串的对齐点和矢量箭头调整到对应的方位上，如图4-132所示。完成全部剖面线串的矢量方向调

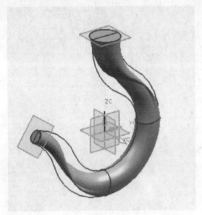

图4-127　发生异变的弯钩体

图4-128　"编辑参数"对话框

图4-129　选择"根据点"选项

图4-130　无名对话框

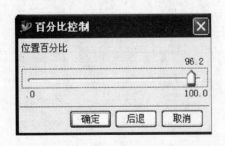

图4-131　"百分比控制"对话框

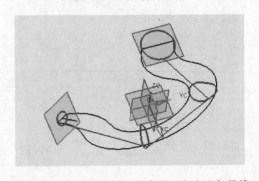

图4-132　调整后的剖面线串的对齐点和矢量线

整后，单击"确定"按钮，关闭最初的"编辑参数"对话框，扫掠出的弯钩体就会修改成正确形态。最后完成的正确的弯钩体如图 4-133 所示。

7. 构建螺杆体

单击"成形特征"工具条的［回转］命令，弹出"回转"对话框。选择"选择步骤"栏下的第二个命令图标［草图剖面］，选择 YC-ZC 基准平面作为草图平面，绘制出螺杆体纵截面轮廓曲线，如图 4-134 所示。完成草图后，选取 ZC 基准轴作为旋转轴。设置回转参数"起始值"为"0"、"结束值"为"360"，组合方式为"求和"。单击"确定"按钮，结束回转操作。构建出的螺杆体如图 4-135 所示。

8. 构建外螺纹

单击"特征操作"工具条的［螺纹］命令，弹出"螺纹"对话框。选择 M20×2.5 圆柱体，设置螺纹参数为"M20×2.5"，选中"完整螺纹"选项。单击"确定"按钮，结束构建螺纹的操作。构建出的 M20×2.5 外螺纹如图 4-136 所示。

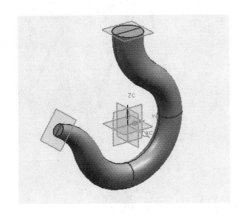

图 4-133　最后完成的正确的弯钩体

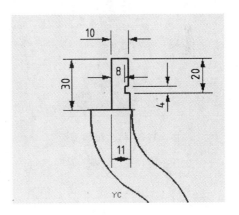

图 4-134　绘制出螺杆体纵截面轮廓曲线

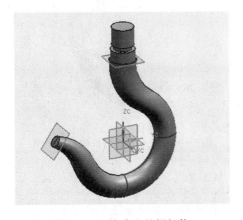

图 4-135　构建出的螺杆体

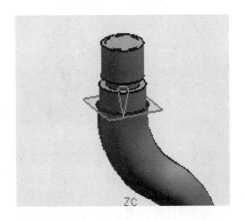

图 4-136　构建出的 M20×2.5 外螺纹

9. 倒斜角

使用［倒斜角］命令，对 M20×2.5 螺杆端面进行倒角操作，偏置值为"2"。构建出的倒角如图 4-137 所示。

10. 构建钩尖球体

单击"成形特征"工具条的[球]命令，弹出"球"对话框。单击"直径，圆心"按钮，出现新"球"对话框。设置球参数"直径"为"10"。单击"确定"按钮，弹出"点构造器"对话框。选择"终点"定位方式，用鼠标选取模型中定位直线的端点，如图4-138所示。单击左键确定后，弹出"布尔操作"对话框，单击"求和"按钮，结束构建球体的操作。构建出的钩尖球体如图4-139所示。

11. 图面处理

使用[隐藏]命令，将所有非实体图形要素隐藏起来。最后完成的吊钩实体模型如图4-140所示。

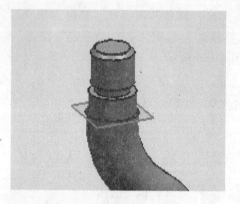

图4-137 构建出的倒角

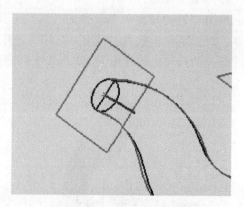

图4-138 选取定位直线端点

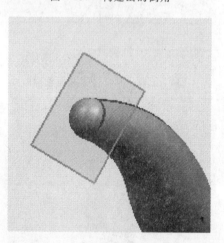

图4-139 构建出的钩尖球体

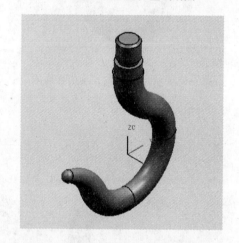

图4-140 最后完成的吊钩实体模型

训练项目12 汤勺的设计

本训练项目要求用多引导线和多剖面扫掠、椭圆体拔模、空间曲线调整等操作命令，完成图4-141所示的"汤勺"的实体造型设计。按提示的操作步骤和各阶段设计的草图、实体效果图，自行完成整个设计任务。

步骤1 绘制勺体轮廓曲线

单击"成形特征"工具条的[草图]命令，选择XC-YC基准平面作为草图平面。设置

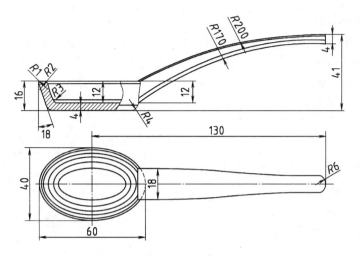

图 4-141　汤勺

椭圆参数"长半轴"为"30"、"短半轴"为"20"、"起始角"为"0"、"终止角"为
"360"、"旋转角度"为"0"。绘制出的椭圆曲线如图 4-142 所示。

步骤 2　拉伸勺体

单击"成形特征"工具条的［拉伸］命令，弹出"拉伸"对话框。选取椭圆曲线，向
下拉伸。设置拉伸参数"起始值"为"0"、"结束值"为"18"，选中"拔模角"选项，角
度为"18"，单击"确定"按钮，结束拉伸操作。构建出的勺体如图 4-143 所示。

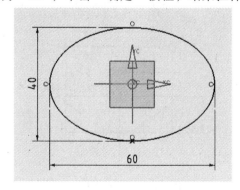

图 4-142　绘制出的椭圆曲线

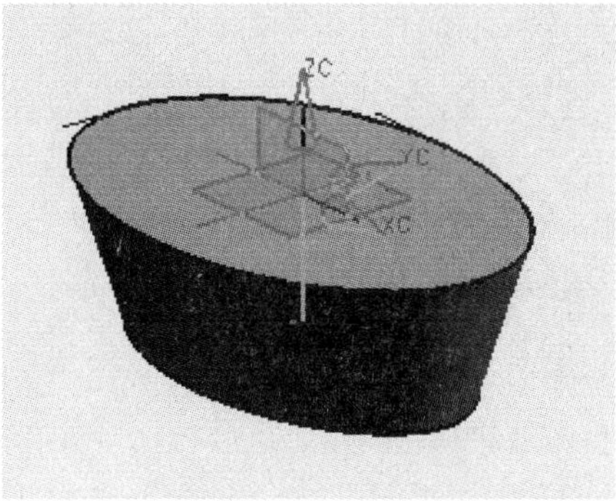

图 4-143　构建出的勺体

步骤 3　绘制勺把引导线串

单击"成形特征"工具条的［草图］命令，选择 XC-ZC 基准平面作为草图平面。绘制
出勺把引导线串和几条定位直线，如图 4-144 所示。

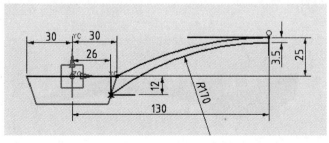

图 4-144　绘制出勺把引导线串和几条定位直线

步骤 4　绘制勺把根部剖面线串

先使用［基准平面］命令，以根部短定位直线的端点作为定位基准，创建一个勺把根部矢量平面，如图 4-145 所示。然后，单击"成形特征"工具条的［草图］命令，并以此平面作为草图平面，绘制出勺把根部剖面线串，如图 4-146 所示。

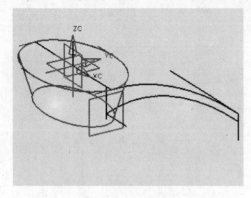

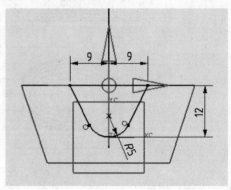

图 4-145　创建出勺把根部矢量平面　　　图 4-146　绘制出勺把根部剖面线串

步骤 5　绘制勺把端部剖面线串

先使用［基准平面］命令，以端部长定位直线的端点作为定位基准，创建一个勺把矢量平面，如图 4-147 所示。然后，单击"成形特征"工具条的［草图］命令，并以此平面作为草图平面，绘制出勺把端部剖面线串，如图 4-148 所示。

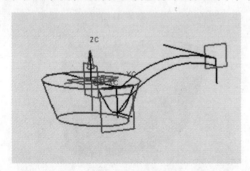

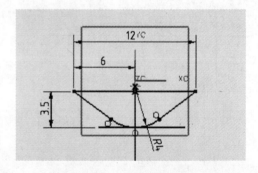

图 4-147　创建出勺把端部矢量平面　　　图 4-148　绘制出勺把端部剖面线串

步骤 6　扫掠拉伸勺把

单击"曲面"工具条的［已扫掠］命令，先分别选取两条引导线串；再分别选取根部和端部两个剖面线串（注意，两个剖面曲线的选择点要一致）；单击"均匀比例"按钮，当出现"布尔操作"对话框时，单击"求和"按钮，结束扫掠操作。构建出的勺把如图 4-149 所示。

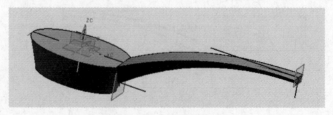

图 4-149　构建出的勺把

步骤 7　勺体挖槽

先使用 [基准平面] 命令，偏置距离为"10"，创建一个与 XC-YC 基准平面平行的平面。然后，单击"成形特征"工具条的 [草图] 命令，并以此平面作为草图平面，用 [偏置曲线] 命令，以勺体轮廓曲线为参考曲线，偏置距离为"1"，偏置出椭圆曲线，如图 4-150 所示。单击"成形特征"工具条的 [拉伸] 命令，选择此椭圆曲线，向下拉伸。设置拉伸参数"起始值"为"0"、"结束值"为"22"、"拔模角"为"18"，组合方式为"求差"。单击"确定"按钮，结束拉伸操作。勺体挖槽后的效果如图 4-151 所示。

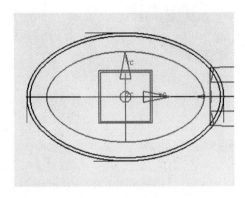 

图 4-150　偏置出椭圆曲线　　　　　　　　图 4-151　勺体挖槽后的效果

步骤 8　勺把端部修圆

单击"成形特征"工具条的 [草图] 命令，选择 XC-YC 基准平面作为草图平面，绘制出一个与勺把端部直边相切的半圆曲线，并形成一个封闭的轮廓，如图 4-152 所示。单击"成形特征"工具条的 [拉伸] 命令，选择此半圆曲线，向上拉伸。设置拉伸参数"起始值"为"0"、"结束值"为"50"，组合方式为"求差"。单击"确定"按钮，结束拉伸操作。勺把端部修圆后的效果如图 4-153 所示。

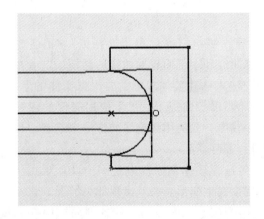 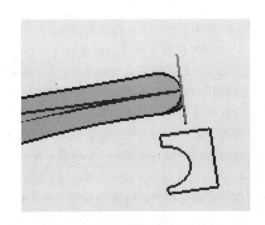

图 4-152　绘制出与勺把端部直边相切的半圆曲线　　　图 4-153　勺把端部修圆后的效果

步骤 9　汤勺整体倒圆角

可根据汤勺各个部位的具体情况，设置合适的圆角半径，进行倒圆角操作。完成全部倒圆角的汤勺效果如图 4-154 所示。

步骤 10　图面处理

使用［隐藏］命令，将所有非实体图形要素隐藏起来。最后完成的汤勺实体模型如图 4-155 所示。

图 4-154　完成全部倒圆角的汤勺效果

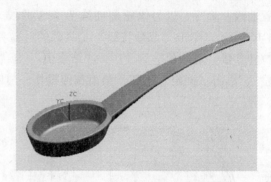

图 4-155　最后完成的汤勺实体模型

知 识 梳 理

1. 扫掠建模方法可用于形体复杂且多曲面零件的设计。这种建模方式需要事先绘制出引导线串和剖面线串，然后，以剖面线串沿着引导线串扫掠成型。引导线串最多可以有三条轨迹曲线，而剖面线串则没有限制，可以有许多轮廓曲线。用作引导线串的轨迹曲线，必须是平滑连接且首尾相接。用作剖面线串的轮廓曲线，可不必平滑连接，但要求必须是封闭的轮廓。

2. 扫掠建模的设计过程是，可以先绘制引导线串，也可以先绘制剖面线串。无论是先绘制哪种线串，要求剖面线串必须处于引导线串的法线方向上。然后，使用"曲面"工具条的［已扫掠］命令进行构建。在选取多条引导线串时，选择的方向要保持一致，且连续地选取，曲线之间不能断开。在选取多个剖面线串时，通常用"曲线链"方式进行选取，要沿引导线串某一个方向连续地选取。

3. 本单元讲述了两类扫掠建模方法，即"沿导线线串扫掠"和"已扫掠"。前者是单轨迹曲线和单剖面轮廓曲线的建模；后者是多轨迹曲线和多剖面轮廓曲线的建模，二者在构建实体操作中是完全不同的。具体应该选择哪种方法来构建实体模型，要根据实体的形态、截面变化情况而定。基本选择原则是，在满足设计要求的前提下，尽量使用简便的建模方法。构建弹簧中所用到的轨迹曲线，是特殊的引导线串，只能用螺旋线的方法来绘制，且要准确地设置螺旋线各项参数，如转数、螺距、半径、旋向等。

4. 在多引导线串多剖面轮廓扫掠建模中，如何选择多个剖面线串是一个设计难点。如果选取剖面轮廓曲线的位置不准确，构建的实体就会发生变形。一旦出现此类情况，就要采取"编辑对齐方式"的方法，来调整各个剖面线串的矢量点和方向，使各剖面线串的矢量箭头位置和方向保持一致。

5. 为了便于绘制草图，要善于使用坐标系平移操作方法。在坐标系平移前，应事先绘制出定位曲线，如点、直线、圆、矩形等。同时，还要考虑便于坐标系重新返回到绝对坐标系的原点。

6. 在构建特征实体时，有时会不可避免地产生多余实体。要运用拉伸、回转等方法及时地将多余实体清除掉。

训 练 作 业

用所学的扫掠建模知识以及特征操作命令，完成下面训练作业的实体设计。

【4-1】 可乐瓶底凸模，如图 4-156 所示。

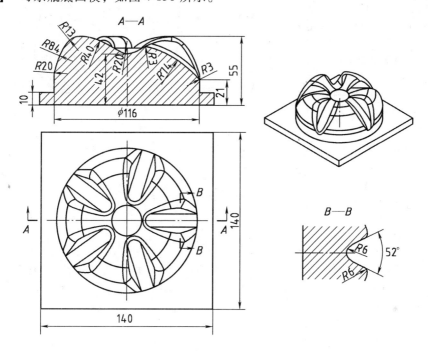

图 4-156 可乐瓶底凸模

【4-2】 电话听筒模型，如图 4-157 所示。

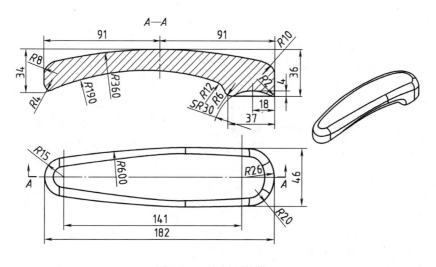

图 4-157 电话听筒模型

【4-3】 香水瓶，如图 4-158 所示。

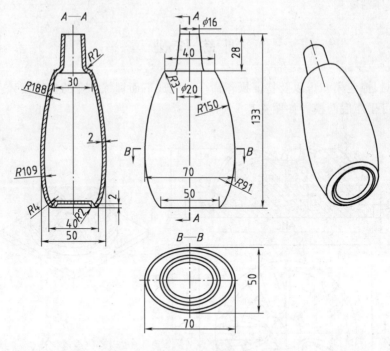

图 4-158 香水瓶

【4-4】 夹紧卡爪(部件)的零件设计(训练项目 13 所用)。本卡爪共 8 个零件，各零件工程图如下。

零件 1 卡爪，材料：40Cr。如图 4-159 所示。

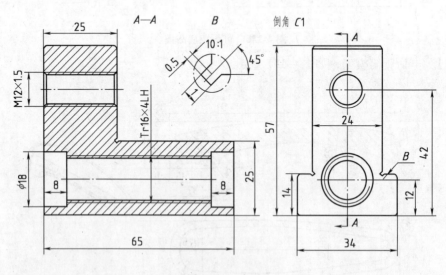

图 4-159 卡爪

零件 2 螺杆，材料：40Cr。如图 4-160 所示。

零件 3 垫铁，材料：T8A。如图 4-161 所示。

零件 4 螺钉 M6×12(GB/T 71—1985)，材料：Q235。如图 4-162 所示。

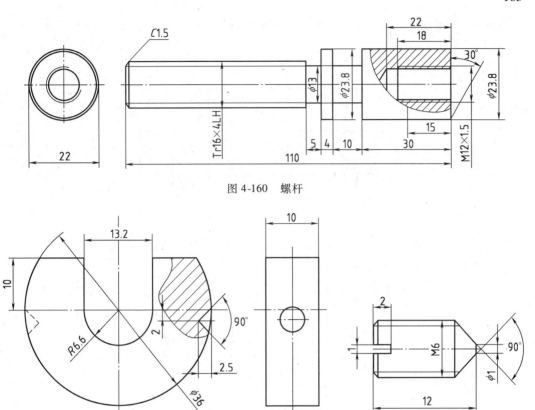

图 4-160　螺杆

图 4-161　垫铁

图 4-162　螺钉 M6 × 12

零件 5　基体，材料：40Cr。如图 4-163 所示。

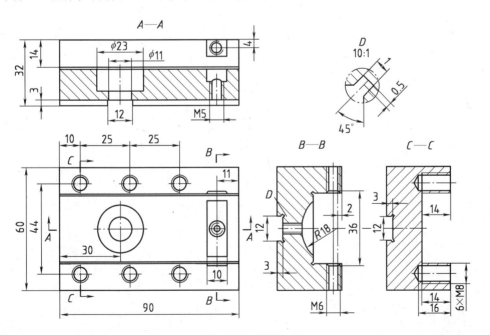

图 4-163　基体

186

零件6　后盖板，材料：40Cr。如图4-164所示。

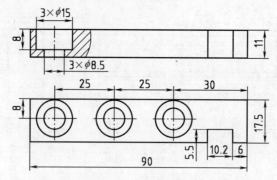

图4-164　后盖板

零件7　螺钉M8×16（GB/T 70.3—2008），材料：Q235。如图4-165所示。

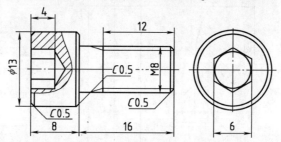

图4-165　螺钉M8×16

零件8　前盖板，材料：40Cr。如图4-166所示。

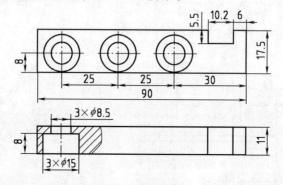

图4-166　前盖板

第 5 单元　装 配 设 计

装配设计有两种情况：一是将完成设计的实体零件，按空间位置或配合关系组合在一起；二是从装配部件中，按配合关系和关联性拆分出个体零件，并完成相应的零件设计。前者称为由下至上的设计，后者称为由上而下的设计。

项目 5-1　真空阀的装配设计

项目目标

在"装配"应用模块环境下，运用由下至上的设计方法，并使用空间定位、配合选择、组件阵列、镜像装配、重定位等操作命令，完成图 5-1 所示"真空阀"的装配设计。真空阀中各个零件的具体结构和尺寸参见第 3 单元的训练作业【3-4】，其材料、数量、技术标准等信息，详见零件明细表，如图 5-2 所示。

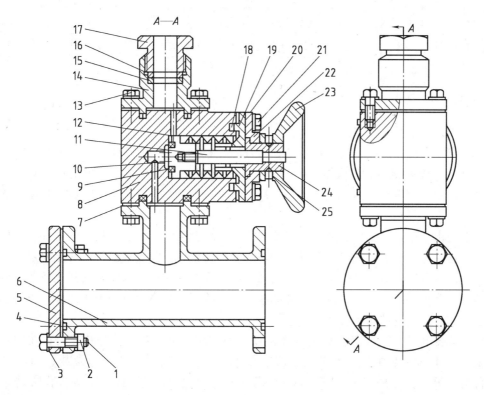

图 5-1　真空阀的装配图

学习内容

零件的空间定位、零件之间配合类型的选择、组装零件、零件引用集的设置、创建组件、组件的矩形阵列、组件的环形阵列、镜像装配、零件的重定位、部件的剖切等操作。

25	螺钉 M5×8	Q235	2	GB/T 71—1985	12	波纹套	橡胶	1	
24	调整螺母	Q235	1		11	丝杠	45	1	
23	手轮	Q235	1		10	压块	45	1	
22	法兰套	Q195	1		9	D12 密封圈	橡胶	1	
21	螺栓 M6×18	Q235	4	GB/T 5782—2000	8	阀体	Q235	1	
20	法兰盘	Q235	1		7	D25 密封圈	橡胶	2	
19	圆柱销	45	1		6	三通管	HT200	1	
18	D36 密封圈	橡胶	1		5	端盖	Q235	1	
17	压紧螺母	Q235	1		4	D45 密封圈	橡胶	1	
16	垫圈	Q235	1		3	垫圈 6	Q235	20	GB/T 97.1—1985
15	D16 密封圈	橡胶	1		2	螺母 M6	Q235	4	GB/T 6170—2000
14	接头体	Q235	1		1	螺栓 M6×28	Q235	4	GB/T 5782—2000
13	螺栓 M6×16	Q235	8	GB/T 5782—2000					
序号	零件名称	材料	数量	备　注	序号	零件名称	材料	数量	备　注

图 5-2　零件明细表

任务分析

真空阀是用来关闭或开启真空系统的阀门，其工作原理是：三通管 6 和压紧螺母 17 的端口均与真空系统相连接。当通过手轮 23 转动调整螺母 24 时，使丝杠 11 轴向移动，从而拉动压块 10 和密封圈 9，将阀体 8 内的上下两个通道关闭或开启。为防止阀门漏气，在各个端口连接处装有密封圈 4、7、9、15、18 和波纹套 12。圆柱销 19 用来防止丝杠意外转动。

真正的由下至上的设计，是依据部件的工作原理，先设计出各个具体的零件，再根据装配关系将这些零件组装到一起，形成一个系统的部件整体，并实现部件的功能要求。为学习的方便，本项目已给出了真空阀装配工程图，可按照图示完成全部零件的装配任务。由于阀体内部的一些零件组装不太方便，可将这些零件预装到一起，形成一个子部件，再将这个子部件组装到总体装配结构中。

在装配操作中，要注意正确地选择零件之间的配合类型和零件的基准面；在阵列操作中，要注意正确地选择阵列参考点、基准点和方向，准确地设置阵列参数；当需要调整装配位置或装配关系时，要合理地运用"重定位"、"配对"、"替换"等操作方法，加以修正。

设计路线

装配真空阀设计路线图如图 5-3 所示。

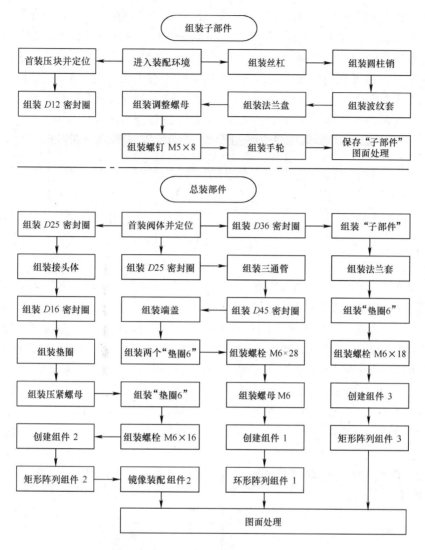

图 5-3　装配真空阀设计路线图

操作步骤

真空阀的装配过程可以分为两个阶段。第一阶段：组装子部件，即将阀体内部的关联零件装配到一起，使之成为一个整体；第二阶段：总装部件，即对整个阀门进行总装配。在装配操作中，要将所有零件进行组装，而将子部件作为一个单个零件进行组装。全部装配完成后，要对所有的零部件进行检查，将它们的引用集全部设置为"模型"形式，并隐藏全部非实体要素。

【组装子部件】

子部件中包括压块、D12 密封圈、丝杠、圆柱销、波纹套、法兰盘、调整螺母、2 个 M5 ×8 螺钉和手轮，共 10 个零件。

1. 进入装配环境

启动 UG 后，单击"标准"工具条的［新建］命令，弹出"新建部件文件"对话框。

输入文件名，如"ZKF-ZBJ"，单击"OK"按钮，进入工作界面。单击"起始"图标，并从中调用所需要的模块，如图1-3所示。当下拉菜单展开后，从中选择需要的模块。如本次要同时使用"建模"和"装配"两个模块，直接用鼠标左键单击即可。调用"建模"和"装配"两个模块后，其展现的工作界面与图1-4所示的没有太大区别。但是多出一个"装配"工具条，如图5-4所示。在后面的装配设计中，都要同时调用这两个应用模块，其工作界面也是如此。下面的操作步骤是针对真空阀的装配设计进行介绍的。

图5-4　"装配"工具条

2. 首装压块并定位

单击"装配"工具条的［添加现有的组件］命令，弹出"选择部件"对话框。单击对话框上的"选择部件文件"按钮，会出现"部件名"对话框。可以从所保存的文件找到"压块"文件，并将其打开。此时，在工作界面上，会同时出现一个"添加现有部件"对话框和一个"组件预览"对话框，如图5-5所示。确认调用的零件无误后，设置首个装配零件的选项"Reference Set"（引用集）为"MODEL"（模型）；"定位"为"绝对"。其他选项保持默认状态，单击"确定"按钮。出现"点构造器"对话框。设置定位点参数"XC"为"0"、"YC"为"0"、"ZC"为0，单击"确定"按钮。零件"压块"就会固定在绝对坐标系的原点上，如图5-6所示。从"压块"的空间位置和方向上看，符合设计的需要，不需要重新定位。至此完成首个零件的装配。

图5-5　"添加现有部件"和"组件预览"对话框

3. 组装 *D*12 密封圈

单击"装配"工具条的［添加现有的组件］命令，查找已保存的"*D*12 密封圈"文件，并将其打开。同时出现"添加现有部件"和"组件预览"两个对话框。设置选项"Reference Set"（引用集）为"MODEL"（模型）；"定位"为"配对"。其他选项保持默认状态，如图5-7所示。注意，由于是第二个进行装配的零件，其定位一般都是与前面的零件进行配合操作，因此，应选择"配对"方式。单击"确定"按钮，出现"配对条件"对话框。在此对话框的"配对类型"栏下共有8个命令图标，分别是［配对］、［对齐］、［角度］、［平行］、［垂直］、［中心］、［距离]、[相切]。这 8 个命令图标用于对零件的相应配合操作。

图 5-6　"压块"装配定位在
　　　　绝对坐标系的原点

图 5-7　设置"定位"为"配对"

先选择第一个命令图标 [配对]，"配对条件"对话框"选择步骤"栏下的第一个命令图标 [从] 被激活，表示应选取要进行组装零件的某个表面。用鼠标选取 D12 密封圈的端面，如图 5-8 所示。选中了密封圈端面后，该表面会高亮显示。同时，"选择步骤"栏下的第二个命令图标 [至] 被激活，表示应选取要装配到某个零件的某个表面。用鼠标选取压块凹槽的端面，如图 5-9 所示。至此，完成了这两个零件的平面配对操作。

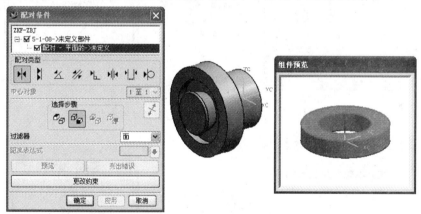

图 5-8　选择 [配对] 命令图标，并选取 D12 密封圈的端面

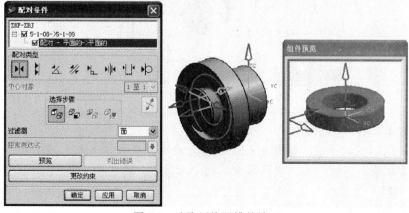

图 5-9　选取压块凹槽的端面

再选择第六个命令图标［中心］，同样，"配对条件"对话框上"选择步骤"栏下的第一个命令图标［从］被激活，提示应选取要进行组装零件的某个表面。用鼠标选取 D12 密封圈的外圆柱面，如图 5-10 所示。选中了密封圈外圆柱面后，该表面也会高亮显示。同时，"选择步骤"栏下的第二个命令图标［至］被激活，表示应选取要装配到某个零件的某个表面。用鼠标选取压块凹槽的圆柱面，如图 5-11 所示。至此，完成了这两个零件的中心配合的操作。对回转体而言，中心配合就是将两个零件的回转轴对齐。这两个零件只需要端面配对（两个平面贴合在一起）和圆柱面中心这两种配合。实际上，相对于已安装定位的压块，密封圈被限制了 5 个自由度，只有其绕自身回转轴的旋转自由度未被限制。完成了前面的操作后，单击"预览"按钮，就会看到密封圈被组装到压块上的预览状态，如图 5-12 所示。确认预览效果无误后，两次单击"确定"按钮，结束组装操作，并关闭"配对条件"对话框。至此，完成了 D12 密封圈的组装操作，如图 5-13 所示。

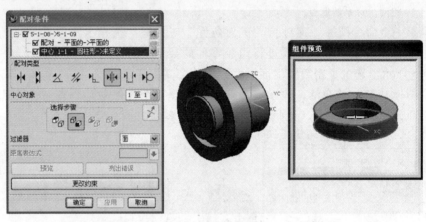

图 5-10　选择［中心］命令图标，并选取密封圈的外圆柱面

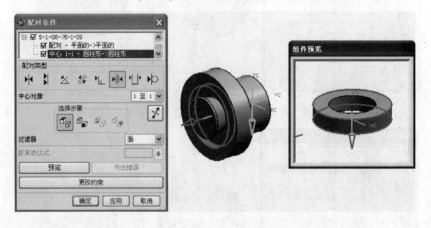

图 5-11　选取压块凹槽的圆柱面

4. 组装丝杠

单击"装配"工具条的［添加现有的组件］命令，查找"丝杠"文件，并将其打开。同时出现"添加现有部件"和"组件预览"两个对话框。设置选项"Reference Set"（引用集）为"MODEL"（模型）；"定位"为"配对"，其他选项保持默认状态。单击"确定"按钮，出现"配对条件"对话框。

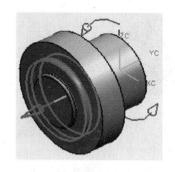

图 5-12　密封圈被组装到
压块上的预览状态

图 5-13　完成 D12 密封
圈的组装操作

先选择第一个命令图标［配对］，"配对条件"对话框上的"选择步骤"栏下的第一个命令图标［从］被激活。用鼠标选取丝杠 M6 圆柱根部的端面，如图 5-14 所示。同时，"选择步骤"栏下的第二个命令图标［至］被激活。用鼠标选取压块 φ18 圆柱的端面，如图 5-15 所示。至此，完成了这两个零件的平面配合操作。

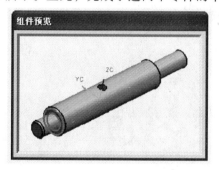

图 5-14　选取 M6 根部端面

图 5-15　选取 φ18 圆柱端面

再选择第六个命令图标［中心］，同样，"配对条件"对话框"选择步骤"栏下的第一个命令图标［从］被激活。用鼠标选取丝杠 M6 外圆柱面，如图 5-16 所示。同时，"选择步骤"栏下的第二个命令图标［至］被激活。用鼠标选取压块 M6 螺孔的表面，如图 5-17 所示。完成了前面的操作后，单击"预览"按钮，就会看到，丝杠被组装到压块上的预览状态，如图 5-18 所示。确认预览效果无误后，两次单击"确定"按钮，结束组装操作，并关闭"配对条件"对话框。至此，完成了丝杠的组装操作，完成组装的丝杠如图 5-19 所示。

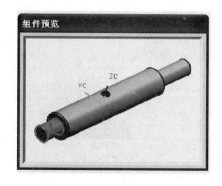

图 5-16　选取丝杠 M6 外圆柱面

图 5-17　选取压块 M6 螺孔的表面

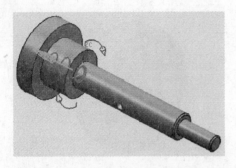

图 5-18　组装丝杠的预览状态

图 5-19　完成组装的丝杠

从完成组装的丝杠的状态看,上面的圆柱销孔呈水平方向放置。为了方便后续零件的组装,应将圆柱销孔旋转至垂直方向上,因此需要对丝杠重新配对。先用鼠标选取压块,选中后单击鼠标右键,在弹出的快捷菜单上选择［替换引用集］→［整个部件］命令,如图5-20所示。单击左键确定后,压块模型中会出现基准轴、基准平面、草图等图形要素,如图5-21所示。再用同样的方法,将丝杠的引用集替换为［整个部件］,其状态如图5-22所示。完成这两个零件的引用集替换后,利用各自实体模型中的基准平面,进行重新的配对操作,使圆柱销孔呈垂直方向放置。

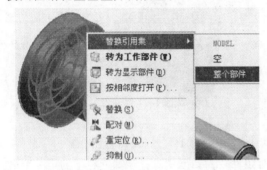

图 5-20　选择［整个部件］命令

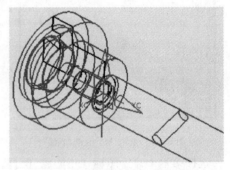

图 5-21　替换引用集后的图形

用鼠标选取丝杠,选中后单击鼠标右键,在弹出的快捷菜单上选择［配对］命令,如图5-23所示。单击左键确定后,又出现"配对条件"对话框。选择"配对类型"栏下的第五个命令图标［垂直］,并将"过滤器"的下拉列表打开,选择"基准平面"选项。用鼠标选取丝杠模型中的基准平面,如图5-24所示。此时,"选择步骤"栏下的［至］命令图标被激活。用鼠标选取压块模型中的基准平面,如图5-25所示。完成上面的操作后,单击

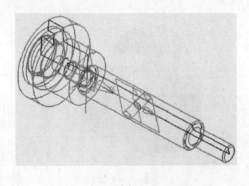

图 5-22　两个零件替换引用集

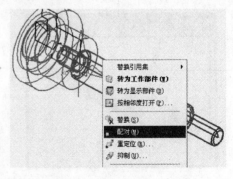

图 5-23　选择［配对］选项

"预览"按钮，会看到圆柱销孔竖立起来，如图 5-26 所示。确认无误后，两次单击"确定"按钮，结束重新配对操作，并关闭对话框。调整方向后的圆柱销孔呈垂直方向放置，如图 5-27 所示。至此，按设计需要完成了丝杠的组装。

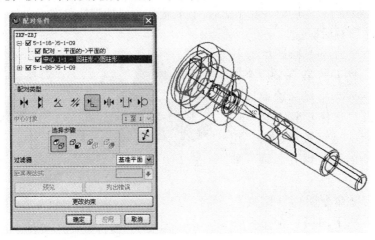

图 5-24　选取丝杠模型中的基准平面

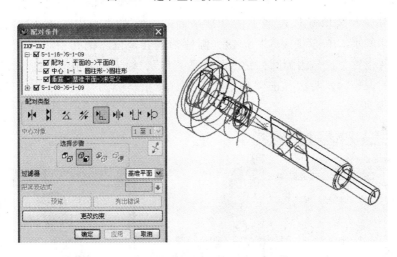

图 5-25　选取压块模型中的基准平面

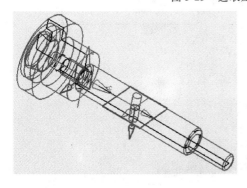

图 5-26　圆柱销孔竖立的预览状态

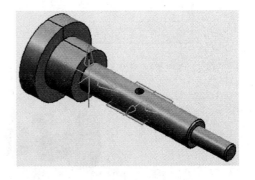

图 5-27　调整后的圆柱销孔呈垂直方向放置

5. 组装圆柱销

单击"装配"工具条的［添加现有的组件］命令，查找"圆柱销"文件，并将其打开。出现"添加现有部件"和"组件预览"两个对话框。设置选项"Reference Set"（引用集）为"MODEL"（模型）；"定位"为"配对"，其他选项保持默认状态。单击"确定"按钮，出现"配对条件"对话框。

先选择第六个命令图标［中心］，当"选择步骤"栏下的第一个命令图标［从］被激活时，用鼠标选取圆柱销的圆柱面。当"选择步骤"栏下的第二个命令图标［至］被激活时，用鼠标选取丝杠上的圆柱销孔表面，如图 5-28 所示。

再选择第七个命令图标［距离］，当"选择步骤"栏下的第一个命令图标［从］被激活时，用鼠标选取圆柱销的端面。当"选择步骤"栏下的第二个命令图标［至］被激活时，将"过滤器"设置为"基准平面"，用鼠标选取丝杠模型上的基准平面，同时在"距离表达式"栏中输入数值"7"，如图 5-29 所示。单击"预览"按钮，圆柱销就会定位在销孔中。此时，圆柱销处于丝杠上下的中间位置，这是因为圆柱销的长度是"14"，输入距离值"7"，就是为保证这一点。完成上面的操作后，两次单击"确定"按钮，结束组装圆柱销的操作。完成组装后的圆柱销如图 5-30 所示。

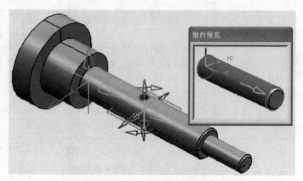

图 5-28　选取丝杠上的圆柱销孔表面

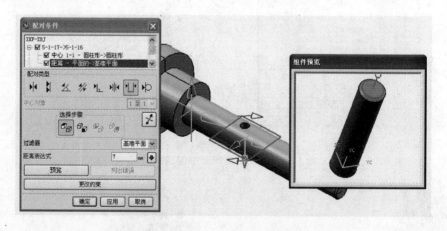

图 5-29　选取圆柱销端面和基准平面，输入距离值"7"

图 5-30　完成组装后的圆柱销

6. 组装波纹套

单击"装配"工具条的［添加现有的组件］命令，查找"波纹套"文件，并将其打开。出现"添加现有部件"和"组件预览"两个对话框。设置选项"Reference Set"（引用集）为"MODEL"（模型）；"定位"为"配对"，其他选项保持默认状态。单击"确定"按钮，出现"配对条件"对话框。

先选择第一个命令图标"配对"，当"选择步骤"栏下的第一个命令图标［从］被激活时，注意将"过滤器"调整为"面"，用鼠标选取波纹套的端面。当"选择步骤"栏下的第二个命令图标［至］被激活时。用鼠标选取压块 φ28 圆柱端面，如图 5-31 所示。

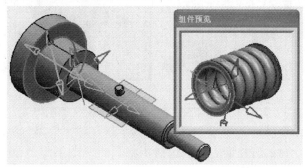

图 5-31　选取波纹套和压块 φ28 圆柱端面

再选择第六个命令图标［中心］，当"选择步骤"栏下的第一个命令图标［从］被激活时，用鼠标选取波纹套的外圆表面。当"选择步骤"栏下的第二个命令图标［至］被激活时，用鼠标选取压块 φ18 圆柱面，如图 5-32 所示。单击"预览"按钮，确认组装正确后，两次单击"确定"按钮，结束组装波纹套操作。组装后的波纹套，如图 5-33 所示。

图 5-32　选取波纹套外圆表面和 φ18 圆柱面

7. 组装法兰盘

单击"装配"工具条的［添加现有的组件］命令，查找"法兰盘"文件，并将其打开。出现"添加现有部件"和"组件预览"两个对话框。设置选项"Reference Set"（引用集）为"MODEL"（模型）；"定位"为"配对"，其他选项保持默认状态。单击"确定"

图 5-33　组装后的波纹套

按钮，出现"配对条件"对话框。

先选择第一个命令图标［配对］，当"选择步骤"栏下的第一个命令图标［从］被激活时。用鼠标选取法兰盘的内侧端面。当"选择步骤"栏下的第二个命令图标［至］被激活时，用鼠标选取波纹套端面，如图5-34所示。

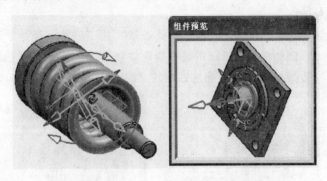

图 5-34 选取法兰盘的内侧端面和波纹套端面

然后选择第六个命令图标［中心］，当"选择步骤"栏下的第一个命令图标［从］被激活时，用鼠标选取法兰盘的圆柱面。当"选择步骤"栏下的第二个命令图标［至］被激活时，用鼠标选取丝杠上的圆柱面，如图5-35所示。

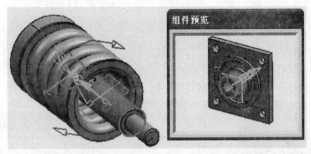

图 5-35 选取法兰盘的圆柱面和丝杠的圆柱面

再选择第四个命令图标［平行］，当"选择步骤"栏下的第一个命令图标［从］被激活时，用鼠标选取法兰盘上部平面。当"选择步骤"栏下的第二个命令图标［至］被激活时，用鼠标选取圆柱销端面，如图5-36所示。单击"预览"按钮，确认组装正确后，两次单击"确定"按钮，结束组装法兰盘的操作。完成组装的法兰盘如图5-37所示。

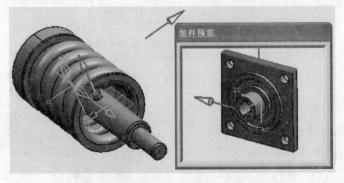

图 5-36 选取法兰盘上部端面和圆柱销端面

本次组装法兰盘的操作使用了三种配合类型，即"配对"、"中心"和"平行"。这是因为法兰盘不是回转体，其四个周边平面需要对正坐标系的基准平面。同时，要保证圆柱销正好位于法兰盘的定位槽中。如果将波纹套先隐藏起来，并修剪掉法兰盘前半部，就会看到圆柱销正处于定位槽中，如图 5-38 所示。

 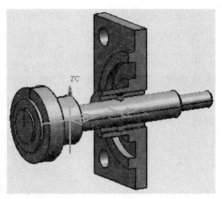

图 5-37　完成组装的法兰盘　　　　　图 5-38　圆柱销正处于定位槽中

8. 组装调整螺母

单击"装配"工具条的［添加现有的组件］命令，查找"调整螺母"文件，并将其打开。出现"添加现有部件"和"组件预览"两个对话框。设置选项"Reference Set"（引用集）为"整个部件"；"定位"为"配对"，其他选项保持默认状态。单击"确定"按钮，出现"配对条件"对话框。

先选择第一个命令图标［配对］，当"选择步骤"栏下的第一个命令图标［从］被激活时，用鼠标选取调整螺母的大端面。当"选择步骤"栏下的第二个命令图标［至］被激活时，用鼠标选取法兰盘外侧端面，如图 5-39 所示。

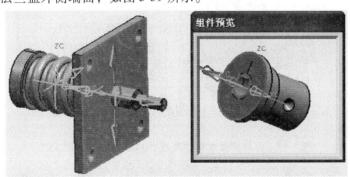

图 5-39　选取调整螺母的大端面和法兰盘外侧端面

然后选择第六个命令图标［中心］，当"选择步骤"栏下的第一个命令图标［从］被激活时，用鼠标选取调整螺母的孔表面。当"选择步骤"栏下的第二个命令图标［至］被激活时，用鼠标选取丝杠上的圆柱面，如图 5-40 所示。

再选择第四个命令图标［平行］，当"选择步骤"栏下的第一个命令图标［从］被激活时，将"过滤器"设置为"基准平面"。用鼠标选取调整螺母的基准平面。当"选择步骤"栏下的第二个命令图标［至］被激活时，将"过滤器"设置为"面"。用鼠标选取法兰盘上部端面，如图 5-41 所示。单击"预览"按钮，确认组装正确后，两次单击"确定"按钮，结束组装调整螺母的操作。组装后的调整螺母，如图 5-42 所示。此步骤的"平行"操作是为了让调整螺母上的两个螺钉孔处于垂直方向，以便组装后续零件。

9. 组装螺钉 M5 ×8

单击"装配"工具条的［添加现有的组件］命令，查找"螺钉 M5 ×8"文件，并将其打开。出现"添加现有部件"和"组件预览"两个对话框。设置选项"Reference Set"（引用集）为"MODEL"（模型）；"定位"为"配对"，其他选项保持默认状态。单击"确定"按钮，出现"配对条件"对话框。

先选择第一个命令图标［配对］，当"选择步骤"栏下的第一个命令图标［从］被激活时，用鼠标选取螺钉的圆锥面。当"选择步骤"栏下的第二个命令图标［至］被激活时。用鼠标选取调整螺母圆锥孔表面，如图 5-43 所示。

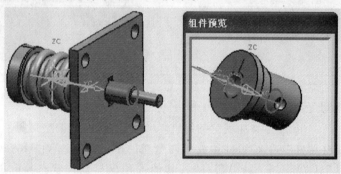

图 5-40　选取调整螺母的孔表面和丝杠上的圆柱面

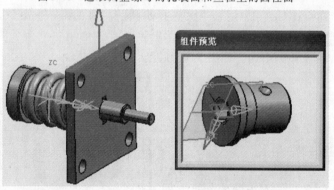

图 5-41　选取调整螺母的基准平面和法兰盘上部端面

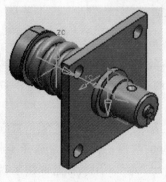

图 5-42　完成组装的调整螺母

图 5-43　选取螺钉圆锥面和调整螺母锥孔面

再选择第四个命令图标［平行］，当"选择步骤"栏下的第一个命令图标［从］被激活时，用鼠标选取螺钉口槽一侧平面。当"选择步骤"栏下的第二个命令图标［至］被激活时，用鼠标选取法兰盘外端面，如图 5-44 所示。单击"预览"按钮，确认组装正确后，两次单击"确定"按钮，结束第一个螺钉的组装操作。完成组装后的第一个螺钉如图 5-45 所示。

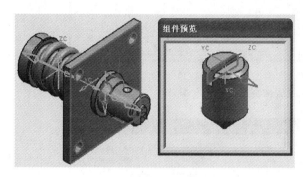

图 5-44　选取螺钉口槽一侧平面和法兰盘外端面

图 5-45　完成组装后的第一个螺钉

在真空阀部件中共有两个螺钉，另一个螺钉在下面，并与前面组装的螺钉处在同一平面内。第二个螺钉的组装可以使用镜像装配方法来完成。单击"装配"工具条的［镜像装配］命令，弹出"镜像装配向导"对话框，如图 5-46 所示。在此对话框上，不需要设置任何选项和参数，直接单击"下一步"按钮，出现新的"镜像装配向导"对话框，同时提示栏中显示"选择要镜像的组件"。用鼠标选取已经组装的第一个螺钉，如图 5-47 所示。单击"下一步"按钮，又出现新的"镜像装配向导"对话框，同时提示栏中显示"选择镜像平面"。用鼠标选取模型中的水平基准平面，如图 5-48 所示。确认选择正确后，继续单击"下一步"按钮，又会出现同样的"镜像装配向导"对话框，同时提示栏中显示"选择要更改其初始操作的组件"。如果前面的所有操作无误，可直接单击此对话框的"下一步"按钮。再一次弹出"镜像装配向导"对话框，同时，在装配结构中会看到镜像装配的预览图像，如图 5-49 所示。

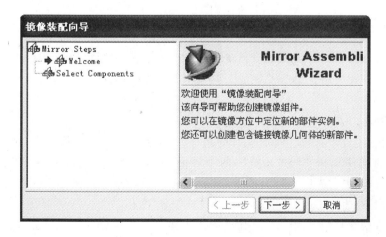

图 5-46　首次出现的"镜像装配向导"对话框

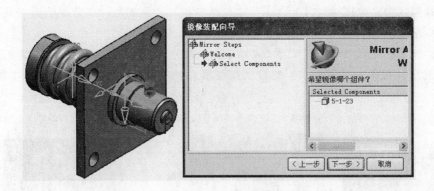

图 5-47 选取要镜像装配的零件（螺钉）

图 5-48 选择镜像平面

图 5-49 再一次弹出"镜像装配向导"对话框及镜像装配预览图像

确认镜像装配无误后，单击"完成"按钮，结束镜像装配操作。完成组装的两个螺钉如图 5-50 所示。

10. 组装手轮

单击"装配"工具条的 [添加现有的组件] 命令，查找"手轮"文件，并将其打开。出现"添加现有部件"和"组件预览"两个对话框。设置选项"Reference Set"（引用集）为"MODEL"（模型）；"定位"为"配对"，其他选项保持默认状态。单击"确定"按钮，出现"配对条件"对话框。

选择第六个命令图标 [中心]，当"选择步骤"栏下的第一个命令图标 [从] 被激活时，用鼠标选取手轮的孔表面。当"选择步骤"栏下的第二个命令图标 [至] 被激活时，用鼠标选取调整螺母的圆柱面，如图 5-51 所示。

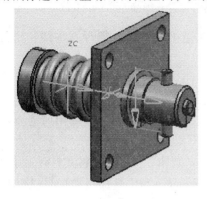

图 5-50　完成组装的两个螺钉

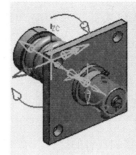

图 5-51　选取手轮的孔表面和调整螺母的圆柱面

再选择第六个命令图标［中心］，当"选择步骤"栏下的第一个命令图标［从］被激活时，用鼠标选取手轮的螺钉孔表面。当"选择步骤"栏下的第二个命令图标［至］被激活时，用鼠标选取螺钉的圆柱面，如图 5-52 所示。单击"预览"按钮，确认组装正确后，两次单击"确定"按钮，结束手轮的组装操作。完成组装的手轮如图 5-53 所示。至此，完成了子部件的全部组装操作。

图 5-52　选取手轮螺钉孔表面和螺钉圆柱面

11. 图面处理

为了使已装配好的模型更清晰，可使用［替换引用集］和［隐藏］命令，将不需要的图形要素隐藏起来，其模型效果如图 5-54 所示。最后要将该设计文件保存起来，以便在装配真空阀部件时调用。

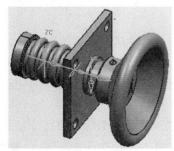

图 5-53　完成组装的手轮　　　　　　　　图 5-54　图面处理后的子部件模型效果

【总装部件】

真空阀部件中包括阀体、接头体、三通管、端盖、法兰套、螺栓、螺母、垫圈、密封圈、子部件等共53个零部件。

12. 首装阀体并定位

单击"标准"工具条的 [新建] 命令，弹出"新建部件文件"对话框。输入文件名，如"ZKF"，单击"OK"按钮，进入工作界面。单击"起始"图标，并从中调用所需要的"建模"和"装配"两个模块，进入装配工作界面。

单击"装配"工具条的 [添加现有的组件] 命令，查找"阀体"文件，并将其打开。弹出"添加现有部件"和"组件预览"两个对话框。设置选项"Reference Set"（引用集）为"MODEL"（模型）；"定位"为"绝对"，其他选项保持默认状态。单击"确定"按钮，弹出"点构造器"对话框。设置定位点参数"XC"为"0"、"YC"为"0"、"ZC"为"0"，单击"确定"按钮。"阀体"零件就会固定在绝对坐标系的原点上，如图 5-55 所示。从"阀体"的空间位置和方向上看，需要调整一个观察角度，因此，要用到 [重定位] 命令，将其绕 ZC 轴旋转 90°。

用鼠标选取阀体后，单击鼠标右键，出现快捷菜单，选择其中的 [重定位] 命令，如图 5-56 所示。单击左键确定后，弹出"重定位组件"对话框。选择上面第四个命令图标 [绕直线旋转]，如图 5-57 所示。出现"点构造器"对话框，设置坐标值"XC"为"0"、"YC"为"0"、"ZC"为"0"，单击"确定"按钮。又出现"矢量构造器"对话框，选择上面的 [ZC 轴] 命令图标，如图 5-58 所示，又重新弹出"重定位组件"对话框，在上面的"角度"数据栏中输入数值"﹣90"，如图 5-59 所示。确认输入无误后，单击"确定"按钮，结束重定位操作。重定位后的阀体如图 5-60 所示。

图 5-55　阀体零件初始定位

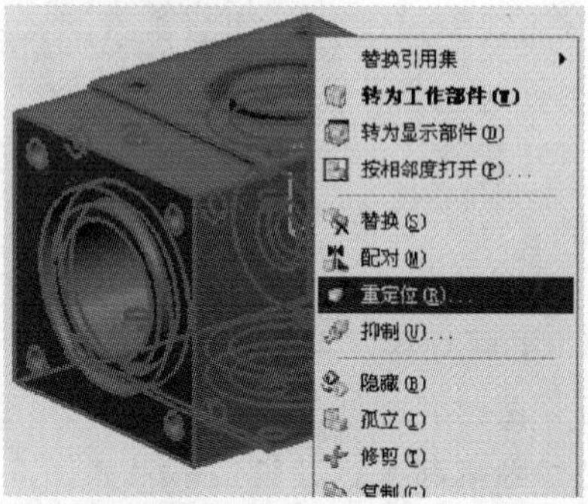

图 5-56　选择 [重定位] 命令

13. 组装 D25 密封圈

单击"装配"工具条的 [添加现有的组件] 命令，查找"D25 密封圈"文件，并将其打开。出现"添加现有部件"和"组件预览"两个对话框。设置选项"Reference Set"（引用集）为"MODEL"（模型）；"定位"为"配对"，其他选项保持默认状态。单击"确定"按钮，出现"配对条件"对话框。

先选择第一个命令图标 [配对]，当"选择步骤"栏下的第一个命令图标 [从] 被激活时，用鼠标选取密封圈的端面。当"选择步骤"栏下的第二个命令图标 [至] 被激活时。用鼠标选取阀体凹槽内的平面，如图 5-61 所示。

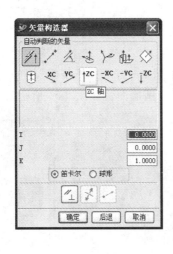

图 5-57　选择［绕直线旋转］　　图 5-58　选择［ZC 轴］　　图 5-59　输入角度值为"–90"

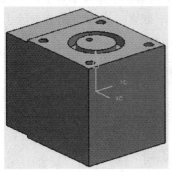

图 5-60　重定位后的阀体

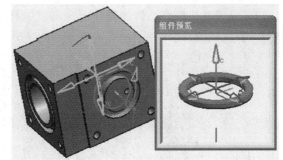

图 5-61　选取密封圈的端面和阀体凹槽内的平面

再选择第六个命令图标［中心］，当"选择步骤"栏下的第一个命令图标［从］被激活时，用鼠标选取密封圈的圆柱面。当"选择步骤"栏下的第二个命令图标［至］被激活时，用鼠标选取阀体凹槽的孔表面，如图 5-62 所示。单击"预览"按钮，确认组装正确后，双击"确定"按钮，结束组装 D25 密封圈的操作。组装后的密封圈如图 5-63 所示。

图 5-62　选取密封圈的圆柱面和阀体凹槽的孔表面

图 5-63　组装后的密封圈

14. 组装三通管

单击"装配"工具条的［添加现有的组件］命令，查找"三通管"文件，并将其打开。

出现"添加现有部件"和"组件预览"两个对话框。设置选项"Reference Set"（引用集）为"MODEL"（模型）；"定位"为"配对"，其他选项保持默认状态。单击"确定"按钮，出现"配对条件"对话框。

先选择第一个命令图标［配对］，当"选择步骤"栏下的第一个命令图标［从］被激活时，用鼠标选取三通管凸缘的端面。当"选择步骤"栏下的第二个命令图标［至］被激活时，用鼠标选取刚刚组装的密封圈端面，如图 5-64 所示。

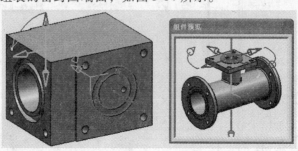

图 5-64　选取三通管凸缘的端面和密封圈端面

然后选择第六个命令图标［中心］，当"选择步骤"栏下的第一个命令图标［从］被激活时，用鼠标选取三通管凸缘的圆柱面。当"选择步骤"栏下的第二个命令图标［至］被激活时，用鼠标选取阀体凹槽的孔表面，如图 5-65 所示。

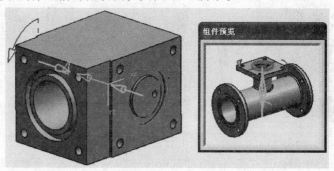

图 5-65　选取三通管凸缘的圆柱面和阀体凹槽的孔表面

再选择第四个命令图标［平行］，当"选择步骤"栏下的第一个命令图标［从］被激活时，用鼠标选取三通管方形法兰的侧面。当"选择步骤"栏下的第二个命令图标［至］被激活时，用鼠标选取阀体一侧表面，如图 5-66 所示。单击"预览"按钮，确认组装正确后，两次单击"确定"按钮，结束组装三通管的操作。组装后的三通管如图 5-67 所示。

图 5-66　选取方形法兰侧面和阀体侧面

图 5-67　组装后的三通管

15. 组装 D45 密封圈

参照前面组装密封圈的方法，将其调入装配工作界面后，分别以密封圈的端面和圆柱面作为定位表面，并用［配对］和［中心］命令，将其定位到三通管左侧圆法兰凹槽中的平面和孔表面上，即可完成 D45 密封圈的组装，如图 5-68 所示。

16. 组装端盖

端盖的组装与密封圈的相似，即以端盖的端面和圆柱面作为定位表面，用［配对］和［中心］命令，将其定位到密封圈的端面和三通管的圆柱面上。但需要再用［中心］命令，增加两个零件的螺栓孔定位。具体操作如下：选择［中心］命令图标后，分别选取端盖上的一个螺栓孔表面和三通管上的一个螺栓孔表面，如图 5-69 所示。单击"预览"按钮，确认无误后，双击"确定"按钮，结束组装端盖的操作。组装后的端盖如图 5-70 所示。

图 5-68　组装后的 D45 密封圈

图 5-69　分别选取端盖和三通管零件的螺栓孔表面

17. 组装两个垫圈 6

参照组装密封圈的方法，将其调入装配工作界面后，分别以垫圈的端面和孔表面作为定位表面，并用［配对］和［中心］命令，将其定位到端盖端面和螺栓孔表面上。再用相似的方法，将另一个垫圈定位到三通管的端面上，即可完成两个垫圈 6 的组装，如图 5-71 所示。

图 5-70　组装后的端盖

图 5-71　组装后的两个垫圈 6

18. 组装螺栓 M6×28

单击"装配"工具条的［添加现有的组件］命令，查找"螺栓 M6×28"文件，并将其打开。弹出"添加现有部件"和"组件预览"两个对话框。设置选项"Reference Set"（引用集）为"MODEL"（模型）；"定位"为"配对"，其他选项保持默认状态。单击"确定"按钮，出现"配对条件"对话框。

先选择第一个命令图标［配对］，当"选择步骤"栏下的第一个命令图标［从］被激活时，用鼠标选取螺栓六角头的内端面。当"选择步骤"栏下的第二个命令图标［至］被激活时，用鼠标选取前面垫圈的端面，如图5-72所示。

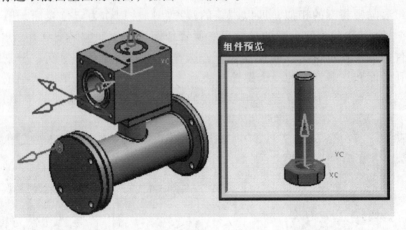

图 5-72　选取螺栓六角头的内端面和垫圈的端面

然后选择第六个命令图标［中心］，当"选择步骤"栏下的第一个命令图标［从］被激活时，用鼠标选取螺栓的圆柱面。当"选择步骤"栏下的第二个命令图标［至］被激活时，用鼠标选取端盖的孔表面，如图5-73所示。

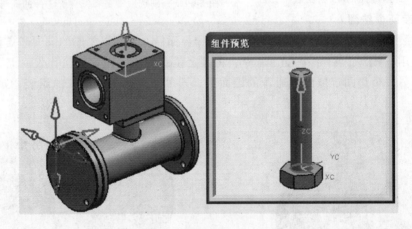

图 5-73　选取螺栓的圆柱面和端盖的孔表面

再选择第四个命令图标［平行］，当"选择步骤"栏下的第一个命令图标［从］被激活时，用鼠标选取螺栓六角头的侧平面。当"选择步骤"栏下的第二个命令图标［至］被激活时，用鼠标选取阀体一侧表面，如图5-74所示。单击"预览"按钮，确认组装正确后，两次单击"确定"按钮，结束组装螺栓M6×28的操作。组装后的螺栓如图5-75所示。

19. 组装螺母 M6

螺母的组装方法与螺栓的相似，也要用到［配对］、［中心］、［平行］三个命令，可参

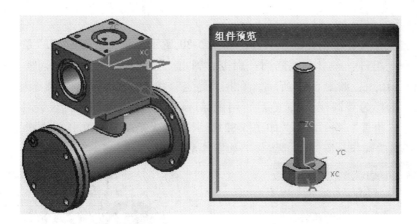

图 5-74　选取螺栓六角头的侧平面和阀体一侧表面

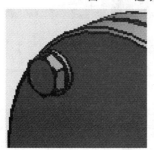

图 5-75　组装后的螺栓 M6×28

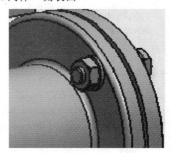

图 5-76　完成组装的螺母 M6

照组装螺栓的方法，自行完成组装操作。完成组装的螺母 M6 如图 5-76 所示。

20. 创建组件 1

在端盖上共有 4 套螺纹紧固件，均布在 φ70 的圆周上。每套紧固件都包括 1 个螺栓、1 个螺母和 2 个垫圈，组装完其中一套紧固件后，其余 3 套紧固件的组装可以用环形阵列的方法来完成，这样更快捷、更方便。为此，需要事先将它们组合在一起，构成一个组件，以便应用阵列操作方法。

单击"菜单栏"的［装配］→［组件］→［创建新组件］命令，如图 5-77 所示。弹出一个工具条，如图 5-78 所示。用鼠标逐一选取刚才组装的 1 个螺栓、1 个螺母和 2 个垫圈，选中后单击工具条上的"√"按钮。弹出"选择部件名"对话框。在"文件名"中输入一个组件名，如"ZJ1"，单击"OK"按钮。出现"创建新的组件"对话框，将"零件原点"选择为"WCS"，如图 5-79 所示。单击"确定"按钮，结束创建组件 1 的操作。至此，这 4 个紧固件就组合成了一个整体。

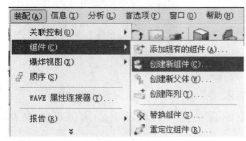

图 5-77　选择［创建新组件］命令

图 5-78　无名工具条

21. 环形阵列组件 1

首先用鼠标选取刚才创建的组件 1，如图 5-80 所示，单击左键确定。单击"菜单栏"的［装配］→［组件］→［创建阵列］命令，弹出"创建组件阵列"对话框。将"阵列定义"选择为"圆的"，如图 5-81 所示，单击"确定"按钮。弹出"创建圆周阵列"对话框，将"轴定义"选择为"圆柱面"，然后，用鼠标选取端盖的圆柱面。再设置各项参数，"总数"为"4"、"角度"为"90"，如图 5-82 所示。确认无误后，单击"确定"按钮，结束环形阵列组件 1 的操作。阵列出的组件 1 如图 5-83 所示。

图 5-79　选择"WCS"选项

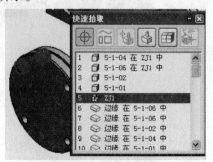

图 5-80　选择"ZJ1"

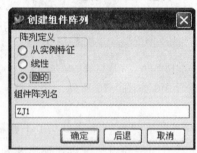

图 5-81　"阵列定义"选择为"圆的"

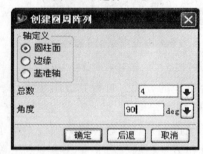

图 5-82　设置各项参数

22. 组装 *D25* 密封圈

这个密封圈位于阀体上面的凹槽中，且与接头体相接触。具体的配合方式和组装方法与阀体下面凹槽中的密封圈完全相同，可参照序号 13 自行完成组装操作。

23. 组装接头体

单击"装配"工具条的［添加现有的组件］命令，查找"接头体"文件，并将其打开。出现"添加现有部件"和"组件预览"两个对话框。设置选项"Reference Set"（引用集）为"MODEL"（模型）；"定位"为"配对"，其他选项保持默认状态。单击"确定"按钮，出现"配对条件"对话框。

图 5-83　完成阵列的组件 1

先选择第一个命令图标［配对］，当"选择步骤"栏下的第一个命令图标［从］被激活时，用鼠标选取接头体凸缘端面。当"选择步骤"栏下的第二个命令图标［至］被激活时，用鼠标选取 *D25* 密封圈的端面，如图 5-84 所示。

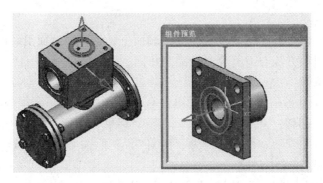

图 5-84　选取接头体凸缘端面和 D25 密封圈的端面

然后选择第六个命令图标 [中心]，当"选择步骤"栏下的第一个命令图标 [从] 被激活时，用鼠标选取接头体凸缘的圆柱面。当"选择步骤"栏下的第二个命令图标 [至] 被激活时，用鼠标选取阀体凹槽的孔表面，如图 5-85 所示。

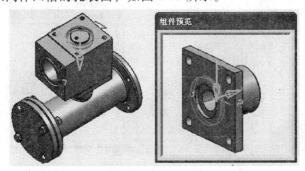

图 5-85　选取接头体凸缘圆柱面和阀体凹槽的孔表面

再选择第四个命令图标 [平行]，当"选择步骤"栏下的第一个命令图标 [从] 被激活时，用鼠标选取接头体的侧平面。当"选择步骤"栏下的第二个命令图标 [至] 被激活时，用鼠标选取阀体一侧表面，如图 5-86 所示。单击"预览"按钮，确认组装正确后，两次单击"确定"按钮，结束组装接头体的操作。组装后的接头体如图 5-87 所示。

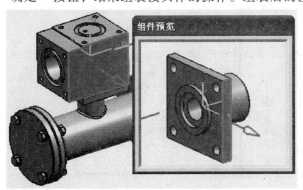

图 5-86　选取接头体侧平面和阀体一侧表面

图 5-87　组装后的接头体

24. 组装 D16 密封圈

此密封圈位于接头体台阶孔的端面上，且要与后面组装的垫圈相接触。具体的配合方式和组装方法与阀体下面凹槽中的密封圈完全相同，可参照序号 13 自行完成组装操作。

25．组装垫圈

此垫圈位于接头体台阶孔中 $D16$ 密封圈的端面上，且要与后面组装的压紧螺母相接触。具体的配合方式和组装方法与 $D16$ 密封圈完全相同，可参照序号 24 自行完成组装操作。

26．组装压紧螺母

单击"装配"工具条的［添加现有的组件］命令，查找"压紧螺母"文件，并将其打开。出现"添加现有部件"和"组件预览"两个对话框。设置选项"Reference Set"（引用集）为"MODEL"（模型）；"定位"为"配对"，其他选项保持默认状态。单击"确定"按钮，出现"配对条件"对话框。

先选择第一个命令图标［配对］，当"选择步骤"栏下的第一个命令图标［从］被激活时，用鼠标选取压紧螺母的端面。当"选择步骤"栏下的第二个命令图标［至］被激活时，用鼠标选取垫圈的端面，如图 5-88 所示。

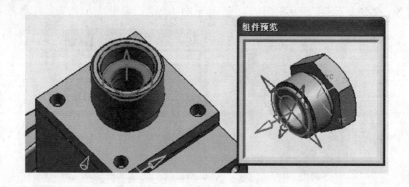

图 5-88　选取压紧螺母的端面和垫圈的端面

然后选择第六个命令图标［中心］，当"选择步骤"栏下的第一个命令图标［从］被激活时，用鼠标选取压紧螺母的圆柱面。当"选择步骤"栏下的第二个命令图标［至］被激活时，用鼠标选取接头体的螺孔表面，如图 5-89 所示。

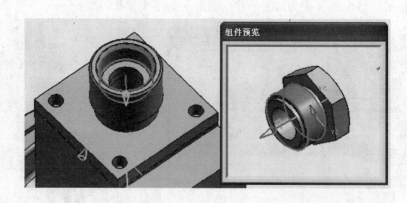

图 5-89　选取压紧螺母的圆柱面和接头体螺孔表面

再选择第四个命令图标［平行］，当"选择步骤"栏下的第一个命令图标［从］被激活时，用鼠标选取压紧螺母的侧平面。当"选择步骤"栏下的第二个命令图标［至］被激活时，用鼠标选取阀体一侧表面，如图 5-90 所示。单击"预览"按钮，确认组装正确后，两次单击"确定"按钮,结束组装压紧螺母的操作。组装后的压紧螺母如图 5-91 所示。

图 5-90 选取压紧螺母的侧平面和阀体一侧表面

图 5-91 组装后的压紧螺母

27. 组装"垫圈 6"

此零件的组装方法与序号 17 组装垫圈的方法完全一样,可参照完成。

28. 组装螺栓 M6×16

此零件的组装方法与序号 18 组装螺栓的方法完全一样,可参照完成。

29. 创建组件 2

组件 2 的创建方法与序号 20 创建组件 1 的方法一样,不过组件 2 只包括"垫圈 6"和螺栓 M6×16 两个零件,可参照前面的操作方法完成。

30. 矩形阵列组件 2

首先用鼠标选取刚才创建的组件 2,单击左键确定。单击"菜单栏"的[装配]→[组件]→[创建阵列]命令,弹出"创建组件阵列"对话框。将"阵列定义"选择为"线性",如图 5-92 所示,单击"确定"按钮。弹出"创建线性阵列"对话框,将"方向定义"选择为"边缘",然后,用鼠标分别选取接头体水平棱边和竖直棱边,设置各项参数"总数 - XC"为"2"、"偏置 - XC"为"46"、"总数 - YC"为"2"、"偏置 - YC"为"46",如图 5-93 所示。确认无误后,单击"确定"按钮,结束矩形阵列组件 2 的操作。阵列出的 4 个组件 2 如图 5-94 所示。

图 5-92 选择"线性"选项

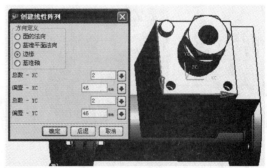

图 5-93 选取两条棱边并设置选项及参数

31. 镜像装配组件 2

在镜像装配操作前,首先要将阀体的引用集替换成"整个部件",以便使其水平基准平面显示出来,作为镜像平面。具体操作可参照步骤 9 镜像装配 M5×8 螺钉的方法进行。只不过此次需要将 4 个组件 2 同时选择为镜像对象,并以阀体中水平基准平面作为镜像平面。

214

完成镜像装配的 4 个组件 2，如图 5-95 所示。

图 5-94　阵列出的 4 个组件 2

图 5-95　完成镜像装配出的 4 个组件 2

32. 组装 _D36_ 密封圈

此密封圈要装配到阀体凹槽中。具体的操作可参照前面的方法进行。

33. 组装"子部件"

本操作是要将已经装配好的子部件组装到总装配结构中。

单击"装配"工具条的［添加现有的组件］命令，查找"子部件"文件，并将其打开。弹出"添加现有部件"和"组件预览"两个对话框，设置选项"Reference Set"（引用集）为"整个部件"；"定位"为"配对"，其他选项保持默认状态。单击"确定"按钮，出现"配对条件"对话框。

先选择第一个命令图标［配对］，当"选择步骤"栏下的第一个命令图标［从］被激活时，用鼠标选取法兰盘凸缘端面。当"选择步骤"栏下的第二个命令图标［至］被激活时，用鼠标选取 _D36_ 密封圈端面，如图 5-96 所示。

然后选择第二个命令图标［对齐］，当"选择步骤"栏下的第一个命令图标［从］被激活时，用鼠标选取法兰盘上部侧平面。当"选择步骤"栏下的第二个命令图标［至］被激活时，用鼠标选取阀体上部侧平面，如图 5-97 所示。

图 5-96　选取法兰盘凸缘端面和密封圈端面

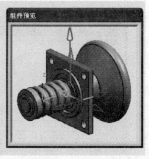

图 5-97　选取法兰盘上部侧平面和阀体上部侧平面

再选择第二个命令图标［平行］，当"选择步骤"栏下的第一个命令图标［从］被激活时，用鼠标选取法兰盘前部侧平面。当"选择步骤"栏下的第二个命令图标［至］被激活时，用鼠标选取阀体前部侧表面，如图 5-98 所示。单击"预览"按钮，确认组装正确后，两次单击"确定"按钮，结束组装子部件的操作。组装后的子部件如图 5-99 所示。

图 5-98　选取法兰盘前部侧平面和阀体前部侧表面　　　　　图 5-99　组装后的子部件

34. 组装法兰套

单击"装配"工具条的［添加现有的组件］命令，查找"法兰套"文件，并将其打开。弹出"添加现有部件"和"组件预览"两个对话框。设置选项"Reference Set"（引用集）为"MODEL"；"定位"为"配对"，其他选项保持默认状态。单击"确定"按钮，出现"配对条件"对话框。

先选择第一个命令图标［配对］，当"选择步骤"栏下的第一个命令图标［从］被激活时，用鼠标选取法兰套的端面。当"选择步骤"栏下的第二个命令图标［至］被激活时，用鼠标选取法兰盘的端面，如图 5-100 所示。

图 5-100　选取法兰套的端面和法兰盘的端面

然后选择第六个命令图标［中心］，当"选择步骤"栏下的第一个命令图标［从］被激活时，用鼠标选取法兰套的孔表面。当"选择步骤"栏下的第二个命令图标［至］被激活时，用鼠标选取调整螺母的圆柱面，如图 5-101 所示。

再选择第二个命令图标［平行］，当"选择步骤"栏下的第一个命令图标［从］被激活时，用鼠标选取法兰套的侧平面。当"选择步骤"栏下的第二个命令图标［至］被激活时，用鼠标选取阀体前表面，如图 5-102 所示。单击"预览"按钮，确认组装正确后，双击［确定］按钮，结束组装法兰套操作。组装后的法兰套如图 5-103 所示。

图 5-101　选取法兰套的孔表面和调整螺母的圆柱面

图 5-102　选取法兰套的侧平面和阀体前表面

图 5-103　组装后的法兰套

35. 组装"垫圈 6"

参照序号 17 完成组装。

36. 组装螺栓 M6×18

参照序号 18 完成组装。

37. 创建组件 3

参照序号 20 完成组件 3 的创建。

38. 矩形阵列组件 3

参照序号 30 完成组件 3 的矩形阵列。为了便于观察阵列出的组件 3 的情况，可使用［隐藏］命令，将手轮零件隐藏起来，其阵列效果如图 5-104 所示。

39. 图面处理

至此，完成了全部零件的组装操作。为了观察真空阀的内部构造，可以将某些零件剖切开，以便更清楚地了解到内部零件之间的配合状态。从此部件的情况看，可以将阀体和三通管两个零件剖切开，即可看到内部的总体构造。

图 5-104　矩形阵列出的组件 3

首先，用鼠标选中阀体零件。单击鼠标右键，出现快捷菜单，选择［转为工作部件］命令，如图 5-105 所示。选中后，"成为工作部件"的阀体为高亮显示，而其他所有的零件变成灰暗色，如图 5-106 所示。将阀体转变为"静态线框"显示模式。

图 5-105   选择［转为工作部件］命令

图 5-106   成为"工作部件"的阀体

　　然后再单击"菜单栏"的［插入］→［基准/点］→［基准平面］命令，创建一个 XC-ZC 基准平面。单击"特征操作"工具条的［修剪体］命令，用鼠标选取阀体零件为目标体，选取刚才创建的平面为修剪平面，如图 5-107 所示。单击"确定"按钮，结束修剪操作。剖切开的阀体如图 5-108 所示。

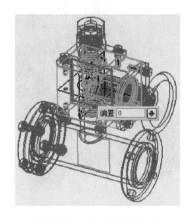

图 5-107   选取修剪平面

图 5-108   剖切开的阀体

　　再次用相同的方法选取三通管为"工作部件"，并将其剖切开。剖切开的三通管如图 5-109 所示。

　　最后，打开"装配导航器"，用鼠标选取总装配文件（ZKF），单击鼠标右键，选择［转为工作部件］命令，如图 5-110 所示。然后，将所有零件的引用集都设置为"模型"状态，并用［隐藏］命令，将曲线、草图、基准等非实体要素隐藏起来，其剖切后的真空阀图面效果如图 5-111 所示。当然，如果不需要剖切总装配模型，只需要将阀体和三通管两个零件重新设置为"工作部件，并从"部件导航器"中将"修剪体"项目删除即可，其总装配实体模型如图 5-112 所示。

图 5-109　剖切开的三通管

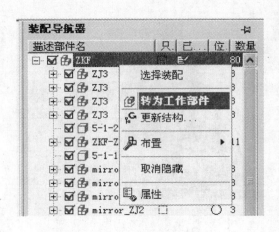

图 5-110　选择［转为工作部件］命令

图 5-111　剖切后的真空阀图面效果

图 5-112　总装配实体模型

训练项目 13　夹紧卡爪的组装设计

本训练项目要求用由下至上的设计方法，并使用空间定位、配合选择、矩形阵列、镜像装配等操作命令，完成图 5-113 所示"夹紧卡爪"的部件装配设计。夹紧卡爪各个零件的具体结构和尺寸参见第 4 单元的训练作业【4-4】，其材料、数量、标准等信息，见零件明细表，如图 5-114 所示。可按提示的操作步骤和各步骤的装配实体图，自行完成整个设计任务。

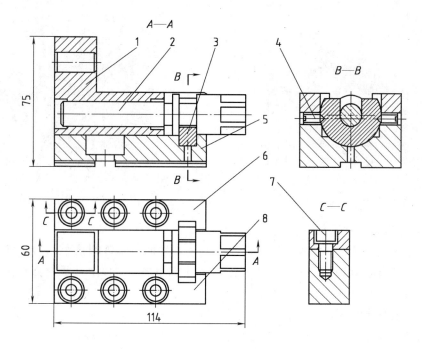

图 5-113　夹紧卡爪装配图

8	前盖板	40Cr	1	
7	螺钉 M8×16	Q235	6	GB/T 70.1—2008
6	后盖板	40Cr	1	
5	基体	40Cr	1	
4	螺钉 M6×12	Q235	2	GB/T 71—1985
3	垫铁	T8A	1	
2	螺杆	40Cr	1	
1	卡爪	40Cr	1	
序号	零件名称	材料	数量	备注

图 5-114　零件明细表

步骤 1　首装基体并定位

调入基体零件，定位方式为"绝对"，将其定位在坐标系的原点上，如图 5-115 所示。

步骤 2　组装卡爪

调入卡爪零件，定位方式为"配对"。将两个零件的底面为［配对］配合，两个零件侧面为［配对］配合，两个零件的前端面为［对齐］配合。完成组装的卡爪如图 5-116 所示。

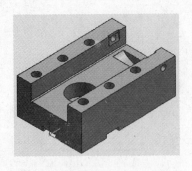

图 5-115　组装定位的基体

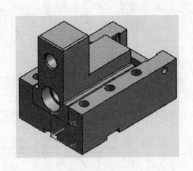

图 5-116　完成组装的卡爪

步骤 3　组装垫铁

调入垫铁零件，定位方式为"配对"。垫铁一侧平面与基体圆槽平面为"配对"配合，垫铁圆弧面与基体圆槽面为"中心"配合，垫铁上部平面与基体上部平面为"平行"配合。完成组装的垫铁如图 5-117 所示。

步骤 4　组装螺钉 M6×12

为组装操作的方便，暂时将基体零件隐藏起来。调入螺钉 M6×12 零件，定位方式为"配对"。螺钉的圆锥面与垫铁上的锥孔面为"配对"配合，螺钉口槽的侧平面与卡爪上部平面为"平行"配合。完成组装的螺钉 M6×12 如图 5-118 所示。

图 5-117　完成组装的垫铁

图 5-118　完成组装的螺钉 M6×12

步骤 5　镜像装配螺钉 M6×12

为便于组装操作，暂时将垫铁零件的引用集替换为"整个部件"，使其纵向基准平面显示出来。使用［镜像装配］命令，镜像对象为已完成组装的螺钉 M6×12，镜像平面选择垫铁上的纵向基准平面。完成镜像装配的螺钉 M6×12 如图 5-119 所示。

步骤 6　组装螺杆

调入螺杆零件，定位方式为"配对"。螺杆挡环一侧平面与垫铁前平面为［配对］配合，螺杆圆柱面与卡爪孔表面为［中心］配合，螺杆六方的一侧平面与卡爪一侧平面为［平行］配合。完成组装的螺杆如图 5-120 所示。

步骤 7　组装后盖板

为组装后盖板，事先将基体零件显示出来。调入后盖板零件，定位方式为"配对"。后盖板的底面与基体的顶面为［配对］配合，后盖板的第一个螺栓孔面与基体的第一个螺孔面为［中心］配合。完成组装的后盖板如图 5-121 所示。

步骤 8　组装前盖板

组装前盖板的方式与组装方法与后盖板的基本相同，可参照进行。完成组装的前盖板如图 5-122 所示。

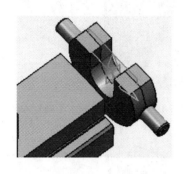

图 5-119　完成镜像装配的螺钉 M6×12

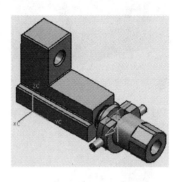

图 5-120　完成组装的螺杆

图 5-121　完成组装的后盖板

图 5-122　完成组装的前盖板

步骤 9　组装第一个螺钉 M6×18

调入螺钉 M6×18 零件，定位方式为"配对"。螺钉圆柱头的底面与后盖板螺栓孔的顶面为［配对］配合，螺钉圆柱面与后盖板螺栓孔的表面为［中心］配合，螺钉内六角的一个侧平面与基体一侧的平面为［平行］配合。完成组装的第一个螺钉 M6×18 如图 5-123 所示。

步骤 10　矩形阵列其余 5 个螺钉 M6×18

用前面讲述的矩形阵列方法，设置阵列参数"总数 – XC"为"3"、"偏置 – XC"为"– 25"、"总数 – YC"为"2"、"偏置 – YC"为"44"。矩形阵列的 5 个螺钉 M6×18 如图 5-124 所示。

步骤 11　图面处理

如果需要观察夹紧卡爪的内部构造情况，可以分别将基体和卡爪设置为"工作部件"，再运用［修剪体］命令，将它们剖切开。然后，将前盖板及其上面的三个螺钉隐藏起来，以显示出内部构造，如图 5-125 所示。如果不需要观察内部构造，只需将已剖切零件的操作项目删除，并将全部零件显示出来即可。完成全部装配的夹紧卡爪如图 5-126 所示。

图 5-123　完成组装的第一个螺钉 M6×18

图 5-124　矩形阵列的 5 个螺钉 M6×18

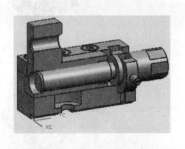

图 5-125　夹紧卡爪内部构造

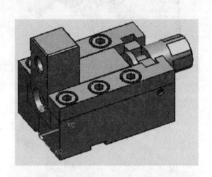

图 5-126　完成全部装配的夹紧卡爪

项目 5-2　模具座钻孔夹具的设计

项目目标

在"装配"和"建模"应用模块环境下，运用由上至下的设计方法，并综合使用拉伸、回转、扫掠、关联复制、创建组件、阵列、重定位等操作命令，完成图 5-127 所示"模具座"加工件钻孔夹具的全部设计。

"模具座"上的其他表面已完成加工，工序要求加工模具座顶面上 4 个 M12 螺孔的底孔（ϕ10.1）。此件在摇臂钻床上加工。要求以两个 $\phi 34^{+0.05}_{0}$ 孔及下面的端面进行定位，并从其中一个定位孔的内表面进行夹紧。由于模具座的上下表面都已加工完毕，所以可以采用结构简单的盖板式钻孔夹具进行生产。

学习内容

由上至下的设计方法、加工件的预定位、创建空组件、关联复制、由空组件构建实体零件、零件的再装配等。

任务分析

盖板式钻孔夹具是钻床夹具中最简单的一种夹具，主要用于大型加工件表面平行孔系的

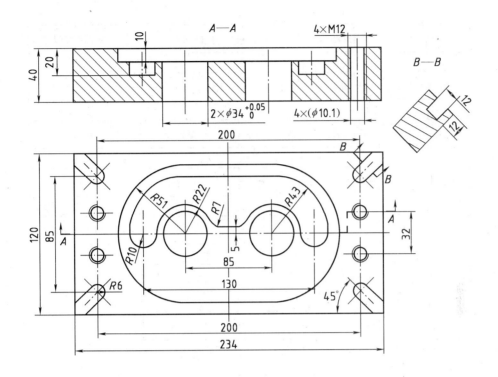

图 5-127　模具座

加工。其具体的作用就是引导钻具（如钻头、铰刀等）精确地定位加工孔的位置，并保证加工过程的稳定性和加工精度。

　　由上至下的设计，就是依据加工件的总体结构，先从装配结构开始设计，再根据零件之间的关联性和制约性，拆分出各个零部件，并逐一将它们设计出来。然后将最终完成设计的零部件，按总体结构进行重新组装或局部装配调整，形成一个系统的装配体，从而实现功能要求。

　　本项目的盖板式钻孔夹具，拟采用"两销一面"的定位方式，即采用一个内胀式圆柱销、一个菱形销和一个大平面定位。在盖板上安装 4 个 φ10.1 的钻套作为钻头的引导元件。在内胀式圆柱销中，装有拉紧锥轴，通过旋紧螺母使内胀式圆柱销产生胀紧力，从定位孔内部将整个盖板及其上的所有元件紧固在加工件上。为了方便装拆盖板，在盖板的两侧装有握柄，并通过轴钉将两个握柄固定在盖板上。

　　在整个夹具的设计中，要准确地把握零件之间的配合类型和相互制约关系；明确创建空组件的真正作用，并有效地利用关联复制方法构建零件；特别要注意装配文件中的零件和单体文件中的零件之间的关系，它们之间既有联系，又有区别，不可混淆，否则在设计中可能产生错误；由上至下的设计，并不是所有零件的设计都由关联复制方法来完成，而只是针对那些关联性比较复杂的零件。

设计路线

　　模具座钻孔夹具设计路线图如图 5-128 所示。

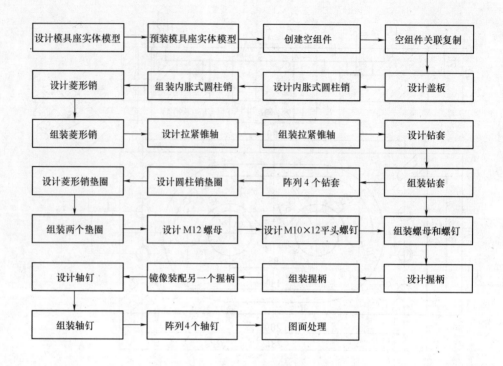

图 5-128　模具座钻孔夹具设计路线图

操作步骤

模具座钻孔夹具的设计是从加工件的实体模型设计开始的，而后再进行夹具的总装配结构设计。首先从装配结构中拆分出主要的关联零件（盖板），并完成关联零件的实体设计。此后根据各个零件之间的关联性和制约性，依次进行单个零件的设计，并逐一将它们组装到装配结构中。在整个设计过程中，要注意各零件之间的配合关系，并及时地调整装配位置。必要时也需要对具体零件的结构和尺寸进行修改和编辑。

1. 设计模具座实体模型

依据模具座工程图，运用前面单元所讲述的各种建模方法，设计出模具座的实体模型，如图 5-129 所示。

2. 预装模具座实体模型

单击"装配"工具条的［添加现有的组件］命令，查找"模具座"文件，并将其打开。弹出"添加现有部件"和"组件预览"两个对话框。设置选项"Reference Set"（引用集）为"MODEL"；"定位"为"绝对"，其他选项保持默认状态。单击"确定"按钮，弹出"点构造器"对话框。预装模具座定位在坐标系的原点上，如图 5-129 所示。

3. 创建空组件

单击"菜单栏"的［装配］→［组件］→［创建新组件］命令，弹出"创建新的组件"对话框，将"零件原点"设置为"WCS"，如图 5-130 所示。单击"确定"按钮，结束创建空组件的操作。完成创建的空组件，实际上什么都没有，只是一个"空集"，但是，却在装配结构中占据了一个位置。此时，将"装配导航器"打开，会看到一个名为"2-01"

的文件，如图 5-131 所示，此文件就是创建的空组件文件。在后面的设计中，将会以此文件作为载体设计盖板零件。

4. 空组件关联复制

用鼠标选中"装配导航器"的空组件，即"2-01"。单击鼠标右键，弹出一个快捷菜单，选择其中的［转为工作部件］命令，如图 5-132 所示。此时，装配结构中的模具座零件变暗，表明当前只能对"工作部件"进行设计操作。

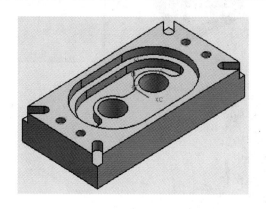

图 5-129　预装模具座定位在坐标系的原点上

图 5-130　选择"WCS"为原点

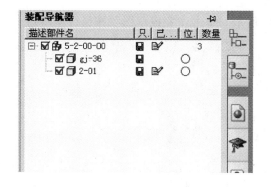

图 5-131　打开装配导航器

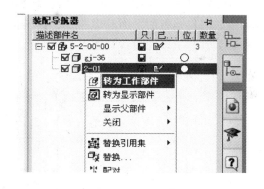

图 5-132　选择［转为工作部件］命令

单击［插入］→［关联复制］→［WAVE 几何链接器］命令，弹出"WAVE 几何链接器"对话框。选择第五个命令图标［面］，再用鼠标选取模具座的顶面，使其高亮显示，如图 5-133 所示。单击对话框的"应用"按钮，就会将模具座顶面的整个轮廓信息复制到空组件中。然后，选择上面的第二个命令图标［曲线］，再用鼠标选取模具座上两个 ϕ34 孔的边缘，使其高亮显示，如图 5-134 所示。完成上面的操作后，单击"确定"按钮，结束关联复制的操作。此时，需要单击"标准"工具条的"保存"按钮，将复制的全部信息存储到空组件的文件中，这一点要特别注意。

5. 设计盖板

注意，设计盖板零件时不是创建新文件，而是利用空组件文件进行设计。

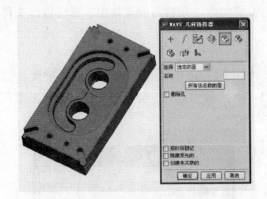

图 5-133 选择模具座顶面

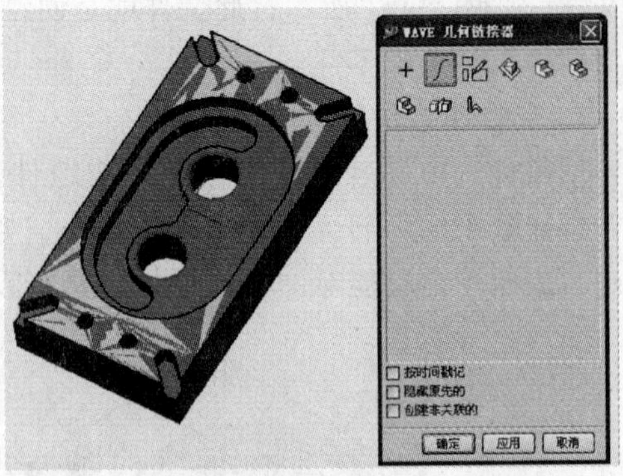

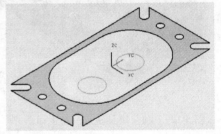

图 5-134 选择模具座两孔边缘

单击"标准"工具条的［打开］命令，从相应的文件夹中找到空组件文件"2-01"，并将其打开，使其进入建模工作界面，如图 5-135 所示。从图中可以看到，此文件中已经有了一些图形要素，如模具座顶面轮廓和两个圆曲线。盖板的设计正是要以这些图形要素作为依据。

图 5-135 打开的空组件

首先绘制草图轮廓曲线。单击［草图］命令，选择 XC-YC 基准平面作为草图平面。利用已有的边缘和曲线画出盖板的平面轮廓曲线，如图 5-136 所示。单击"完成草图"按钮，返回到三维工作界面。盖板轮廓曲线如图 5-137 所示。

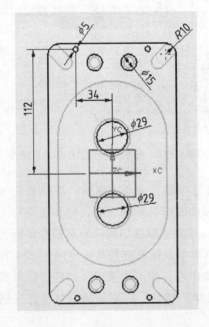

图 5-136 画出盖板的轮廓曲线

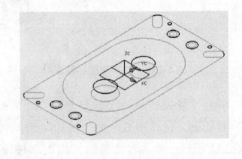

图 5-137 盖板轮廓曲线

然后拉伸出盖板实体。运用［拉伸］命令，拉伸出板体和所有的孔。拉伸出的盖板实体如图 5-138 所示。

最后构建出左右两侧的握柄孔。握柄孔共有 4 个，直径为 "6"，分布在盖板的两个侧面。可运用 [孔] 和 [镜像特征] 命令进行操作，类型为 "简单孔"，深度为 "15"，构建出 4×φ6 的孔。至此，完成了盖板的设计，如图 5-139 所示。

 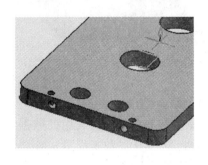

图 5-138　拉伸出的盖板实体　　　　　　　图 5-139　完成设计的盖板

6. 设计内胀式圆柱销

设计内胀式圆柱销可参照盖板的设计方法，也可单独地进行设计。设计出的内胀式圆柱销的实体图和工程图，如图 5-140 所示。

 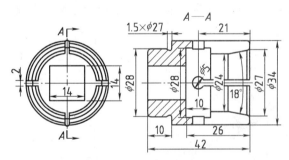

图 5-140　设计出的内胀式圆柱销的实体图和工程图

7. 组装内胀式圆柱销

打开装配结构文件，并调入内胀式圆柱销。在装配操作前，可先将模具座零件隐藏起来，然后使用 [配对]、[中心] 和 [平行] 命令，将其组装到盖板上，如图 5-141 所示。

8. 设计菱形销

依据盖板和模具座的数据，可独立地设计出菱形销，其实体图和工程图如图 5-142 所示。

9. 组装菱形销

打开装配结构文件，并调入菱形销（"引用集" 设置为 "整个部件"）。使用 [配对]、[中心] 和 [平行] 命令，将其组装到盖板上，如图 5-143 所示。

图 5-141　组装内胀式圆柱销

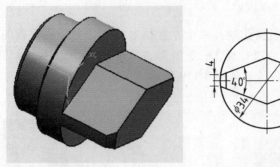
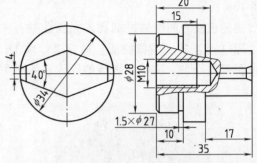

图 5-142　菱形销实体图和工程图

10. 设计拉紧锥轴

依据盖板和内胀式圆柱销的数据，可独立地设计出拉紧锥轴，其实体图和工程图，如图 5-144 所示。

11. 组装拉紧锥轴

打开装配结构文件，并调入菱形销。使用［配对］和［平行］命令，将其组装到内胀式圆柱销上，如图 5-145 所示。

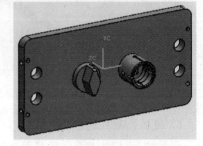

12. 设计钻套

钻套的设计应根据钻孔的尺寸和相关的技术标准来

图 5-143　组装菱形销

进行，同时，要保证与盖板上的 4 个钻套定位孔准确配合。完成设计的钻套，其实体图和工程图如图 5-146 所示。

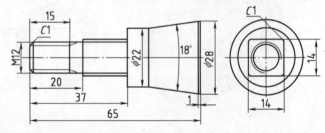

图 5-144　拉紧锥轴实体图和工程图

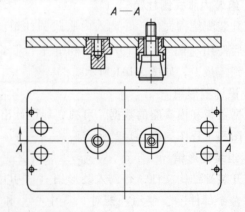

图 5-145　组装拉紧锥轴

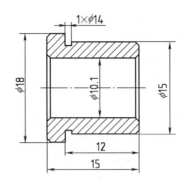

图 5-146　钻套的实体图和工程图

13. 组装钻套

打开装配结构文件，并调入钻套。使用［配对］和［中心］命令，将其组装到盖板上，如图 5-147 所示。

14. 阵列 4 个钻套

使用［矩形阵列］命令，以边缘作为参考基准。设置阵列参数"总数 – XC"为"2"、"偏置 – XC"为"200"、"总数 – YC"为"2"、"偏置 – YC"为"– 32"，阵列出 4 个钻套，如图 5-148 所示。

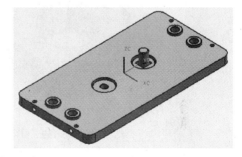

图 5-147　完成钻套的组装　　　　　　　　　图 5-148　阵列出 4 个钻套

15. 设计圆柱销垫圈

依据拉紧锥轴和内胀式圆柱销的数据，独立地设计出圆柱销垫圈，其实体图和工程图如图 5-149 所示。

16. 设计菱形销垫圈

依据菱形销的数据，独立地设计出菱形销垫圈，其实体图和工程图，如图 5-150 所示。

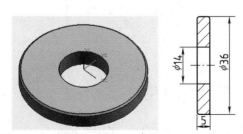
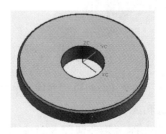
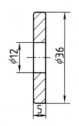

图 5-149　圆柱销垫圈的实体图和工程图　　　　　图 5-150　菱形销垫圈的实体图和工程图

17. 组装两个垫圈

打开装配结构文件，并分别调入圆柱销垫圈和菱形销垫圈。使用［配对］和［中心］命令，组装两个垫圈到盖板上，如图 5-151 所示。

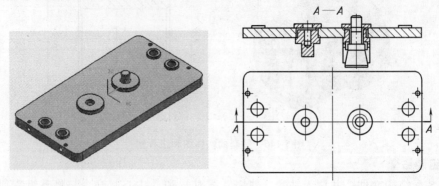

图 5-151　组装两个垫圈到盖板上

18. 设计 M12 螺母

M12 螺母的设计应根据拉紧锥轴的尺寸和相关的技术标准来进行。M12 螺母的实体图和工程图如图 5-152 所示。

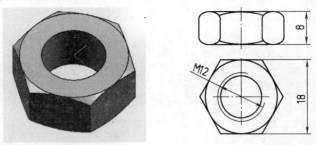

图 5-152　M12 螺母的实体图和工程图

19. 设计 M10×20 平头螺钉

M10×20 平头螺钉的设计应根据菱形销的尺寸和相关的技术标准来进行。M10×20 平头螺钉的实体图和工程图如图 5-153 所示。

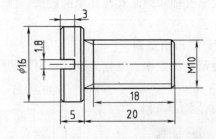

图 5-153　M10×20 平头螺钉的实体图和工程图

20. 组装螺母和螺钉

打开装配结构文件，并分别调入 M12 螺母和 M10×20 平头螺钉。使用［配对］、［中心］和［平行］命令，将螺母组装到拉紧锥轴上，将螺钉组装到菱形销上，如图 5-154 所示。

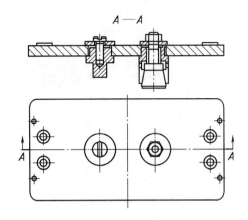

图 5-154　组装的 M12 螺母和 M10×20 螺钉

21. 设计握柄

握柄的设计可依据盖板上两侧的握柄安装孔尺寸和位置来进行。完成设计的握柄，如第 4 单元的图 4-1 和图 4-16 所示。

22. 组装握柄

先组装左侧的握柄。打开装配结构文件，并调入握柄。三次使用［中心］命令，即以两个握柄安装孔和一个轴钉孔进行定位，将其组装到盖板上，如图 5-155 所示。

23. 镜像装配另一个握柄

先将盖板的引用集设置为"整个部件"，使其 XC-ZC 基准平面显现出来。使用［镜像装配］命令，以 XC-ZC 基准平面作为镜像平面，镜像装配出右侧的握柄，如图 5-156 所示。

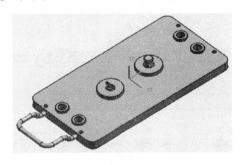

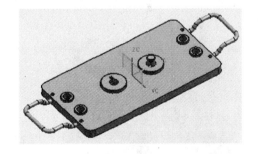

图 5-155　组装握柄到盖板上　　　　　图 5-156　镜像装配出右侧的握柄

24. 设计轴钉

轴钉的作用是将握柄固定在盖板上。轴钉的设计可依据握柄上的圆槽和盖板上轴钉孔的尺寸及位置来进行，其实体图和工程图如图 5-157 所示。

25. 组装轴钉

打开装配结构文件，并调入轴钉。使用［配对］和［中心］命令，将轴钉组装到盖板上，如图 5-158 所示。

26. 阵列 4 个轴钉

使用［矩形阵列］命令，用边缘作为参考基准，设置阵列参数"总数 – XC"为"2"、"偏置 – XC"为"– 224"、"总数 – YC"为"2"、"偏置 – YC"为"– 68"。阵列出的 4 个

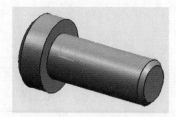
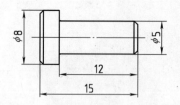

图 5-157　轴钉的实体图和工程图

轴钉如图 5-159 所示。

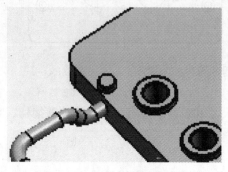
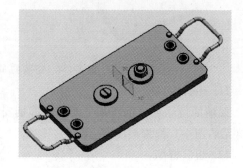

图 5-158　组装轴钉到盖板上　　　　　　　图 5-159　阵列出的 4 个轴钉

27. 图面处理

以上操作已完成了模具座钻孔夹具的全部设计。将所有零件的引用集替换成"模型"，并将全部零件显示出来，同时，将非实体要素隐藏。最终完成设计的模具座钻孔夹具，如图 5-160 所示。

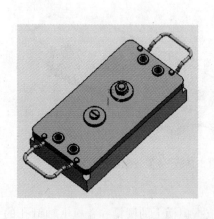
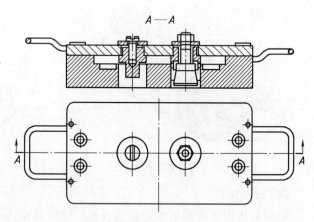

图 5-160　最终完成设计的模具座钻孔夹具

训练项目 14　杂物挂架的设计

本训练项目要求用由上至下的设计方法，并综合使用空间定位、单引导线扫掠、创建空组件、关联复制、阵列装配、拉伸等操作命令，完成杂物挂架的设计。杂物挂架的总体示意图如图 5-161 所示。在保证其总体尺寸的情况下，可凭个人的意愿和想象力自行完成整个产品的设计；也可根据提示的操作步骤和各步骤的装配实体图，自行完成整个设计任务。

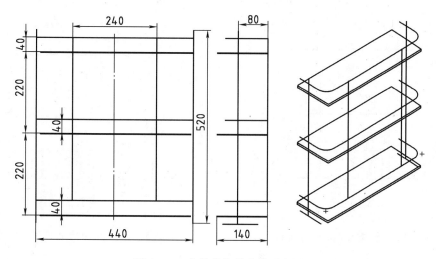

图 5-161 杂物挂架的总体示意图

步骤 1 构建挂架总体框架

采用由上至下的设计方法设计杂物挂架，首先应创建装配图，并在装配图中绘制出挂架的全部空间曲线。

1）在 XC-YC 基准平面上，绘制出第一层围栏引导曲线，如图 5-162 所示。

2）以 XC-YC 基准平面为参考基准，创建第二层和第三层两个平行平面，三个平行平面之间的偏置距离均为"220"。并使用［投影］命令，分别在第二层和第三层两个平行平面上绘制同样的围栏引导曲线，如图 5-163 所示。

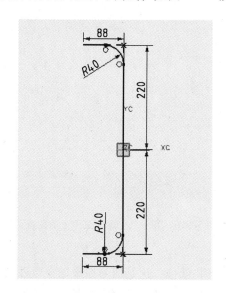

图 5-162 绘制出第一层围栏引导曲线

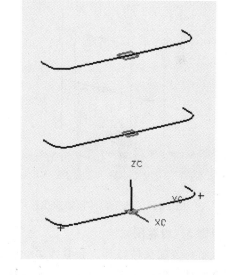

图 5-163 绘制第二层和第三层围栏引导曲线

3）在 YC-ZC 基准平面上，绘制出两条定位曲线，如图 5-164 所示。

4）以 YC-ZC 基准平面为参考基准，创建一个偏置距离为"80"的平行平面，并在其上绘制出承重杆引导曲线，如图 5-165 所示。

至此，完成了挂架总体框架曲线的绘制，如图 5-166 所示。

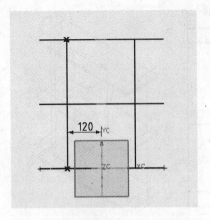

图 5-164　绘制出两条定位曲线

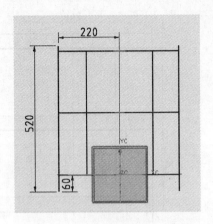

图 5-165　绘制出承重杆引导曲线

步骤 2　构建围栏

在装配结构图的构建中，创建第一个空组件 "14-00-01"，零件原点设置为 "WCS"。然后，从装配导航器中，将它选中并设置为 "转为工作部件"。使用［关联复制］中的［WAVE 几何链接器］命令，提取出第一层围栏引导曲线，并及时保存装配文件。再重新打开第一个空组件文件 "14-00-01"，其上的图形如图 5-167 所示。以此曲线的端点为基准创建一个矢量平面，并在此平面上画一个直径为 "6" 的圆。然后，使用［沿导引线扫掠］命令，构建出围栏的曲杆。再在两个端面上构建出孔深为 "12"、螺纹深为 "10" 的 M4 螺孔。至此，完成围栏的设计（注意保存文件），其实体图和工程图如图 5-168 所示。

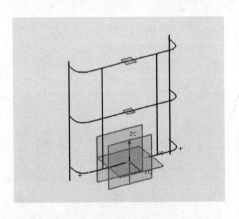

图 5-166　挂架总体框架曲线

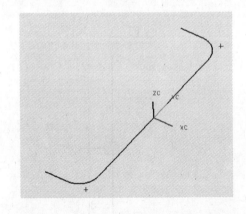

图 5-167　第一个空组件文件上的曲线图形

步骤 3　组装围栏

重新将装配文件打开，会看到第一层围栏已经安装就位，这是因为原来的空组件已经完成实体设计所致。使用［线性］阵列装配方法，选取围栏组件，以 ZC 基准轴为参考基准向上阵列三个，"总数" 为 "3"、"偏置" 为 "220"。完成组装的三层围栏如图 5-169 所示。

步骤 4　构建架板

在装配结构图构造中，以 XC-YC 基准平面为参考基准，在其下方创建一个与其平行的平面，偏置距离为 "40"。在此平面上绘制出一条矩形曲线，如图 5-170 所示。返回到三维工作界面后，创建第二个空组件 "14-00-02"，零件原点设置为 "WCS"。然后，从装配导航

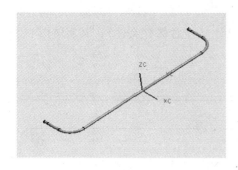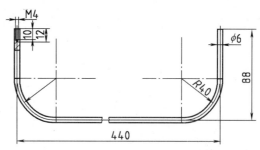

图 5-168　围栏的实体图和工程图

器中，将第二个空组件选中并设置为"转为工作部件"。使用［关联复制］中的［WAVE 几何链接器］命令，提取矩形曲线，并及时保存装配文件。再重新打开第二个空组件文件"14-00-02"，其上的图形如图 5-171 所示。以此矩形曲线为参考基准，绘制出架板轮廓曲线。使用［拉伸］命令，构建出架板。至此，完成架板的设计（注意保存文件），其实体图和工程图如图 5-172 所示。

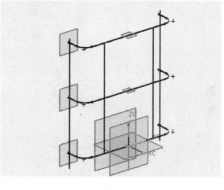

步骤 5　组装架板

重新将装配文件打开，会看到第一层架板已

图 5-169　完成组装的三层围栏

经安装就位。使用"线性"阵列装配方法，选取架板组件，以 ZC 基准轴为参考基准向上阵列三个，"总数"为"3"、"偏置"为"220"。完成组装的三层架板如图 5-173 所示。

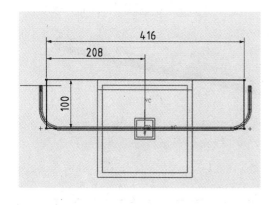

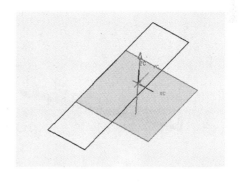

图 5-170　绘制出一条矩形轮廓曲线　　　　图 5-171　第二个空组件文件上的曲线图形

步骤 6　构建承重杆

在装配结构图构造中，创建第三个空组件"14-00-03"，零件原点设置为"WCS"。然后，从装配导航器中，将它选中并设置为"转为工作部件"。使用［关联复制］中的［WAVE 几何链接器］命令，提取出左侧承重杆引导曲线及相关曲线、曲面，并及时保存装配文件。再重新打开第三个空组件文件"14-00-03"，其上的图形如图 5-174 所示。以左边的直线作为引导线，使用［管道］命令，设置参数"外直径"为"16"、"内直径"为

236

"12"，构建出承重杆的主体。再综合运用［草图］、［孔］和［拉伸］等命令，构建出 3 个
φ6 通孔和 6 个 φ3 半通孔。至此，完成承重杆的设计（注意保存文件），其实体图和工程图
如图 5-175 所示。

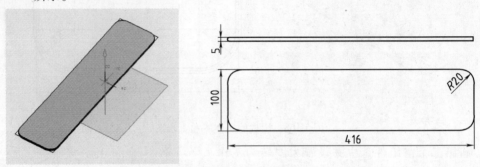

图 5-172　架板实体图和工程图

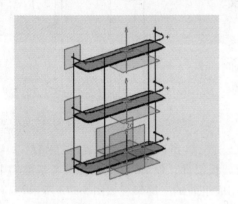

图 5-173　完成组装的三层架板

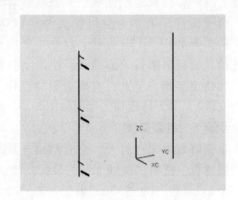

图 5-174　第三个空组件文件上的曲线图形

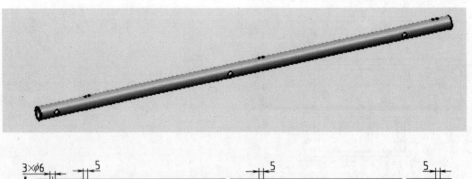

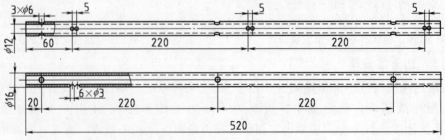

图 5-175　承重杆实体图和工程图

步骤 7　组装承重杆

重新将装配文件打开，会看到左侧的承重杆已经安装就位。由于承重杆组件中包含了右侧的引导线等其他图形要素，不能使用镜像装配方法，只能用线性阵列方法组装右侧的承重杆。使用［重定位］命令，将其旋转 180°进行定位。完成组装的两个承重杆，如图 5-176 所示。

步骤 8　设计夹扣

夹扣组装在承重杆上，用于从架板的两侧将其固定，并承受载荷。夹扣的设计可独立地进行。此件主要与架板和承重杆配合，可参照相关的结构和尺寸设计。完成设计的夹扣，如图 5-177 所示。

步骤 9　组装夹扣

由于夹扣的设计过程与装配结构没有关联，可使用一般的装配方法来进行。先组装一个夹扣，

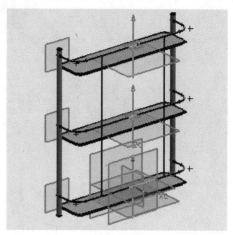

图 5-176　完成组装的两个承重杆

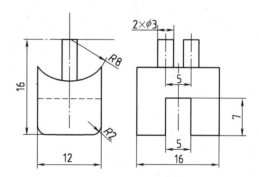

图 5-177　完成设计的夹扣

然后使用［创建阵列］和［镜像装配］命令，将 6 个夹扣全部组装到位。完成组装的夹扣如图 5-178 所示。

步骤 10　设计吊扣

吊扣组装在围栏上，用于从架板的前面将其固定，并承受载荷。吊扣的设计也是独立地进行。此件主要与架板和围栏配合，可参照相关的结构和尺寸设计。完成设计的吊扣如图 5-179 所示。

步骤 11　组装吊扣

吊扣的设计过程与装配结构也没有关联，可使用一般的装配方法来进行。先组装一个吊扣，吊扣的空间位置可利用框架曲线来进行定位。然后使用［矩形阵列］命令，将 6 个吊扣全部组装到位。完成组装的吊扣如图 5-180 所示。

步骤 12　设计支撑座

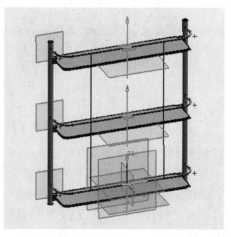

图 5-178　完成组装的夹扣

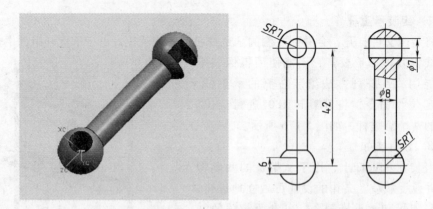

图 5-179　完成设计的吊扣

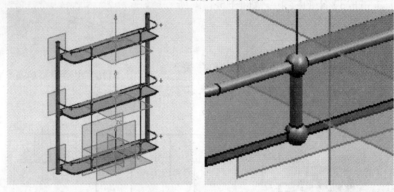

图 5-180　完成组装的吊扣

支撑座与承重杆配合在一起，并安装到墙壁上，用于将杂物挂架固定住。支撑座也是独立地设计，主要参考承重杆的结构和尺寸来进行。完成设计的支撑座如图 5-181 所示。

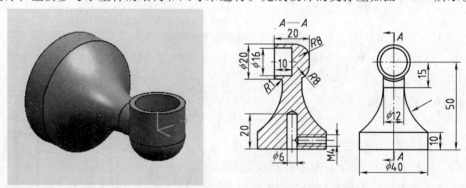

图 5-181　完成设计的支撑座

步骤 13　组装支撑座

支撑座在杂物挂架中共有 4 个，分别装配到两个承重杆的上、下端。具体的组装操作是，先组装一侧的上、下两个支撑座，然后，用［镜像装配］命令组装另一侧的两个支撑座。组装时要注意，4 个支撑座的端面应保持在同一个平面上。完成组装的支撑座如图 5-182 所示。

步骤 14　设计固定螺钉

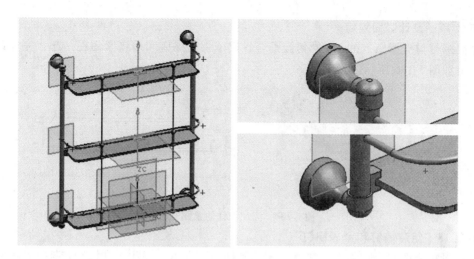

图 5-182　完成组装的支撑座

　　固定螺钉用于将围栏固定在承重杆上。设计固定螺钉时，主要参考围栏端面的螺钉孔尺寸。完成设计的固定螺钉如图 5-183 所示。

步骤 15　组装固定螺钉

　　固定螺钉在杂物挂架中共有 6 个，分别装配到三个围栏的两个端面上。具体的组装操作是，先组装一个固定螺钉，然后，用［矩形阵列］命令，将 6 个固定螺钉全部组装完毕。完成组装的固定螺钉如图 5-184 所示。

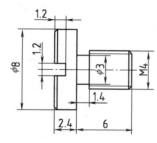

图 5-183　完成设计的固定螺钉　　　　　　　　图 5-184　完成组装的固定螺钉

步骤 16　设计墙钉

　　墙钉与支撑座配合，并打入墙壁上的膨胀螺套中，将支撑座紧固在墙壁上。设计墙钉时，主要参考支撑座的结构和尺寸。完成设计的墙钉如图 5-185 所示。

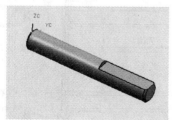
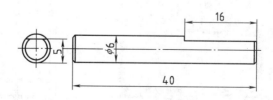

图 5-185　完成设计的墙钉

步骤 17　设计紧固螺钉

紧固螺钉与支撑座上的 M4 螺钉孔配合，用于将支撑座和墙钉紧固在一起。完成设计的紧固螺钉如图 5-186 所示。

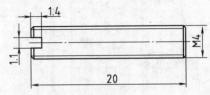

图 5-186　完成设计的紧固螺钉

步骤 18　组装墙钉和紧固螺钉

根据设计意图，自行将两个零件组装到支撑座上即可。注意，在杂物挂架上共有 4 个墙钉和 4 个紧固螺钉。完成组装的墙钉和紧固螺钉如图 5-187 所示。

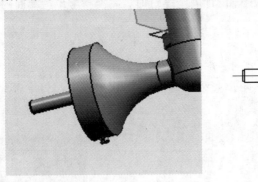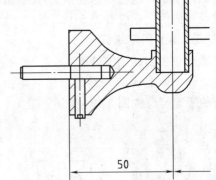

图 5-187　完成组装的墙钉和紧固螺钉

步骤 19　图面处理

由于采用由上至下的设计方法，在设计过程中产生了许多草图、曲线、片体、小平面体、基准平面和基准轴等。这些图形要素在设计过程中起到非常重要的作用，完成全部设计后，应将它们全部隐藏起来。最终完成的杂物挂架实体图和工程图如图 5-188 所示。

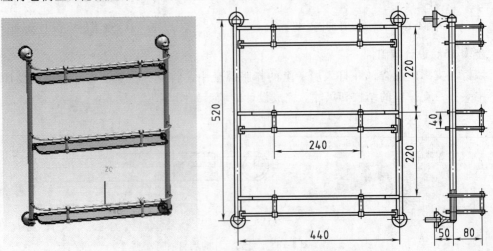

图 5-188　最后完成的杂物挂架实体图和工程图

知 识 梳 理

1. UG 的装配功能是指在装配机构中建立起部件之间的链接，并通过关联条件在部件之间建立约束关系，确定部件在装配机构中的位置。在装配设计过程中，部件（包括零件、组件等）的三维实体模型是被装配模块引用的，而不是复制到装配环境中，因此所有装配部件始终保持关联性。如果某个部件被修改，则引用它的装配部件会自动更新，反映该部件的最新状态。

2. 装配设计有三种设计方法，即由下至上的设计、由上至下的设计和混合设计。

（1）由下至上的设计。先创建单个的零部件模型，再创建子装配件或组件，最后创建总装配部件的装配方法。

（2）由上至下的设计。由装配部件的顶级向下设计子装配件、组件或零件，最后生成装配部件及零部件的装配方法。

（3）混合设计。将由下至上设计和由上至下设计两种方法综合应用的装配方法。

3. 装配术语主要包括子装配、组件、单个零件和总装配模型等。

（1）子装配。子装配是在更高一级装配中被引用的作为组件的装配件。子装配也可拥有自己的组件。子装配是一个相对概念，任何一个装配部件都可以在更高级装配中引用作为子装配。

（2）组件。组件是装配中由组件对象所指的部件文件。组件可以是一个子装配，也可以是单个部件（零件），组件由装配部件引用而不是复制到装配部件中。

（3）单个零件。单个零件是指装配结构外存在的零件几何体。它可以添加到一个装配结构中，但本身不含有下级组件或部件。

（4）总装配模型。总装配模型是指提供给 UG 各个模块所引用的部件模型。同一主模型可以同时被工程图、装配、加工、运动仿真和有限元分析等模块引用，当主模型修改时，相关应用也会自动更新。

4. 快捷菜单上的常用命令包括转为工作部件、替换引用集、替换、配对和重定位等。

（1）转为工作部件。使当前部件成为工作部件。当选定的不是当前工作部件时，则单击鼠标右键，在快捷菜单中选取该选项，会使其转变为工作部件。此时，其他部件变暗，变成非工作部件。在此状态下，只能对工作部件进行相应的操作。

（2）替换引用集。用于替换当前所选择部件的引用集，如模型和整个部件等。

（3）替换。将当前部件由另一个部件替换掉，即部件的置换。

（4）配对。调出所选定部件的配对条件对话框，可以重新对过去的配对选项及参数进行编辑。

（5）重定位。调出所选定部件的定位对话框，可以重新对过去的装配位置进行调整和编辑。

5. 在"配对条件"对话框中，系统提供了 8 种配对约束类型。当选取某种约束类型，并用鼠标选取操作部件对象时，即可完成相应的配对操作。8 种配对类型的实际意义如下。

（1）配对。该约束类型定位两个同类对象的法向面重合，方向相反，即两个对象面贴合在一起。对于平面对象，它们共面且法线方向相反；对于圆锥面对象，系统首先检查它们的角度是否相等，如果相等，则对齐它们的轴线；对于圆柱面对象，如果它们的直径相等，则对齐它们的轴线；对于环形曲面对象，如果两个面的内、外直径相等，则对齐两个面的轴线和位置；对于直线和边对象，则它们的约束关系类似于下面的"对齐"类型。

（2）对齐。该约束类型定位两个同类或不同类对象面共面，方向相同，即两个对象面在同一个平面上。对于平面对象，使两个面共面且法线方向相同；对于圆锥、圆柱和圆环等对称实体对象，使它们的轴线同轴；对于直线和边对象，使两者共线。

（3）角度。该约束类型定位两个对象之间的夹角。角度约束可以在两个具有方向的矢量对象之间产生，角度是两个方向矢量的交角，逆时针为正。该约束类型允许匹配不同类型的对象，如可以在面和边缘之间确定一个角度约束。角度约束有三种形式，即平面、3D 和方向，可根据设计要求对部件上的几何要素进行选取和定位。

（4）平行。该约束类型定位两个对象的矢量方向相互平行。平行约束可以在两个具有方向矢量的不同类型对象之间进行匹配，如边和面、基准轴和面、直线与基准轴之间等，确定平行关系。

（5）垂直。该约束类型定位两个对象的矢量方向相互垂直。同平行约束一样，垂直约束也可以在两个具有方向矢量的不同类型对象之间进行匹配，并确定垂直关系。

（6）中心。该约束类型定位两个对象的中心，使其中心对齐。选择该选项时，要求两个对象必须是圆柱或轴对称实体。当该选项约束激活时，会有 4 种定位方式需要选定。

1）1 至 1：将要匹配部件中的一个对象定位至已固定部件中一个对象的中心上。

2）1 至 2：将要匹配部件中的一个对象定位至已固定部件中两个对象的中心上。

3）2 至 1：将要匹配部件中的两个对象定位至已固定部件中一个对象的中心上。

4）2 至 2"将要匹配部件中的两个对象定位至已固定部件中两个对象的中心上。

（7）距离：该约束类型定位两个对象之间的直线距离。选择该选项时，对象可以是平面、边、直线或基准轴等几何要素。距离值可以是正值也可以是负值，其定位效果相反。

（8）相切：该约束类型定位两个对象彼此相切。选择的对象可以是回转体、平面、球或圆曲线等几何要素。相切约束的效果会有多种情况，可以通过单击上面的"备选解"按钮进行变换加以确定。

6. 常用的装配操作方法主要有线性（矩形）阵列、圆的（环形）阵列和镜像装配。

（1）线性（矩形）阵列。指定阵列组件或部件按照线性或矩形排列。选择了该阵列类型后，先选取一种定义方法，然后，在装配结构中选择相应的对象来确定 XC、YC 的方向，再分别输入 XC、YC 方向的阵列数量和偏置距离，即可生成组件或部件的线性阵列装配。如果只指定一个方向，则生成一维阵列装配；如果指定两个方向，则生成二维阵列装配。

（2）圆的（环形）阵列。指定阵列组件或部件按照圆形排列。选择了该阵列类型后，先选取一种定义阵列中心轴的方法，然后在装配结构中选择相应的对象来确定阵列中心轴，再输入圆周阵列的组件数量和角度参数，即可生成组件或部件的圆周阵列装配。

（3）镜像装配。用于相对某个基准平面对称布局的零件、部件或组件，组装另一侧的对象。启动镜像装配向导后，按照各步骤相应的提示，选择镜像对象、镜像平面即可完成镜像装配。

训 练 作 业

用所学的建模和装配知识，完成下面的训练作业。

【5-1】 手动气阀的设计。手动气阀由 6 种零件组装而成，其装配工程图如图 5-189 所示。表 5-1 是手动气阀的零件明细表。先设计出其中的所有零件，然后，将它们组装成部件。

手动气阀工作原理：

手动气阀是一种控制压缩空气进出的机构。当通过手柄球 1 和芯杆 2 将气阀杆 3 拉到最上位置时，储气筒与工作气缸接通。当气阀杆推到最下位置时，工作气缸与储气筒的通道被关闭。此时，工作气缸通过气阀杆中心的孔道与大气接通。气阀杆与气阀体 6 主孔是间隙配合，装配有密封圈 5，以防止泄漏压缩空气。螺母 4 用于固定手动气阀的位置。

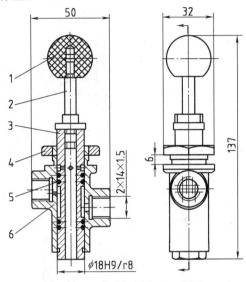

图 5-189　手动气阀装配工程图

表 5-1　手动气阀零件明细表

序号	图号	零件名称	数量	材料	备注
6	ZY-01-06	气阀体	1	黄铜	
5	ZY-01-05	密封圈	4	橡胶	
4	ZY-01-04	螺母	1	45	
3	ZY-01-03	气阀杆	1	40Cr	
2	ZY-01-02	芯杆	1	45	
1	ZY-01-01	手柄球	1	塑料	

零件 1：手柄球，如图 5-190 所示。

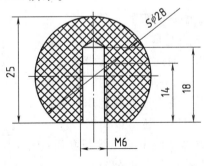

图 5-190　手柄球

零件 2：芯杆，如图 5-191 所示。

零件 3：气阀杆，如第二单元图 2-80 所示。

零件 4：螺母，如图 5-192 所示。

零件 5：密封圈，如图 5-193 所示。

零件 6：气阀体，如第二单元图 2-93 所示。

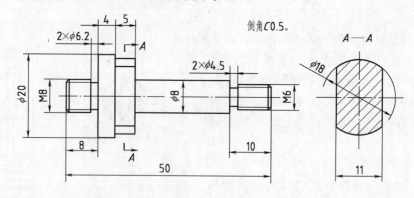

图 5-191　芯杆

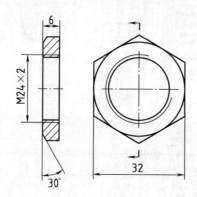

图 5-192　螺母

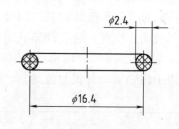

图 5-193　密封圈

【5-2】　微型支撑调节机构的设计。微型支撑调节机构由 5 种零件组装而成，其装配工程图如图 5-194 所示。表 5-2 是微型支撑调节机构的零件明细表。先设计出其中的所有零件，然后，将它们组装成部件。

微型支撑调节机构工作原理：

微型支撑调节机构用来支撑不太重的工件，并可根据需要调节其支撑高度。套筒 3 与底座 5 用螺纹连接。带有螺纹的支撑杆 1 插入套筒 3 的孔中。转动带有螺孔的调节螺母 2，可使支撑杆上升或下降，以支撑住工件。螺钉 4 旋进支撑杆的导向槽内，使支撑杆只能作升降运动，不能作旋转运动。同时，螺钉 4 还可以用来控制支撑杆上升的极限位置。调节螺母 2 的下端凸缘与套筒 3 的上端凹槽配合，以增强调节螺母转动的平稳性。

零件 1：支撑杆，如图 5-195 所示。

零件 2：调节螺母，如图 5-196 所示。

零件 3：套筒，如图 5-197 所示。

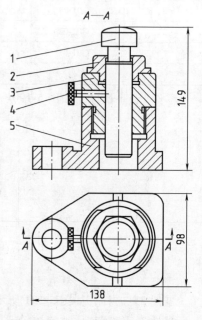

图 5-194　微型支撑调节机构工程图

表 5-2 微型支撑调节机构零件明细表

5	ZY-02-05	底座	1	HT200
4	ZY-02-04	螺钉	1	45
3	ZY-02-03	套筒	1	45
2	ZY-02-02	调节螺母	1	45
1	ZY-02-01	支撑杆	1	45
序号	图号	零件名称	数量	材料

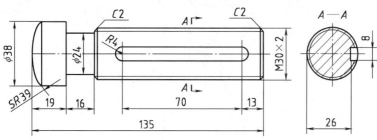

图 5-195 支撑杆

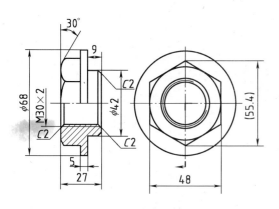

图 5-196 调节螺母

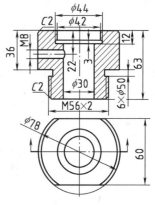

图 5-197 套筒

零件 4：螺钉，如图 5-198 所示。

零件 5：底座，如图 5-199 所示。

【5-3】 螺旋千斤顶的设计。螺旋千斤顶由 7 种零件组装而成，其装配工程图如图 5-200 所示。表 5-3 是螺旋千斤顶的零件明细表。先设计出其中的所有零件，然后将它们组装成部件。

螺旋千斤顶工作原理：

螺旋千斤顶是用于支撑重物的工具，可根据需要调

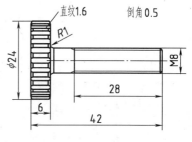

图 5-198 螺钉

节其支撑高度。螺母 6 外径与底座 7 内孔为静止配合，并用定位螺钉 5 固定在底座上，使其不能转动。带有 T 形螺纹的螺杆 3 与螺母 6 为螺纹配合，实现螺旋传动。顶头 1 内孔与螺杆上端外径采用滑动配合，并通过螺钉 2 固定在轴向位置上，使其承受重力。扭杆 4 横插入螺杆的径向孔中，用于转动螺杆，使螺杆通过螺纹传动上下移动，以实现高度的变化。

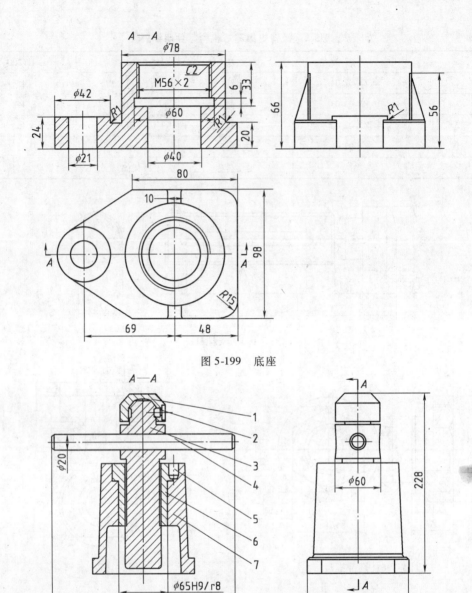

图 5-199 底座

图 5-200 螺旋千斤顶工程图

表 5-3 螺旋千斤顶零件明细表

7	ZY-03-07	底座	1	HT200	
6	ZY-03-06	螺母	1	45	
5	ZY-03-05	定位螺钉	1	45	
4	ZY-03-04	扭杆	1	45	
3	ZY-03-03	螺杆	1	45	
2	ZY-03-02	螺钉	1	45	
1	ZY-03-01	顶头	1	45	
序号	图号	零件名称	数量	材料	备注

247

零件1：顶头，如图5-201所示。

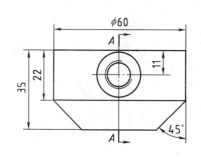

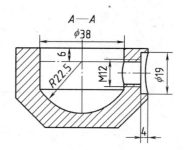

图 5-201　顶头

零件2：螺钉，如图5-202所示。
零件3：螺杆，如图5-203所示。
零件4：扭杆，如图5-204所示。
零件5：定位螺钉，如图5-205所示。
零件6：螺母，如图5-206所示。
零件7：底座，如图5-207所示。

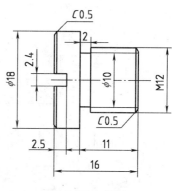

图 5-202　螺钉

【5-4】　端法兰钻孔夹具的设计。参照项目5-2模具座钻孔夹具的设计方法，设计出端法兰钻孔夹具。端法兰加工件的工程图，如第3单元图3-45所示。此件的其他表面都已加工完成，只有4个沉头螺栓孔尚未加工，即4×φ13孔。4×φ21沉头孔不在本工序加工。本夹具用于装夹端法兰加工件，其生产规模为小批量。

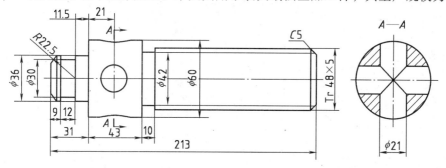

图 5-203　螺杆

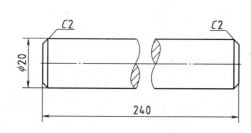

图 5-204　扭杆

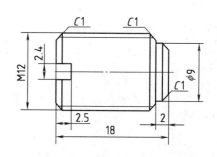

图 5-205　定位螺钉

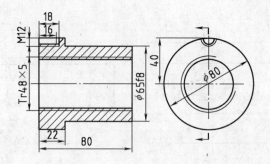

图 5-206　螺母

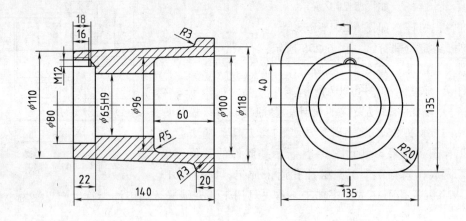

图 5-207　底座

第6单元 制图设计

制图设计是指将已经构建的零部件实体模型，引用到制图环境中进行工程制图设计。制图模块所创建的工程图，是通过投影三维实体模型所得到的，它与建模模块是密切关联的。任何实体模型的修改操作，都会引起工程图的相应变化。制图设计的作用，在于添加反映零部件的全部技术信息，以便在制造领域中使用。

项目 6-1 限位轴套（零件图）的制图设计

项目目标

在"制图"应用模块环境下，运用视图布局、剖切视图、参数标注、文字注释、绘制标题栏等操作命令，完成第 2 单元中图 2-1 所示的限位轴套零件的制图设计。

学习内容

熟悉制图工作界面，设置首选项参数，视图布局，全剖视图，视图标注，尺寸及公差标注，几何公差标注，表面粗糙度标注，设计信息的录入，绘制图框和标题栏操作等。

任务分析

限位轴套的实体模型已经构建完成，需要将其调入到制图工作界面进行制图设计。为完整地反映该零件的结构全貌，需要布局三个视图，即一个基本视图、一个右视图和一个全剖视图。为正确地编制加工工艺，要对所有的结构和图形要素进行尺寸及公差、几何公差、表面粗糙度等的标注。视图的布局和所有的标注可参考图 2-1 来进行，但要增加一些标注内容。

设计路线

限位轴套零件制图设计路线图如图 6-1 所示。

操作步骤

限位轴套的制图设计，大体可分为三个阶段。第一阶段：设置制图的相关选项和参数；第二阶段：制图设计，如视图布局、技术标注等；第三阶段：图样信息的编辑，如录入设计信息，绘制标题栏等。

1. 设置"图纸页"

启动 UG，打开"限位轴套"文件。单击"工具条"的［起始］命令，选择"制图"应用模块，如图 6-2 所示。启动"制图"应用模块后，会出现一个"插入图纸页"对话框，如图 6-3 所示。

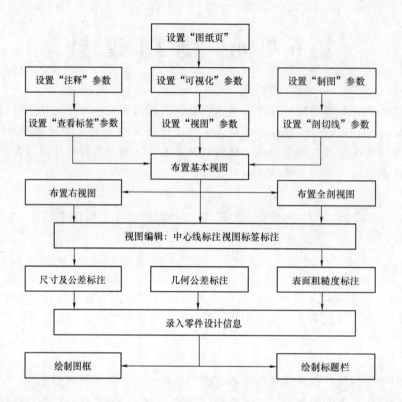

图 6-1　限位轴套零件制图设计路线图

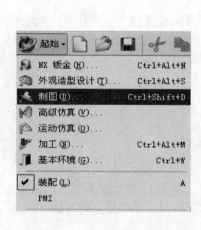

图 6-2　启动"制图"应用模块　　　　　图 6-3　"插入图纸页"对话框

该对话框要求用户确定图纸的规格、使用的单位和投射角度。设置设计所用的参数，"图纸"为"A3"，"使用单位"为"毫米"，"投射角度"为"第一象限角投影"。

完成图纸参数设置后，单击对话框的"确定"按钮，进入制图工作界面，如图 6-4 所示。在制图工作界面上有以下主要项目：

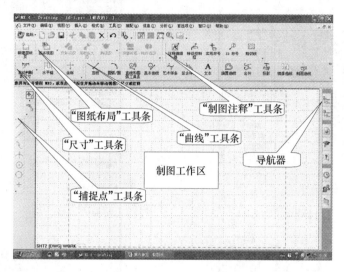

图 6-4 "制图"工作界面

（1）制图工作区 用于布置视图、绘制图形和技术标注的区域。

（2）"图纸布局"工具条 用于布置视图、投影视图、剖切视图等操作命令图标集。

（3）"尺寸"工具条 用于对视图中的具体结构标注尺寸及公差的操作命令图标集。

（4）"制图注释"工具条 用于添加中心线、制图符号、文字说明等操作命令图标集。

（5）"曲线"工具条 用于绘制各种辅助曲线等操作命令图标集。

（6）"捕捉点"工具条 用于选择和确定特定点等操作命令图标集。

（7）导航器 主要有部件导航器和装配导航器，用于查找特定零件或结构特征的目录结构图。

此操作步骤，可通用于后面所有的制图设计。下面的操作步骤是针对本设计所用。

2. 设置"可视化"参数

单击"菜单栏"的［首选项］→［可视化］命令，弹出"可视化首选项"对话框，如图 6-5 所示。选择"颜色设置"选项卡，将"图纸部件设置"栏下的"单色显示"复选框打上"√"号，如图 6-6 所示。用鼠标单击"背景"色框，弹出"颜色"对话框，再用鼠标单击白色的色框，如图 6-7 所示。返回到"可视化首选项"对话框后，单击"确定"按钮，结束可视化参数设置。这一操作是为了将制图工作区变成纯白色的背景，使图面更清晰。

3. 设置"制图"参数

单击"菜单栏"的［首选项］→［制图］命令，弹出"制图首选项"对话框，如图6-8所示。该对话框上共有 4 个选项卡，选择"视图"选项卡，将"显示边界"复选框的"√"号去掉，如图 6-9 所示。这一操作是不让每个视图带有边框，以符合国家制图标准的要求。完成以上设置后，单击"确定"按钮，结束制图参数设置。

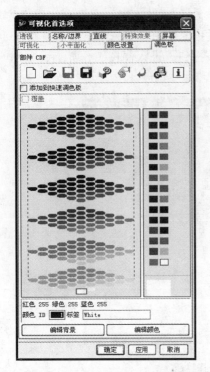

图 6-5　"可视化首选项"对话框

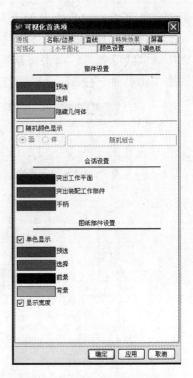

图 6-6　选中"单色显示"复选框

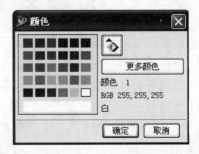

图 6-7　选择白色色框

图 6-8　"制图首选项"对话框

图 6-9　去掉"显示边界"复选框的"√"号

4. 设置"注释"参数

单击"菜单栏"的［首选项］→［注释］命令，弹出"注释首选项"对话框。

1）先选中"单位"选项卡，设置单位参数：

尺寸数值：小数点是圆点，不显示尾数 0。单位"毫米"。角度格式：名义角度显示仅为"度"、名义角度显示为分数表示的"度"、抑制角度尾零。至此，完成"单位"选项卡参数的设置，如图 6-10 所示。

2）选中"径向"选项卡。在此选项卡上只需将"A"数据栏更改为"0.2000"即可，如图 6-11 所示。

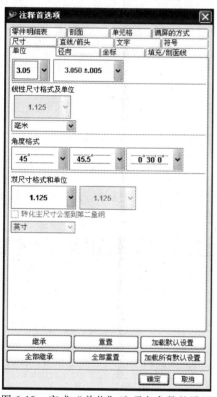

图 6-10 完成"单位"选项卡参数的设置

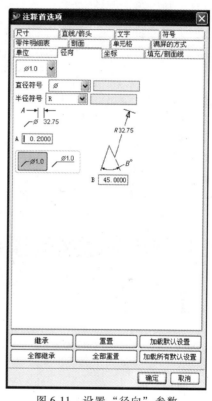

图 6-11 设置"径向"参数

3）选中"尺寸"选项卡。需要设置的参数有：尺寸格式：尺寸线上方的文本。精度和公差：名义（公称）尺寸 – x、无公差。窄尺寸：箭头之间有线。倒斜角：符号、短划线上的文本、指引线与倒斜角平行。间距：0.2。至此，完成"尺寸"卡的参数设置，如图 6-12 所示。

4）选中"直线/箭头"选项卡。需要设置的参数有：

箭头样式：填充的箭头；A：4.000、H：0.000、J：0.000。至此，完成"直线/箭头"卡的参数设置，如图 6-13 所示。

5）选中"文字"选项卡。"文字类型"栏下，又有四个选项按钮，即"尺寸"、"附加文本"、"公差"、"一般"。需要分别选中它们，设置如下的参数："字符大小"为"4.0000"。"间隙因子"为"0.2000"。"宽高比"为"1.0000"。"行间距因子"为"1.0000"。"尺寸/尺寸行间距因子"为"0.4000"。至此，完成"文字"卡的参数设置，如图 6-14 所示。

254

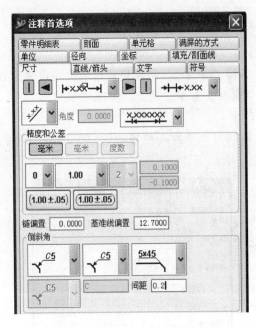

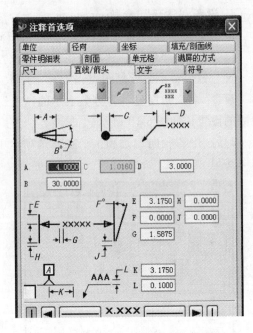

图 6-12 设置"尺寸"选项卡参数　　　　图 6-13 设置"直线/箭头"参数

6）选中"符号"这张卡。只需将"ID 符号大小"栏中的数值更改为"10.000"即可，如图 6-15 所示。

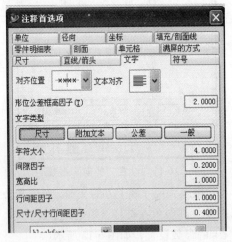

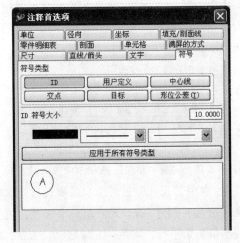

图 6-14 设置"文字"参数　　　　　　图 6-15 设置"符号"参数

5. 设置"视图"参数

单击"菜单栏"的［首选项］→［视图］命令，弹出"视图首选项"对话框。首先设置"螺纹"选项卡参数，将"螺纹标准"选择为"ISO/简化的"，其他保持默认值，如图 6-16 所示。

6. 设置"剖切线⊖"参数

⊖　按国家标准，本书的"剖切线"应为"剖切符号"。

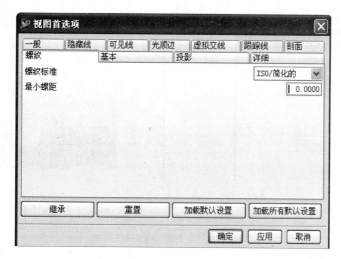

图 6-16　设置"螺纹"选项卡参数

单击"菜单栏"的［首选项］→［剖切线］命令，弹出"剖切线首选项"对话框。设置箭头参数，"A"为"5.000"、"B"为"8.000"、"C"为"30.000"。设置剖切线参数，"D"为"4.000"，"E"为"4.000"。设置"显示"为"GB 标准"，"宽度"为"细"，"样式"为"填充的"，"显示标签"为"选中"，"字母"为"A"。至此，完成"剖切线"参数的设置，如图 6-17 所示。

7. 设置"查看标签"参数

单击"菜单栏"的［首选项］→［查看标签］命令，弹出"视图标签首选项"对话框。只需将对话框的"剖面"下面的"前缀"栏中的字母清除掉，使其成为空白栏即可，如图 6-18 所示。

至此，完成了全部与制图相关参数的设置。注意，在完成每个对话框参数的设置后，都要单击"确定"按钮，以保存设置。

8. 布置基本视图

单击"图纸布局"工具条的［基本视图］命令，此时在制图工作区会出现一个随光标移动的零件视图，如图 6-19 所示，同时，提示栏中显示"指示片体上基本视图的中心"，这是要求用户确定该视图的放置点。从图中可以看出，该视图的比例有些偏大，所以应首先确定视图比例。用鼠标将左上角无名工具条的比例按钮打开，选择其中的"1∶2"选项，如图 6-20 所示。选择"确定"后，视图就会缩小至 1∶2 大小，并将其固定在制图区的某个位置上，如图 6-21 所示。至此，完成了基本视图的布置。

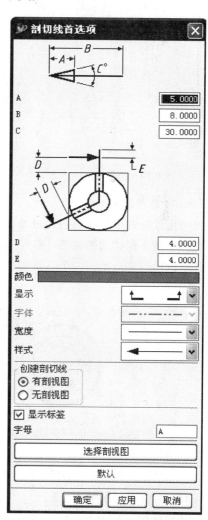

图 6-17　完成"剖切线"参数的设置

256

图 6-18　设置"视图标签"参数

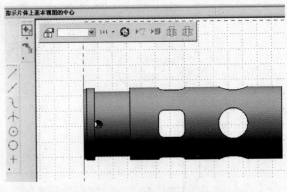

图 6-19　出现一个随光标移动的零件视图

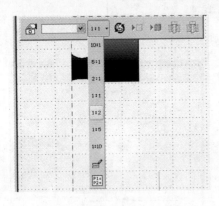

图 6-20　选择视图比例为 1:2

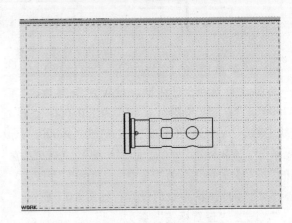

图 6-21　将基本视图固定在制图区的某个位置上

9. 布置右视图

先用鼠标选中基本视图，再单击"图纸布局"工具条的 [投影视图] 命令，此时又会出现一个随光标移动的视图。将视图向左且水平地拖动至某个位置上，单击左键确定，就会在基本视图的右边生成一个右视图，如图 6-22 所示。至此，完成了右视图的布置。

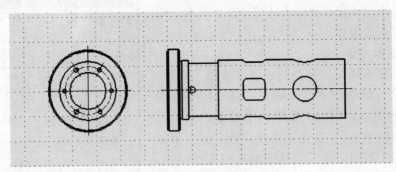

图 6-22　在基本视图的右边生成一个右视图

10. 布置全剖视图

为反映零件的内部构造，需要生成一个纵向的全剖视图。单击"图纸布局"工具条的 [剖视图] 命令，然后用鼠标选取基本视图。选中后，会出现一个随光标移动的剖切符号。

移动剖切符号至基本视图中的某个圆心点上，如图 6-23 所示。在看到光标处出现圆心点符号时，单击左键确定。又会出现一个随光标移动的视图，将其垂直向上拖动至某个位置上，单击左键确定。就会在基本视图的上方生成一个全剖视图，如图 6-24 所示。至此，完成了全剖视图的布置。

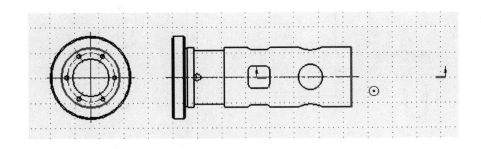

图 6-23　移动剖切符号至基本视图中的某个圆心点上

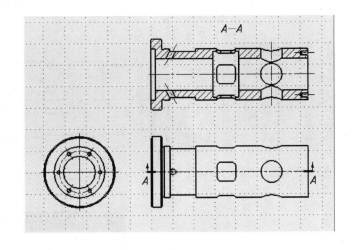

图 6-24　完成全剖视图的布置

　　仔细观察，基本视图中的剖切线压在了图形上，应当将其移开一定距离。用鼠标选中 A—A 剖切符号，单击鼠标右键，弹出一个快捷菜单，选择［编辑］命令，如图 6-25 所示。单击左键确定后，弹出一个"剖切线"对话框。选择"移动段"选项，如图 6-26 所示。然后，用鼠标选取一侧的剖切箭头线，并将"自动判断点"右侧的下拉列表打开，选择其中的［光标位置］命令，如图 6-27 所示。再用鼠标选定一个点，使其离开一定距离，单击鼠标左键确定，就会将此剖切箭头线移动一定距离。用同样的方法，再对另一侧的剖切箭头线进行操作，使剖切箭头线调整至合适的位置上。调整后的剖切箭头线，如图 6-28 所示。

11. 视图编辑

　　视图编辑主要是补齐中心线、修改中心线、更改视图标签等操作。具体要编辑哪些内容，应针对视图的具体情况而定。一般情况下，各个视图的中心线应该是自动生成的，视图标签也是如此。但有时会出现遗漏或不规范的情况。

　　从本设计的具体情况看，只有方孔和圆孔的中心线有遗漏，视图标签基本符合要求。

258

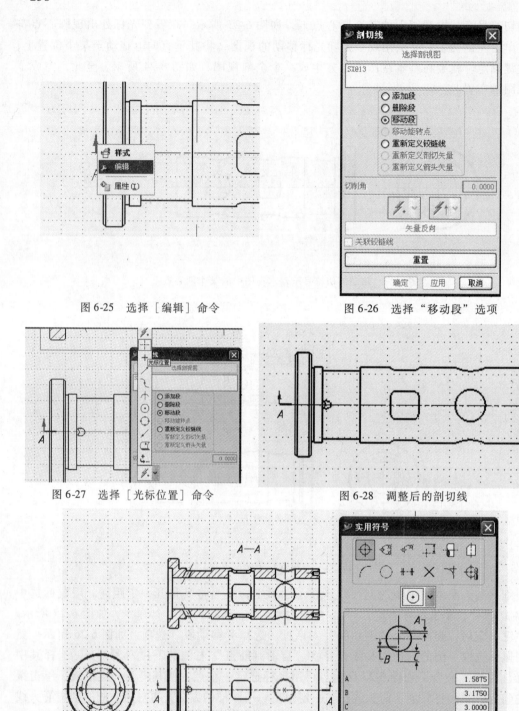

图 6-25　选择［编辑］命令

图 6-26　选择"移动段"选项

图 6-27　选择［光标位置］命令

图 6-28　调整后的剖切线

图 6-29　选取圆孔边缘

（1）补齐圆孔中心线　单击"视图注释"工具条的［实用符号］命令，弹出"实用符号"对话框。先选择上面的第一个命令图标［线性中心线］；然后将下面的捕捉点列表打开，选择其中的［圆弧中心］命令图标；再用鼠标选取基本视图中的圆孔边缘，如图 6-29 所示。单击左键确定后，单击对话框的"应用"按钮，就会在该圆孔上创建一个十字中心线，如图 6-30 所示。

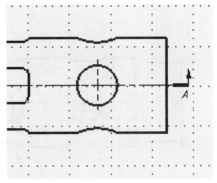

（2）补齐方孔中心线　先选择"实用符号"对话框上的第五个命令图标［圆柱中心线］；然后将下面的捕捉点列表打开，选择其中的［控制点］命令图标；再用鼠标选取基本视图中的方孔的上、下边缘，如图 6-31 所示。单击左键确定后，单击对话框的"应用"按钮，就会在此方孔上创建

图 6-30　补齐圆孔中心线

一个竖直中心线，如图 6-32 所示。再用同样的方法，将全剖视图中方孔的中心线补齐。

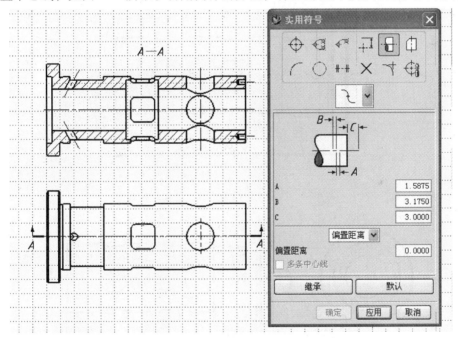

图 6-31　选取方孔上、下边缘

12. 尺寸及公差标注

尺寸及公差的类型比较多，包括长度尺寸及公差、圆柱体（孔）直径尺寸及公差、圆或圆弧半径（直径）尺寸及公差、螺纹尺寸及公差、角度值及公差、倒角尺寸等。对不同类型的尺寸及公差标注，要分别选用不同的操作命令。

（1）长度尺寸及公差标注　在基本视图上，标注总长度尺寸"294"。单击"尺寸"工具条的［自动判断的尺寸］命令，如图 6-33 所示。用鼠标分别选取限位轴套左右两条边线，会出现一个随光标移动的尺寸标注线，将其向下拖动，如图 6-34 所示。找到合适位置后，单击左键确定，就完成了总长度尺寸"294"的标注，如图 6-35 所示。

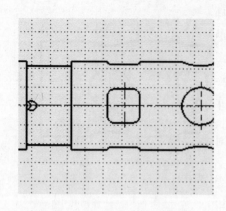

图 6-32　补齐方孔中心线

图 6-33　选择"自动判断的尺寸"命令

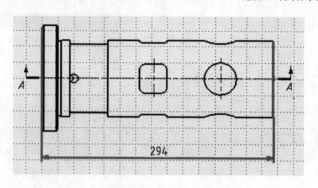

图 6-34　选取左右两条边线，并向下拖动

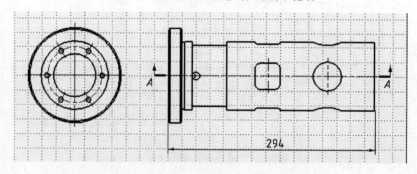

图 6-35　完成总长度尺寸"294"的尺寸标注

　　在基本视图上，标注长度尺寸 142 ± 0.05。单击"尺寸"工具条的［自动判断的尺寸］命令，用鼠标分别选取视图的左边线和方孔中心线。当出现随光标移动的尺寸标注线时，单击无名工具条的第三个命令图标，并将其下拉列表打开，选择其中的［双向公差，等值］命令，如图 6-36 所示。然后，将第四个图标的下拉列表打开，选择其中的［名义尺寸-x. xx］命令，如图 6-37 所示。再单击第五个命令图标，弹出一个"公差"数据框，在其中输入数值"0.05"，如图 6-38 所示。最后，将尺寸标注线拖动到合适的地方，单击鼠标左键确定下来，即完成长度尺寸 142 ± 0.05 的标注，如图 6-39 所示。

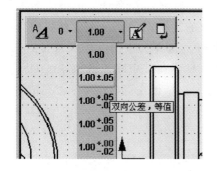

图 6-36 选择 [双向公差，等值] 命令

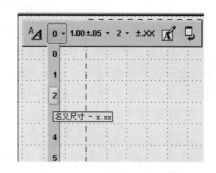

图 6-37 选择 [名义尺寸-x. xx] 命令

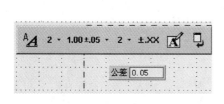

图 6-38 输入公差值 "0.05"

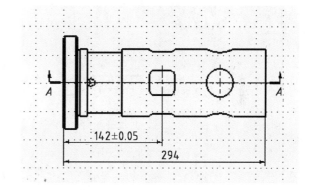

图 6-39 完成 142 ± 0.05 的标注

用同样的方法将三个视图中的全部长度尺寸及公差标注出来。

（2）圆柱体（孔）直径尺寸及公差标注　在基本视图上标注直径尺寸 φ132。单击 "尺寸"工具条的 [圆柱形] 命令，如图 6-40 所示。用鼠标分别选取限位轴套左边圆柱体的上下两条边线，会弹出一个随光标移动的尺寸标注线。将其向左拖动，找到合适位置后，单击左键确定，就完成了直径尺寸 φ132 的标注，如图 6-41 所示。

图 6-40 单击 [圆柱形] 命令

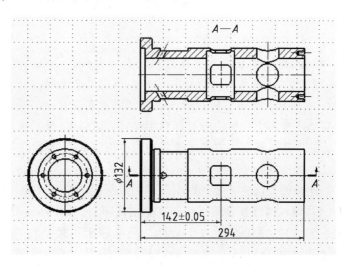

图 6-41 完成 φ132 的标注

在全剖视图上，标注直径尺寸 $\phi 60^{+0.045}_{0}$。先选择［圆柱形］命令，单击无名工具条上的第三个命令图标，并将其下拉列表打开，选择其中的［单向公差，上公差］命令，如图6-42所示。然后，将第四个命令图标的下拉列表打开，选择其中的［名义尺寸-x. xxx］命令。再单击第五个命令图标，弹出一个"公差"数据框，在其中输入数值"0.045"，如图6-43所示。最后，将尺寸标注线拖动到合适的地方，单击鼠标左键确定下来。完成直径尺寸 $\phi 60^{+0.045}_{0}$ 的标注，如图6-44所示。

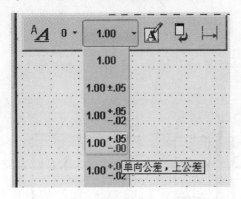

图6-42 选择［单向公差，上公差］命令

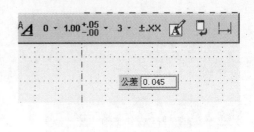

图6-43 输入公差值"0.045"

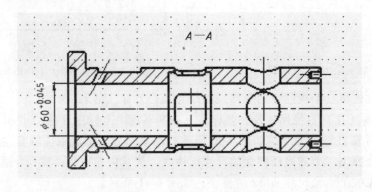

图6-44 完成 $\phi 60^{+0.045}_{0}$ 的标注

用同样的方法将三个视图中全部圆柱体（孔）直径尺寸及公差标注出来。

（3）圆或圆弧半径（直径）尺寸及公差标注 在右视图上，标注分圆直径尺寸 $\phi 78$。选择"尺寸"工具条的［直径］命令，再用鼠标选取右视图中6个螺纹孔所在分圆的曲线，如图6-45所示。单击鼠标左键，就会出现 $\phi 78$ 的直径尺寸，如图6-46所示。

在基本视图上，标注方孔圆角半径尺寸 $R8$。选择"尺寸"工具条的［半径］命令，再用鼠标选取基本视图中方孔的圆角边缘，如图6-47所示。单击鼠标左键，就会出现 $R8$ 的半径尺寸，如图6-48所示。

用同样的方法将三个视图中全部圆或圆弧半径（直径）尺寸及公差标注出来。

（4）螺纹尺寸及公差标注 在全剖视图上，标注6个螺纹孔尺寸 $6 \times M8$。选择"尺寸"工具条的［自动判断的尺寸］命令，用鼠标选取螺纹大径的上下边线，会出现随光标移动的尺寸标注线及尺寸值，如图6-49所示。用鼠标单击无名工具条的第四个命令图标［注释编辑器］命令，弹出"注释编辑器"对话框。选择"附加文本"栏下的第一命令图标［在前面］，并在文本栏中输入"6×M"字符，如图 6-50 所示。确认输入无误后，单击此对话框的"确定"按钮。将添加了注释文本的尺寸标注，拖动至合适的位置，单击左键确定。完成 6 个螺孔尺寸 6×M8 的标注，如图 6-51 所示。

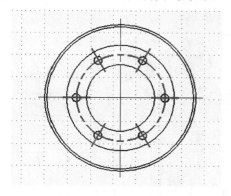

图 6-45　选取分圆曲线

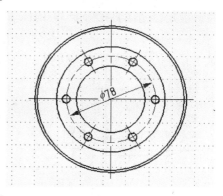

图 6-46　完成 φ78 的标注

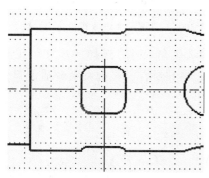

图 6-47　选取圆角边缘

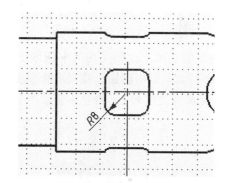

图 6-48　完成 R8 的标注

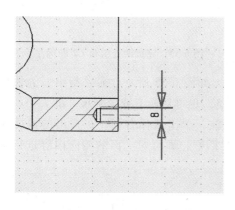

图 6-49　选取螺纹大径边线

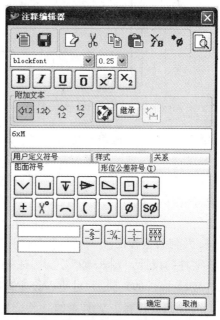

图 6-50　输入文本"6×M8"

（5）角度值及公差标注　在全剖视图上，标注与端面成30°倾斜角度斜孔的角度值。选择"尺寸"工具条的［角度］命令，用鼠标分别选取端面边缘和斜孔中心线，会出现随光标移动的角度标注线及数值，如图6-52所示。将出现的角度标注值，拖动至合适的位置，单击左键确定。完成斜孔角度30°的标注，如图6-53所示。

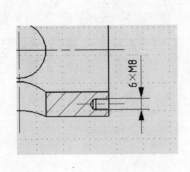

图6-51　完成6×M8的标注

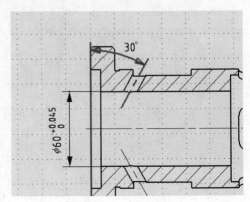

图6-52　选取端面边缘和斜孔中心线

（6）倒角尺寸标注　在基本视图上，标注两处C2倒角尺寸。选择"尺寸"工具条的［倒斜角］命令，用鼠标直接选取视图中的倒角边缘，并将标注符号拖动至合适位置，确定即可。完成两处倒角C2的标注，如图6-54所示。

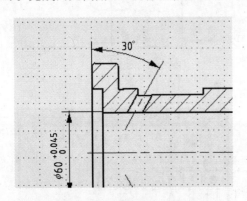

图6-53　完成斜孔角度30°的标注

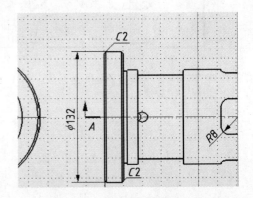

图6-54　完成两处倒角C2的标注

至此，完成三个视图中全部尺寸及公差的标注，如图6-55所示。需要指出，为使图面清晰，对所标注尺寸及公差位置可以用鼠标加以调整，也可对所有或个别尺寸的大小、间距等进行调整。操作方法是，选中需要调整的尺寸标注，单击鼠标右键，在弹出的快捷菜单上，选择［样式］命令，重新启动"注释样式"对话框，即可对上面的相应内容进行编辑或修改。

13. 几何公差标注

该零件的设计，要求$\phi95_{-0.064}^{\ 0}$圆柱面与$\phi60_{\ 0}^{+0.045}$孔表面的同轴度在$\phi0.05$之内。将几何公差符号标注在$\phi95_{-0.064}^{\ 0}$尺寸上，设定基准面为A，标注在$\phi60_{\ 0}^{+0.045}$尺寸上。

单击"制图注释"工具条的［特征控制框］命令，弹出"特征控制框构建器"对话框，如图6-56所示。将"特性"下拉列表打开，选择其中的［同轴度］命令图标，如图6-57所

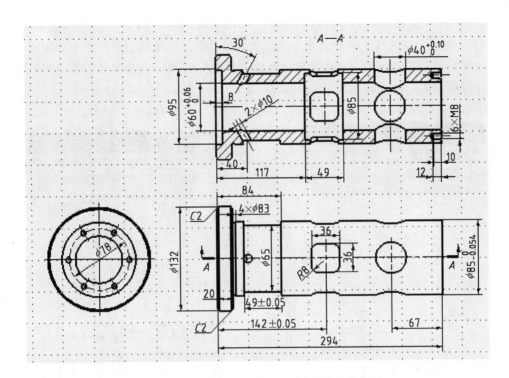

图 6-55　完成三个视图中全部尺寸及公差的标注

图 6-56　"特征控制框构建器"对话框

示。然后，将"形状"下拉列表打开，选择其中的［直径］命令图标，如图 6-58 所示。再在"公差"数据栏中输入数值"0.05"，如图 6-59 所示。最后，将"主要"下拉列表打开，选择其中的［A］图标，如图 6-60 所示。完成以上操作后，会出现一个随光标移动的几何公差符号。此时，用鼠标单击"注释放置"工具条的［指引线工具］命令，再将光标移动到 $\phi95_{-0.064}^{0}$ 尺寸线上部的端点，单击鼠标左键确定，再单击"创建指引线"对话框上的"确定"按钮。然后，将几何公差符号拖动至合适的位置上，如图 6-61 所示。从图中可以看出，几何公差的指引线是箭头形式，也可以进行更改。用鼠标选中此符号，单击鼠标右键，

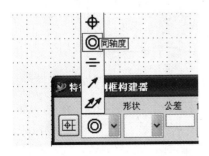

图 6-57　选择［同轴度］命令图标

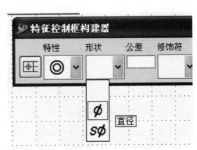

图 6-58　选择［直径］命令图标

弹出快捷菜单时，选择其中的［样式］命令，如图 6-62 所示，弹出"注释样式"对话框。选择"直线/箭头"选项卡，将向左的箭头下拉列表打开，选择其中的［填充的圆点］命令图标，如图 6-63 所示。然后，单击此对话框的"确定"按钮，就会将几何公差符号上的箭头更改为圆点形式，如图 6-64 所示。

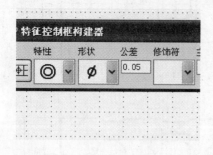

图 6-59　输入"公差"数值"0.05"

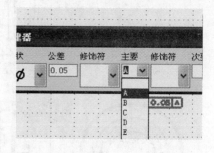

图 6-60　选择［A］命令图标

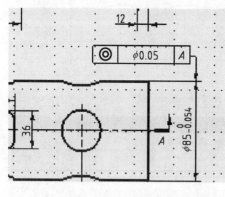

图 6-61　初步标注的形位公差

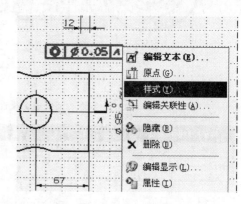

图 6-62　选择［样式］命令

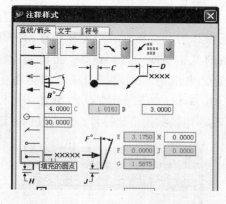

图 6-63　选择［填充的圆点］命令图标

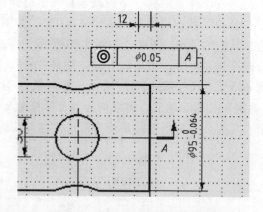

图 6-64　更改后的几何公差样式

下面标注几何公差的基准符号"A"。单击"制图注释"工具条的［注释编辑器］命令，弹出无名工具条和"注释编辑器"对话框，如图 6-65 所示。用鼠标单击无名工具条上的第五个命令图标［基准］，选择其中的"基准 A"图标，如图 6-66 所示。然后，单击"注释放置"工具条的［指引线工具］按钮，弹出现"创建指引线"对话框。将"指引线类型"下拉列表打开，选择其中的"ASME 1994/ISO 1983 尺寸上的基准特征"命令图标，如图6-67所示。将光标移动到 $\phi 60^{+0.045}_{0}$ 尺寸线的端点上"确定"。将基准符号拖动至合适位置上即可。标注出的基准符号，如图6-68所示。至此，完成了几何公差的全部标注。

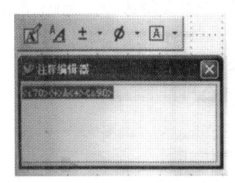

图6-65　无名工具条和"注释编辑器"对话框

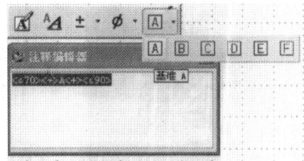

图6-66　选择"基准 A"图标

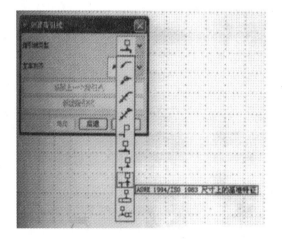

图6-67　选择基准符号类型

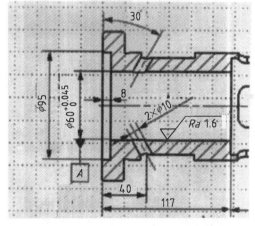

图6-68　完成"基准 A"的标注

14. 表面粗糙度标注

一般情况下，在 UG 中"表面粗糙度符号"是未显示在"符号"工具栏上的，需要用户事先更改设置。具体操作方法是，在 UG 安装目录的"UGII"子目录中，找到环境变量设置文件"ugii_env. dat_default"，可以用写字板软件将其打开。将环境变量"UGII_SUR-FACE_FINISH = OFF"的默认设置更改为"UGII_SURFACE_FINISH = ON"，并保存该环境变量设置文件。重新启动 UG 后，才能进行正常的标注表面粗糙度符号的操作。

此零件有三处需要标注表面粗糙度，即 $\phi 95^{0}_{-0.064}$ 圆柱表面、$\phi 60^{+0.045}_{0}$ 孔表面和左端面，前两项的表面粗糙度数值 Ra 为 $1.6\mu m$，后一项的表面粗糙度数值 Ra 为 $3.2\mu m$。

首先，标注 $\phi 95^{0}_{-0.064}$ 圆柱表面度。单击"菜单栏"的 [插入] → [符号] → [表面粗糙度符号] 命令，弹出"表面粗糙度符号"对话框。选择符号类型中的第 5 个命令图标 [带说明的基本符号-需要移除材料]，在 "a_1" 数据栏中输入数值 "1.6"，将"符号文本大小"设置为"3.5"，"符号方位"为"水平"，如图6-69所示。然后，选择"指引线类型"

下面的第 4 个命令图标［在点上创建］命令，将光标移动到 $\phi95$ 圆柱表面上合适的位置，单击左键确定，即可完成此处表面粗糙度的标注，如图 6-70 所示。

然后，标注 $\phi60_{0}^{+0.045}$ 孔的表面粗糙度。具体操作方法同上，完成的标注如图 6-71 所示。

最后，标注左端面的表面粗糙度。具体操作方法相似，只需将"a_1"数值栏改为"3.2"，符号方位改为垂直即可。完成的标注如图 6-72 所示。

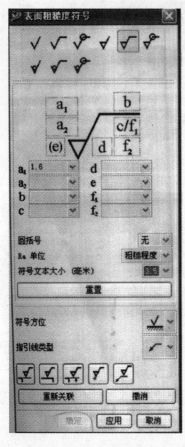

图 6-69　"表面粗糙度符号"对话框

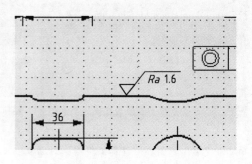

图 6-70　完成圆柱面表面粗糙度的标注

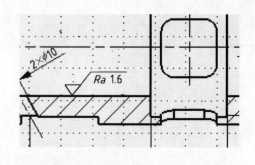

图 6-71　完成孔表面的表面粗糙度标注

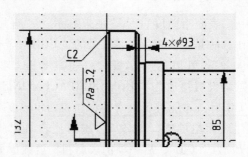

图 6-72　完成左端面表面粗糙度的标注

15. 录入零件设计信息

一个完整的零件图样，还应包含相关的设计信息，如图号、零件名称、材料、比例、设计者、设计日期等，只有将这些内容全部填写到位，才能将零件的图样投入到加工制造领域。在传统的工程图设计中，通常是将这些内容直接填写在图样上；而使用计算机进行设计，则需要将它们录入到设计文件的"属性"栏中，以方便及时地修改和实现网络上的信息共享。

为简化讲述篇幅，本设计只需录入如下的信息：

图号　6-1

零件名称　限位轴套

材料　45

比例　1∶2

具体的操作方法是，单击"菜单栏"的［文件］→［属性］命令，弹出"显示部件的属性"对话框。此对话框上有许多选项卡，选择"属性"选项卡，在"标题"栏中输入"图号"，并在右侧的栏中输入"6-1"，然后，单击"应用"按钮，此信息就会进入到上面的信息板中，如图6-73所示。

按此方法，将需要的信息全部录入到信息板中，如图6-74所示。完成全部设计信息的录入后，一定要单击对话框的"确定"按钮。同时，还要单击文件的［保存］命令。

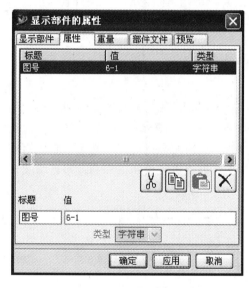
图 6-73　录入"图号"信息

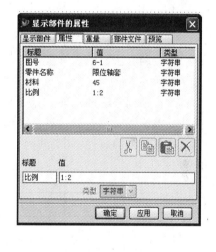
图 6-74　录入全部设计信息

16. 绘制图框

通常，机械工程图的基本格式是由企业制定的，每个企业都有自己的标准化图样样式。因此，设计者只需根据具体的设计对象，直接调用相应规格的图样模板即可。这里介绍图框的一般绘制方法，以供读者参考。

单击"菜单栏"的［插入］→［草图］命令，并单击无名工具条的"√"图标，进入到草图工作界面。选择［矩形］命令，画出两个图框线，并调整好大小、位置，如图6-75所示。完成图框绘制后，单击［完成草图］命令，返回到制图工作界面，结束图框绘制操作。

17. 绘制标题栏

与图框一样，标题栏也是根据企业情况自定的，有着固定的样式和操作模板。这里介绍

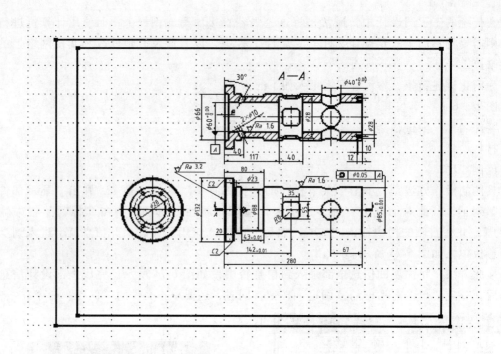

图 6-75　完成绘制的图框

标题栏的一般绘制方法，以供读者参考。

　　单击"菜单栏"的［插入］→［表格注释］命令，会出现一个随光标移动的初始的注释表格。将其拖动到合适的地方，单击鼠标左键固定下来，如图 6-76 所示。显然，此表格不符合设计要求，要对该表格进行格式编辑，将其修改成所希望的样式，然后，再填写表格内容和定义各单元格的属性。下面分为两个步骤对注释表格进行编辑，即修改表格格式和填写表格内容。

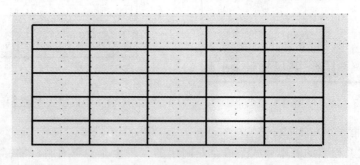

图 6-76　初始的注释表格

　　（1）修改表格　用鼠标选中表格上面的两行，单击鼠标右键，弹出一个快捷菜单。选择其中的［删除］命令，将这两行删除，如图 6-77 所示。删除两行后，表格变成三行。

　　用鼠标选中表格中的某一列，单击鼠标右键，出现一个快捷菜单，选择其中的［重设大小］命令，如图 6-78 所示。单击左键确定后，弹出"列宽度"数据框，在其中输入数值"15"，如图 6-79 所示。单击〈回车〉键，表格的此列就会将宽度调整到"15"。用相似的方法将各列表格调整到要求的宽度。

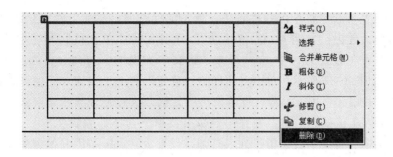

图 6-77　选中两行，将其删除

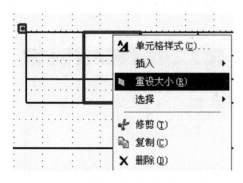

图 6-78　选择［重设大小］命令

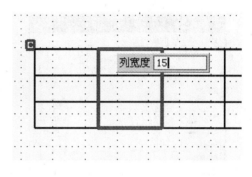

图 6-79　输入列宽值"15"

　　由于表格的总列数不能满足设计要求，需要增设 5 列。用鼠标选中表格的某列，单击鼠标右键，弹出现快捷菜单，选择其中的［插入］→［右边的列］命令，如图 6-80 所示。单击左键确定后，就会在此列右侧插入一列。用相似的方法将表格调整为 3 行 10 列。

图 6-80　选择［插入］→［右边的列］命令

　　分别选中表格的第 2、4、6、8、10 列，将它们的宽度设置为"20"。然后，用合并单元格的方法，将部分单元格加以合并。最后，完成修改的标题栏如图 6-81 所示。

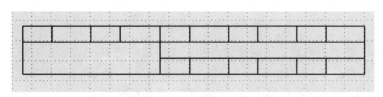

图 6-81　完成修改的标题栏

（2）填写内容　选中整个标题栏表格，单击鼠标右键，在弹出的快捷菜单上选择［单元格样式］命令，弹出"注释样式"对话框。分别激活"单元格"和"文字"两张选项卡，将"文本对齐"设置为［中-中］形式；将文字类型的下拉列表打开，选择"chinesef（简体中文）"，如图 6-82 所示。单击对话框的"确定"按钮，结束单元格样式的设置操作。

在第二个合并单元格中，填写设计单位名称，例"大连职业技术学院机械系"。选中第二个合并单元格，单击鼠标右键，在弹出的快捷菜单上选择［编辑文本］命令，弹出"注释编辑器"对话框。将文字类型下拉列表打开，设置为"chinesef"（简体中文），在文本栏中输入"大连职业技术学院机械系"字符，并将字体设置为"加粗"样式，如图 6-83 所示。单击"确定"按钮，结束填写单位名称的操作。填写单位名称的效果如图 6-84 所示。

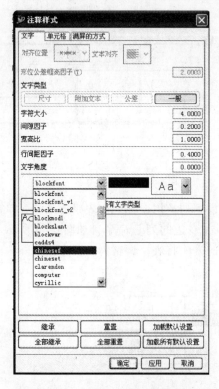

图 6-82　选择"chinesef"选项

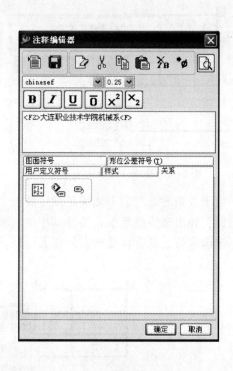

图 6-83　填写单位名称

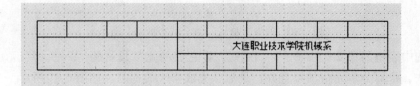

图 6-84　填写单位名称的效果

填写所有单元格中的标题。用同样的方法，选中第一行第 1、3、5、7、9 单元格和第三行第 1、3、5 单元格，填写"图号"、"材料"、"比例"、"数量"、"日期"、"设计"、"审核"和"批准内容"。填写出全部内容的标题栏，如图 6-85 所示。

（3）导入信息　在第一个合并单元格内，从"属性"中导入"零件名称"信息。选中

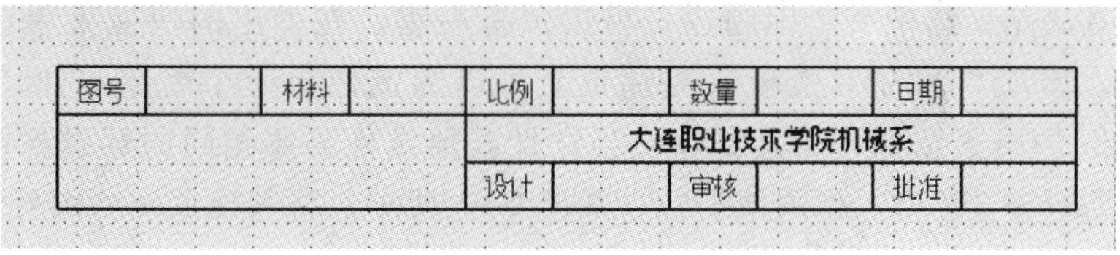

图号		材料		比例		数量		日期	
				大连职业技术学院机械系					
				设计		审核		批准	

图 6-85　填写出全部的标题栏

第一个合并单元格，单击鼠标右键，在弹出的快捷菜单上选择［导入］→［属性］命令，如图 6-86 所示，弹出"注释编辑器"对话框。将对话框上的"导入"下拉列表打开，选择其中的"部件属性"；在"属性"栏中选择"零件名称"；如图 6-87 所示。单击"确定"按钮，结束导入信息的操作。在该单元格中，就会出现"限位轴套"字样，如图 6-88 所示。之所以出现此结果，是因为在零件设计文件中填写了相应的信息。

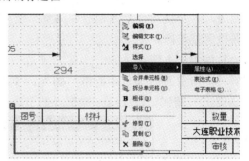

图 6-86　选择［属性］命令

图 6-87　选择"零件名称"选项

图 6-88　导入"零件名称"信息

导入所有单元格的属性信息。用同样的方法选中"图号"、"材料"、"比例"三个标题所对应的单元格，导入相应的信息："6-1"、"45"、"1:2"。其他单元格由于在设计文件中，没有录入相关的属性和对应信息，因此仍然是空白内容。至此，完成了标题栏的全部绘制，其效果如图 6-89 所示。

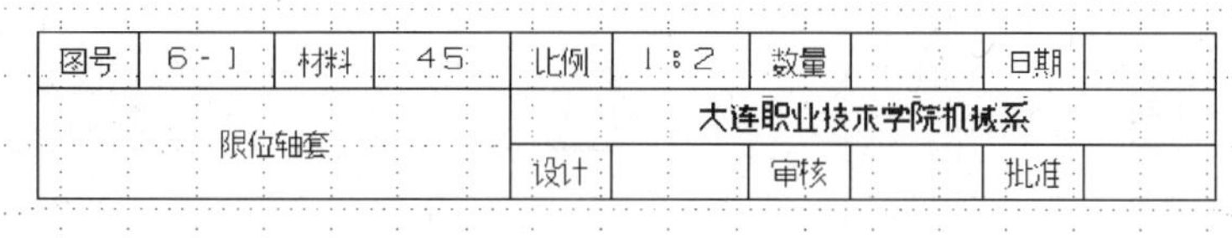

图号	6-1	材料	45	比例	1:2	数量		日期	
		限位轴套				大连职业技术学院机械系			
						设计		审核		批准	

图 6-89　完成标题栏的绘制效果

需要说明的是，完成绘制的标题栏，可以模板的形式保存起来，以方便以后在零件设计

274

时调用。操作方法是，选中整个标题栏，单击鼠标右键，在弹出的快捷菜单中选择［另存为模板］命令，出现"另存为模板"对话框。可以为该模板起个名字，如"BTL"，如图6-90所示。单击"OK"按钮，将其保存。当设计其他零件需要相同的标题栏时，只要打开导航器中的"Tables"窗口，找到该模板，如图6-91所示，将其拖拽到绘图界面即可。

18. 图面处理

完成视图布局、尺寸及公差标注、几何公差标注、表面粗糙度标注、绘制图框和标题栏后，应对各个视图位置做相应的调整，使整个图面看起来更清晰、整齐，并将绘图区内的坐标栅格网线清除掉。

具体操作方法是，单击［首选项］→［工作平面］命令，弹出"工作平面首选项"对话框。单击上面的［显示栅格］图标，使之变成弹起状态，如图6-92所示。再单击对话框的"确定"按钮，结束这一操作。整个绘图界面就会隐藏全部坐标栅格，像一张空白纸图。

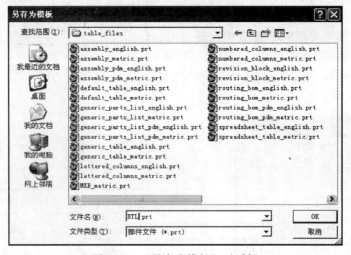

图 6-90　"另存为模板"对话框

图 6-91　"Tables"窗口

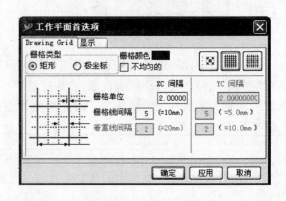

图 6-92　单击［显示栅格］图标

最后，用鼠标将标题栏与图框的右下角边线对齐。完成设计的限位轴套零件图，如图 6-93 所示。

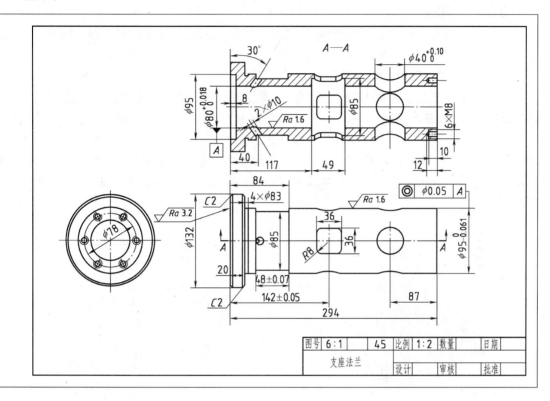

图号 6:1		45	比例 1:2	数量		日期	
支座法兰			设计		审核		批准

图 6-93　完成设计的限位轴套零件图

训练项目 15　支座法兰（零件）的制图设计

本训练项目要求运用视图布局、旋转剖视图、局部剖视图、尺寸及公差标注、文字注释和绘制标题栏等操作命令，完成图 6-94 所示支座法兰的制图设计。可按提示的操作步骤及相应的图面效果，自行完成整个设计任务。

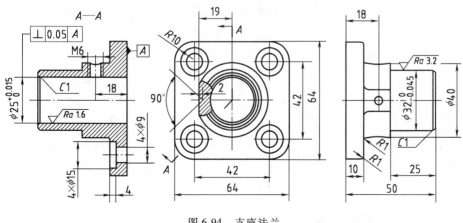

图 6-94　支座法兰

步骤 1　构建支座法兰实体模型

按照前面讲述的构建实体模型的方法，构建出支座法兰实体模型，如图 6-95 所示。

步骤 2　设置图纸样式

启动"制图"模块，设置图纸参数，"图纸"为"A4"、"使用单位"为"毫米"、"投影角度"为"第一象限角度"。

步骤 3　设置制图首选项参数

参照前面的方法，设置可视化、制图、注释、剖切线、查看标签等相关参数。

步骤 4　布置基本视图

使用［基本视图］命令，选择基本视图类型，设置比例为 1∶1。如果视图的方向不对，则可选中视图后，单击鼠标右键，在弹出的快捷菜单中选择［样式］命令，在"样式"对话框的"角度"栏中输入一个旋转角度值，让视图旋转一定方向。完成布置的基本视图如图 6-96 所示。

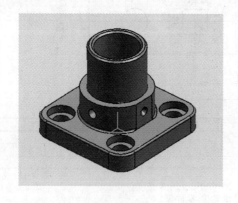
图 6-95　构建出支座法兰的实体模型

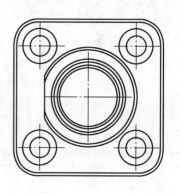
图 6-96　完成布置的基本视图

步骤 5　布置左视图

使用［投影视图］命令，选择基本视图，向右水平方向拖动视图，完成布置的左视图如图 6-97 所示。

步骤 6　布置旋转剖视图

单击"图纸布局"工具条的［旋转剖视图］命令，选择基本视图，出现剖切符号，同

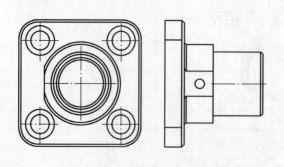
图 6-97　完成布置的左视图

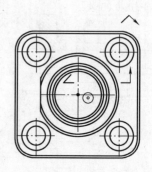
图 6-98　选取圆心点

时在提示栏上显示"定义旋转点—指定自动判断的点",用鼠标选取图中的圆心点,如图 6-98 所示,单击左键确定。然后,选取左下角沉头孔圆心点,如图 6-99 所示,单击左键确定。再选取上边缘的中点,如图 6-100 所示,单击左键确定。向左拖动视图至合适的位置上,单击左键确定。完成旋转剖视图的布置,如图 6-101 所示。

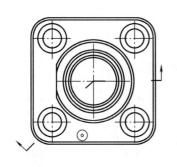

图 6-99　选取左下角沉头孔圆心点

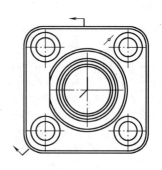

图 6-100　选取上边缘的中点

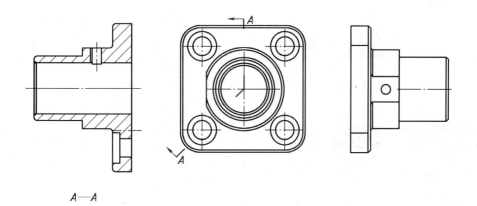

图 6-101　完成旋转剖视图的布置

步骤 7　创建局部剖视图

为了反映小圆锥孔的内部构造,需要在基本视图中创建一个局部剖视图。值得注意的是,局部剖视图不是用视图布局的方法来增加一个视图,而是在已有的视图中创建出来,具体操作方法如下。

选择(不要单击左键)基本视图,单击鼠标右键,在弹出的快捷菜单上选择 [展开成员视图] 命令,如图 6-102 所示。选中该命令后,会进入一个特殊的草图工作界面。单击"曲线"工具条的 [艺术样条] 命令,在小圆锥孔所在位置画出一个封闭的曲线边界,如图 6-103 所示。完成曲线边界的绘制后,再次选择该视图(不要单击左键),单击鼠标右键,在弹出的快捷菜单上,仍然选择其中的 [展开成员视图] 命令,返回到原来的制图工作界面。单击"图纸布局"工具条的 [局部剖] 命令,弹出"局部剖"对话框。此时,对话框上的第一个命令图标已激活,要求用户选择一个要创建局部剖的视图,用鼠标选中基本视图。对话框上的第二个命令图标被激活,要求用户指定一个基点,即从哪个位置上剖切局部

278

视图。用鼠标选取左视图上小圆锥孔的圆心点作为基点，如图 6-104 所示。单击左键确定后，在基点处会出现一个向右的箭头指引线，表示剖切方向。将对话框上第四个命令图标［选择曲线］激活，用鼠标选取前面所画的曲线边界，如图 6-105 所示。确定后，再单击对话框的"应用"按钮将对话框关闭，结束创建局部剖视图的操作。创建出的局部剖视图如图 6-106 所示。

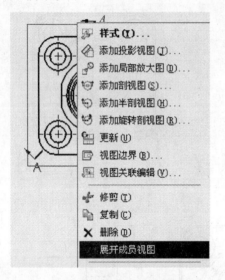

图 6-102　选择［展开成员视图］命令

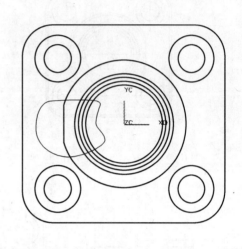

图 6-103　画出一个封闭曲线边界

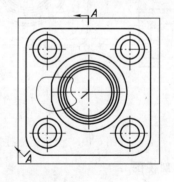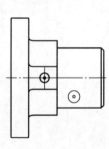

图 6-104　选取左视图圆心点作为基点

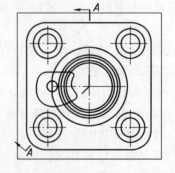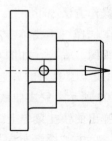

图 6-105　选取曲线边界

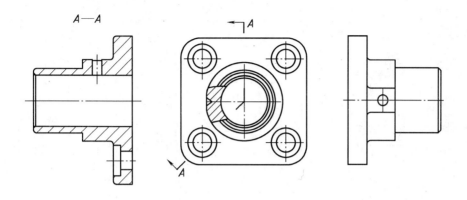

图 6-106　创建出的局部剖视图

步骤 8　编辑视图

完成全部视图的布局后，应对所有的视图进行图面编辑操作，主要是剖切线位置的调整、视图标签的移动和补齐中心线等。按照前面讲述的方法编辑视图，使其更加规范和清晰。编辑后的视图布局如图 6-107 所示。

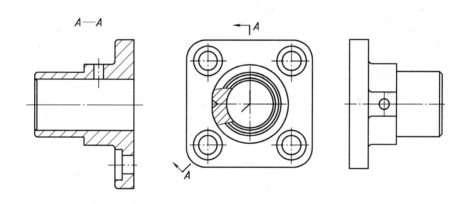

图 6-107　编辑后的视图布局

步骤 9　尺寸及公差标注

按照前面讲述的方法，对所有视图进行尺寸及公差标注。完成全部尺寸及公差标注的视图如图 6-108 所示。

步骤 10　几何公差和表面粗糙度标注

按照前面讲述的方法，对相应视图进行几何公差和表面粗糙度标注。完成全部几何公差和表面粗糙度标注的视图如图 6-109 所示。

步骤 11　图面处理

图面处理包括绘制图框、调用标题栏和编辑标题栏等。图框的绘制可参考前面讲述的方法完成。标题栏可直接调用前面保存的标题栏模板，再进行适当的编辑。具体操作方法如下。

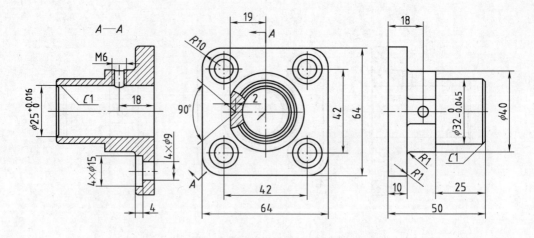

图 6-108　完成全部尺寸及公差标注的视图

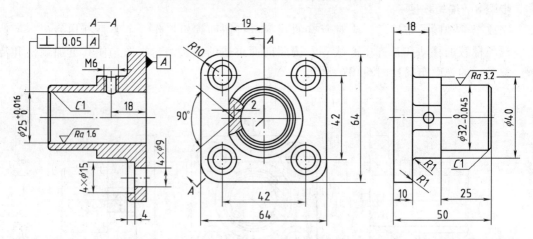

图 6-109　完成全部几何公差和表面粗糙度标注的视图

　　打开导航器中的"Tables"窗口，并找到以前保存的标题栏模板"BTL"。用鼠标将其选中，按住鼠标左键，拖动标题栏边框到制图工作界面，如图 6-110 所示。将标题栏右下角的水平和垂直边线，分别与图框边线对齐，单击左键确定即可。细心观察会发现，用保存模板所复制的标题栏，其内容与当前设计的零件是一致的。这是因为在设计本零件时，已经填写了本零件的设计信息。对个别单元格的字体大小，可以进行适当的调整，以使标题栏表格整齐美观。至此，完成了支座法兰零件的制图设计，如图 6-111 所示。

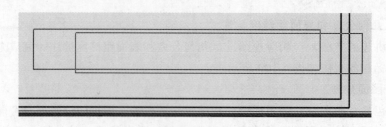

图 6-110　拖动标题栏边框到制图界面

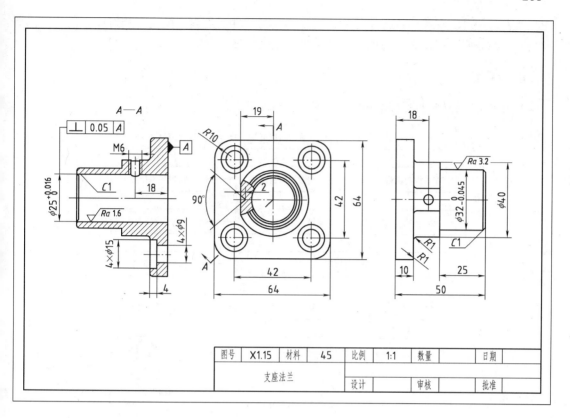

图 6-111   完成设计的支座法兰零件图

项目 6-2   夹紧卡爪（装配件）的制图设计

项目目标

在"制图"应用模块环境下，运用视图布局、剖切视图、技术标注和绘制零件明细表等操作命令，完成第五单元中图 5-113 所示的夹紧卡爪装配件的制图设计。

学习内容

剖切视图的编辑、非剖切零件的编辑、修改剖面线、总体尺寸和配合尺寸的标注、插入零件明细表、编辑零件明细表、引用标题栏、零件序号的标注、填写技术要求操作等。

任务分析

夹紧卡爪部件的装配模型已经构建完成。该部件及其包含的所有零件设计信息都已完成录入。需要将其调入到制图工作界面进行制图设计。为完整地反映该部件的整体结构和零件之间的装配关系，需要布局四个视图，即一个基本视图、一个纵向全剖视图、一个横向全剖视图和一个独立的局部剖视图。由于是装配件，只需要标注总体尺寸和关键的配合尺寸。整个视图的布局，可参考图 5-113 来进行。由于是装配工程图，需要在图面中绘制和填写出零件明细表，并对所有零件进行序号标注，以使其与零件明细表中的内容相对应。最后，根据装配操作的需要，应以文字说明的方式，填写出技术要求。

设计路线

夹紧卡爪部件制图设计路线图，如图 6-112 所示。

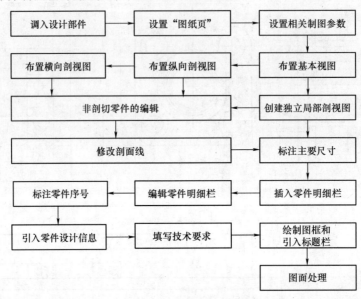

图 6-112　夹紧卡爪部件制图设计路线图

操作步骤

夹紧卡爪制图设计大体可分为三个阶段。第一阶段：视图布局和视图综合编辑。第二阶段：插入零件明细表和零件设计信息的引用。第三阶段：图样信息的编辑，如填写技术要求，引用标题栏等。

1. 调入设计部件

打开已经完成的夹紧卡爪装配文件，将部件中所有零件的引用集替换成模型，使用［隐藏］命令，将模型中的所有非实体要素隐藏起来。

2. 设置"图纸页"

启动［制图］应用模块，进入制图工作界面。设置图纸页参数如下。

图纸　A3

使用单位　毫米（mm）

投影角度　第一象限角投影

3. 设置相关制图参数

按照前面讲述的方法和基本数据，设置制图设计中的相关参数，如可视化、制图、注释、视图、剖切线和查看标签等。

4. 布置基本视图

单击"图纸布局"工具条的［基本视图］命令，选择"俯视图"类型，将视图放置在图纸的合适位置上，如图 6-113 所示。显然，该视图角度不符合设计需要，应将其顺时针旋转 90°。选中该视图，单击鼠标右键，在弹出的快捷菜单上，选择［样式］命令，弹出"视图样式"对话框。在"角度"栏中输入"–90"，设置视图旋转角度，如图 6-114 所示。完成角度设置后，单击对话框的"确定"按钮，结束旋转视图操作。调整后的基本视图如图 6-115 所示。

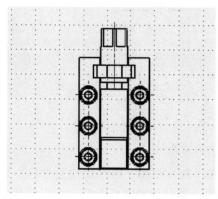

图 6-113　初次调入的基本视图

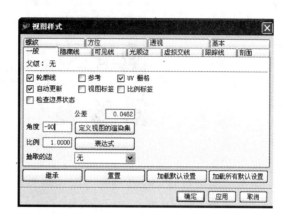

图 6-114　设置视图旋转角度

5. 布置纵向剖视图

单击"图纸布局"工具条的［剖视图］命令，选择基本视图。将剖切位置选择在部件垂直方向的中点上，向上拖动视图，放置在合适的位置上。完成布置的纵向剖视图如图 6-116所示。

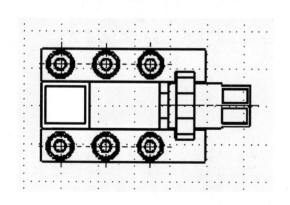

图 6-115　调整后的基本视图

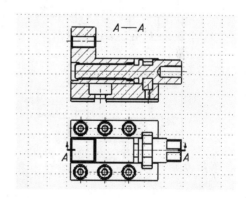

图 6-116　完成布置的纵向剖视图

6. 布置横向剖视图

单击"图纸布局"工具条的［剖视图］命令，选择纵向剖视图。将剖切位置选择在垫铁零件水平方向的中点上，向右拖动视图，放置在合适的位置上。完成布置的横向剖视图，如图 6-117 所示。

7. 创建独立局部剖视图

该局部剖视图不同于前面讲述的局部剖视图，它不依附于某一个视图，而是独立地存在的一个视图，其创建的方法也与前面的不同。具体操作方法如下：

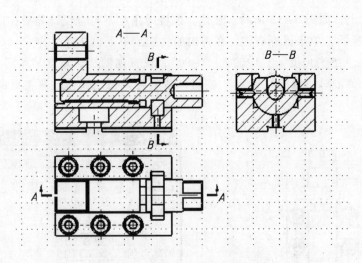

图 6-117 完成布置的横向剖视图

单击"图纸布局"工具条的［剖视图］命令，选择基本视图。将剖切位置选择在最上面左边第一个 M8×16 螺钉的圆心点上，向上拖动视图，暂时放置在某个位置上，然后，将其拖动到图面的最右边，如图 6-118 所示。下面要对该视图进行编辑操作，使之只反映一个螺钉的剖切状况。用鼠标选中基本视图中的剖切线（C—C），单击鼠标右键，弹出现快捷菜

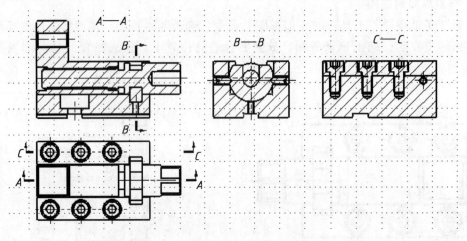

图 6-118 初步创建的独立局部剖视图

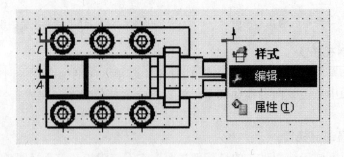

图 6-119 选中剖切线，选择［编辑］命令

单时，选择其中的［编辑］命令，如图 6-119 所示。单击左键确定后，弹出"剖切线"对话框。选择上面的"移动段"选项，并用鼠标选取右边的剖切线，如图 6-120 所示。将捕捉点的下拉列表打开，选择其中的［光标位置］图标，如图 6-121 所示。然后，将光标移动到上面第一个螺钉与第二个螺钉之间的某个位置上，单击鼠标左键确定，右边的剖切线就会移动到此处，如图 6-122 所示。单击该对话框上的"应用"按钮，结束对剖切位置的调整。观察 *C—C* 剖视图，此时并未有任何改变，需要对该视图进行更新操作。用鼠标选中该视图，

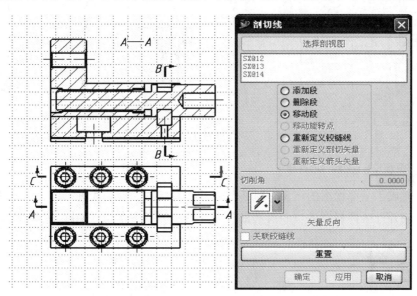

图 6-120 选择"移动段"选项，再选取右边剖切线

图 6-121 选择［光标位置］图标

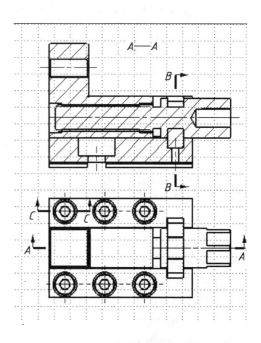

图 6-122 移动位置的剖切线

单击鼠标右键，弹出快捷菜单时，单击其中的［更新］命令，视图就会从右边剖切线的位置上裁剪掉一块。更新后的视图，如图 6-123 所示。但视图上仍残留一些中心线，可以用鼠标将它们选中，单击鼠标右键，在弹出的快捷菜单上，选择［删除］命令。删除残留中心线，如图 6-124 所示。

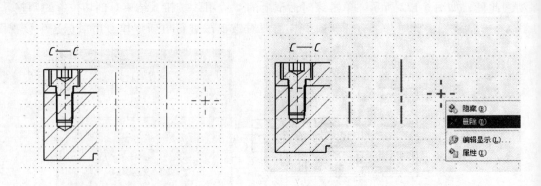

图 6-123　更新后的视图　　　　　　　　图 6-124　删除残留中心线

至此，完成了全部视图的布置，但还需要对所有视图的剖切线进行调整，使之简洁、规范。同时，应补齐全部视图的中心线。最后完成的全部视图布局，如图 6-125 所示。

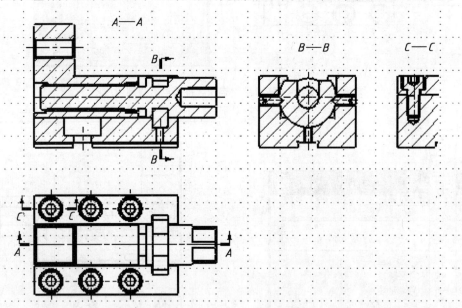

图 6-125　完成的全部视图布局

8. 非剖切零件的编辑

从已完成布置的剖切视图可以看出，部件中的所有零件都呈剖切状态，显然，不符合制图规范。按照制图要求，纵向剖切的轴、杆、螺栓、螺钉等零件，应按非剖切零件处理。例如，A—A 剖视图中的螺杆、B—B 剖视图中的 M6 × 12 螺钉、C—C 剖视图中的 M8 × 16 螺钉都应该进行非剖切编辑。

单击"菜单栏"的［编辑］→［视图］→［视图中的剖切组件］命令，弹出"视图中的剖切组件"对话框，选择"变成非剖切"选项，再用鼠标将 A—A 剖视图选中，如图 6-126 所示。然后，用鼠标选取视图中的螺杆零件，如图 6-127 所示。单击左键确定后，单击对话框的"确定"按钮，结束对 A—A 剖视图的非剖切编辑。完成这些操作后，视图并不能即时更改，仍需要选中该视图，并用［更新］命令刷新视图。完成非剖切零件编辑的视图如图 6-128 所示。

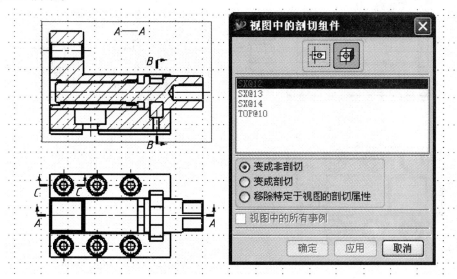

图 6-126 选择"变成非剖切"选项，并选中 A—A 剖视图

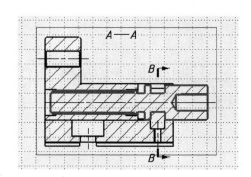

图 6-127 选择非剖切的螺杆

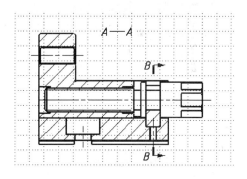

图 6-128 完成非剖切零件编辑的视图

用同样的方法，再对 B—B 和 C—C 两个剖视图进行非剖切编辑。完成全部非剖切编辑的视图如图 6-129 所示。

9. 修改剖面线

按制图要求，相邻零件的剖面线应有所区别，即改变剖面线方向、角度或间距。例如，修改三个剖视图中基体的剖面线方向。单击"菜单栏"的［编辑］→［样式］命令，出现无名工具条时，用鼠标将三个剖视图中的基体零件全部选中，单击无名工具条的"√"图标，弹出"注释样式"对话框。将"距离"设置为"6"；"角度"设置为"－45"，如图 6-130所示。完成参数设置后，单击"确定"按钮，结束修改剖面线的操作。修改后基体的剖面线如图 6-131 所示。

　　用同样的方法，将所有应该修改的零件剖面线进行编辑。最后完成修改剖面线的剖视图如图 6-132 所示。

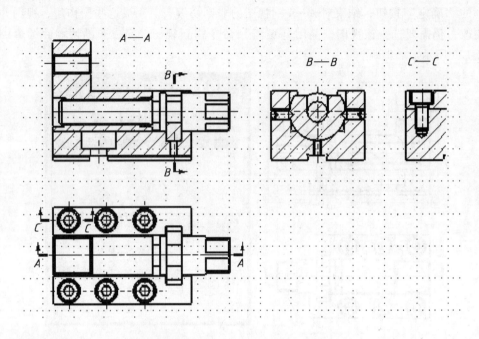

图 6-129　完成全部非剖切编辑的全部视图

图 6-130　设置剖面线参数

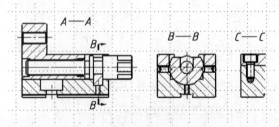

图 6-131　修改后基体的剖面线

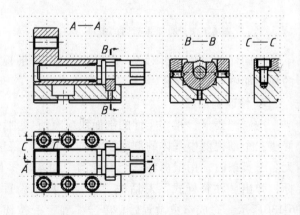

图 6-132　最后完成修改剖面线的剖视图

10. 标注主要尺寸

对装配工程图来说，主要标注部件的总体尺寸和关键的配合尺寸。可参照前面讲述的尺寸标注方法来进行。完成全部主要尺寸标注的视图如图 6-133 所示。

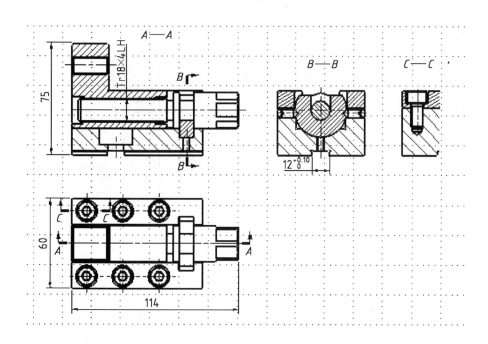

图 6-133　完成全部主要尺寸标注的视图

11. 插入零件明细栏

单击"菜单栏"的［插入］→［零件明细表］命令，会出现一个随光标移动的线框，将其暂时放置在某个位置上，显示出一个初始的零件明细栏，如图 6-134 所示。用鼠标选中此明细栏，单击鼠标右键，弹出快捷菜单，选择其中的［样式］命令，弹出"注释样式"对话框。打开"剖面"选项卡，将上面的"标题位置"栏的下拉列表打开，选择"下面"选项，如图 6-135 所示。单击"确定"按钮，关闭此对话框。零件明细栏的标题更改在表格的下面，如图 6-136 所示。

PC.NO	PART NAME	QTY.
8	XLXW-13-06	6
7	XLXW-13-07	1
6	XLXW-13-05	1
5	XLXW-13-02	1
4	XLXW-13-08	2
3	XLXW-13-03	1
2	XLXW-13-01	1
1	XLXW-13-04	1

图 6-134　初始的零件明细栏

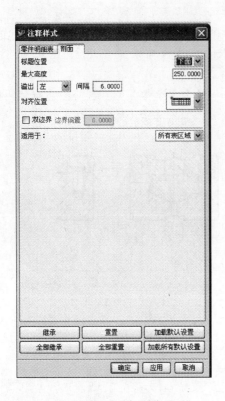

图 6-135 设置标题位置

8	XLXM-13-06	6
7	XLXM-13-07	1
6	XLXM-13-05	1
5	XLXM-13-02	1
4	XLXM-13-08	2
3	XLXM-13-03	1
2	XLXM-13-01	1
1	XLXM-13-04	1
PC NO	PART NAME	QTY

图 6-136 零件明细栏的标题更改在下面

12. 编辑零件明细栏

先用前面讲述的编辑标题栏的方法，将零件明细栏格增加 3 列，并重新设置列宽。各列的宽度分别为“15”、“40”、“35”、“15”、“30”、“40”。然后，填写各列标题为“序号”、“图号”、“零件名称”、“数量”、“材料”和“备注”。完成编辑后的零件明细栏如图 6-137 所示。

8	13-06		6		
7	13-07		1		
6	13-05		1		
5	13-02		1		
4	13-08		2		
3	13-03		1		
2	13-01		1		
1	13-04		1		
序号	图号	零件名称	数量	材料	备注

图 6-137 完成编辑后的零件明细栏

13. 标注零件序号

为了使零件序号能够有序地排列，可以先对每个零件进行序号的标注。例如，将卡爪零件编为序号 1，操作方法如下。

单击“制图注释”工具条的［ID 符号］命令，弹出“ID 符号”对话框。将符号类型选择为"圆",在"上部文本"栏中输入数值"1",如图 6-138 所示。单击"指定指引线"按钮,用鼠标选择卡爪上的某一点,如图 6-139 所示。单击左键确定后,再单击"创建 ID 符号"按钮,会弹出一个随光标移动的 ID 符号。将其拖动至一个合适位置,单击左键确定即可。标注出零件序号 1,如图 6-140 所示。图中序号 1 的指引线为箭头形式,也可将其更改为圆点形式,如图 6-141 所示。

图 6-138　输入序号"1"

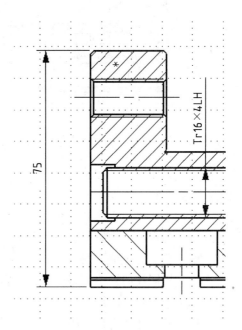

图 6-139　选择卡爪上某一点

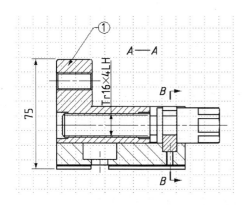

图 6-140　标注出零件序号 1

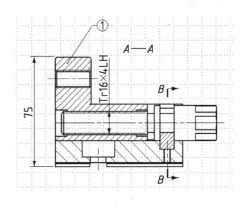

图 6-141　更改指引线形式

用同样的方法,将其余 7 个零件标注序号,并使序号有序地排列。设置各零件的序号,"序号 1"为"卡爪","序号 2"为"螺杆","序号 3"为"基体","序号 4"为"垫铁","序号 5"为"M6×12 螺钉","序号 6"为"后盖板","序号 7"为"前盖板","序号 8"为"M8×16 螺钉"。完成全部零件序号标注的效果如图 6-142 所示。

需要注意的是,当前对零件序号的标注情况与零件明细栏中所反映的序号并不一致,这

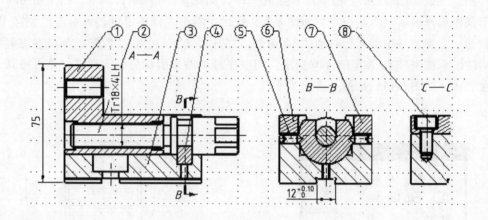

图 6-142　完成全部零件序号标注的效果

是为了保证所标注的序号能够有序地排列，而暂未考虑它们的一致性问题。为了使两者能统一起来，需要在每个零件文件的属性栏中，增加"序号"属性项目，然后，再对零件明细栏进行重新排序。操作方法是，将每个零件文件打开，使用［属性］命令，增添"序号"项目，并将已设定的序号填写进去。例如，打开卡爪零件文件，调用［属性］命令，填写"标题"为"序号"、"值"为"1"，如图 6-143 所示。完成增添"序号"项目后，注意保存零件文件。用同样的方法，将所有零件都增添"序号"项目。

14. 引入零件设计信息

下面要针对零件明细栏中所列的各项目（标题），引入每个零件的设计信息。

首先，引入序号信息。用鼠标选中"序号"表格列，单击鼠标右键，在弹出的快捷菜单上选择［样式］命令，如图 6-144 所示。弹出"注释样式"对话框，如图 6-145 所示。单

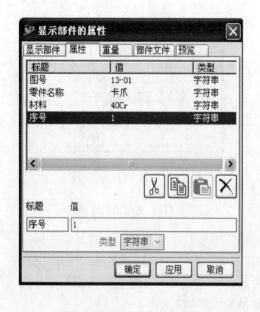

图 6-143　增添"序号"项目

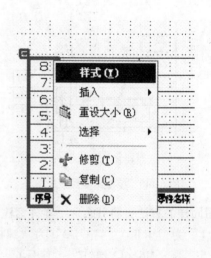

图 6-144　选择［样式］命令

击"属性名"右侧的"属性名称"按钮，出现"属性名"对话框。选择其中的"序号"选项，如图6-146所示。单击该对话框的"确定"按钮，返回到"注释样式"对话框。将上面的"关键字段"打上一个"√"后，单击"确定"按钮，结束注释样式的设置。此时，观察零件明细栏，会发现表中的序号已经被打乱，如图6-147所示。显然，这种情况不符合制图要求，需要将序号由小至大地向上排列。用鼠标选中整个表格，单击鼠标右键，在弹出的快捷菜单上选择其中的［排序］命令，弹出"分类排序"对话框。将第一项"序号"打上一个"√"后（图6-148），单击"确定"按钮，结束分类排序的设置。此时，观察零件明细栏，会发现表中的序号已经由小至大地有序排列，如图6-149所示。

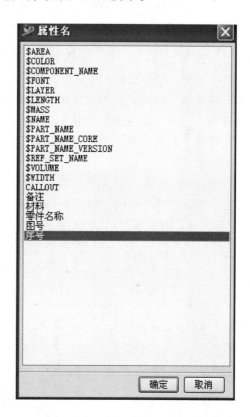

图 6-145　"注释样式"对话框　　　　　图 6-146　选择"序号"选项

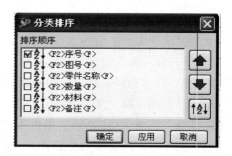

图 6-147　表中序号被打乱　　　　　图 6-148　选中"序号"选项

序号	图号	零件名称	数量	材料	备注
8	13-06		6		
7	13-07		1		
6	13-05		1		
5	13-08		2		
4	13-03		1		
3	13-04		1		
2	13-02		1		
1	13-01				

图 6-149　重新排序的零件明细栏

然后，引入图号信息。用鼠标选中"图号"这一表格列，单击鼠标右键，在弹出的快捷菜单中选择［样式］命令，弹出"注释样式"对话框。单击"属性名"右侧的"属性名称"按钮，出现"属性名"对话框。选择其中的"图号"选项，单击"确定"按钮，返回到"注释样式"对话框。将"关键字段"前面的"√"去掉。单击"确定"按钮，结束注释样式的设置。

再用同样的方法，引入零件名称、材料和备注信息。数量的信息不需要引入操作。最后，完成编辑的零件明细栏如图 6-150 所示。

序号	图号	零件名称	数量	材料	备注
8	13-06	螺钉M8×16	6	Q235	GB/T 70.1—2008
7	13-07	前盖板	1	40Cr	
6	13-05	后盖板	1	40Cr	
5	13-08	螺钉M6×12	2	Q235	GB/T 71—1985
4	13-03	垫铁	1	T8A	
3	13-04	基体	1	40Cr	
2	13-02	螺杆	1	40Cr	
1	13-01	卡爪	1	40Cr	

图 6-150　完成编辑的零件明细栏

15. 填写技术要求

此装配部件要求注明两项技术要求：

1）螺杆在与卡爪组装前涂上甘油。

2）前、后盖板组装时应保持外表面与基体的前后表面对齐。

单击"制图注释"工具条的［注释编辑器］命令，弹出"注释编辑器"对话框和一个无名工具条，如图 6-151 所示。单击工具条的第一个命令图标［注释编辑器］，弹出"注释编辑器"对话框。将文字类型选择为"chinesef"，并在文本框中的两个符号＜F2＞和＜F＞之间，输入要求的中文字符，如图 6-152 所示。完成技术要求的填写后，单击"关闭"按钮，结束输入文本操作。将技术要求字符拖动至合适的位置上，单击鼠标左键确定下来。填写的技术要求如图 6-153 所示。

图 6-151 "注释编辑器"对话框
和无名工具条

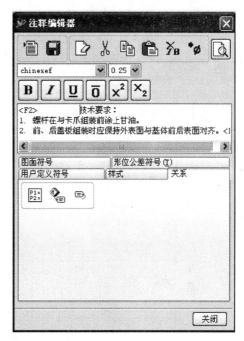

图 6-152 输入技术要求文本

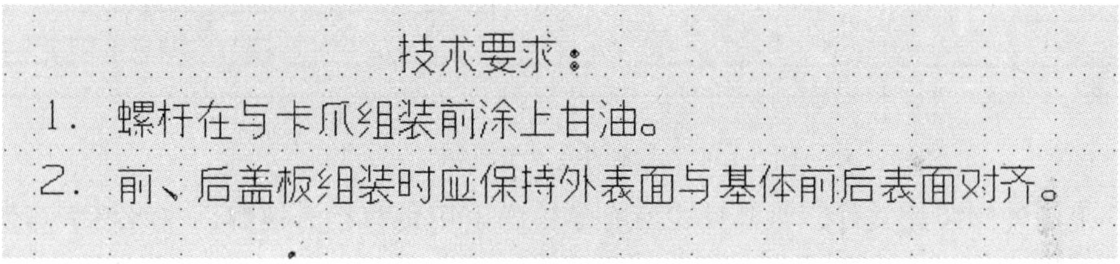

技术要求：
1. 螺杆在与卡爪组装前涂上甘油。
2. 前、后盖板组装时应保持外表面与基体前后表面对齐。

图 6-153 填写的技术要求

16. 绘制图框和引入标题栏

用前面讲述的方法，先将图框绘制出来，再将标题栏模板引入到制图界面上。对本装配工程图标题栏中的某些内容，要进行适当的编辑操作。

17. 图面处理

对图面中的视图、零件编号；零件明细表、技术要求、标题栏等，进行适当的位置调整，使图面整齐、美观。再将图面中的坐标栅格关闭掉。最后，完成的夹紧卡爪部件工程图，如图 6-154 所示。

训练项目 16 手动气阀（装配件）的制图设计

本训练项目要求运用视图布局、全剖视图、总体尺寸和配合尺寸标注、调用和编辑零件明细表等操作命令，完成第五单元训练作业【5-1】手动气阀部件的制图设计，不要求绘制图框和标题栏。此部件中的所有零件设计和部件的组装都已完成。只要求完成制图设计。部件的装配结构，如图 5-189 所示。零件明细栏见表 5-1。

步骤 1 设置图纸参数

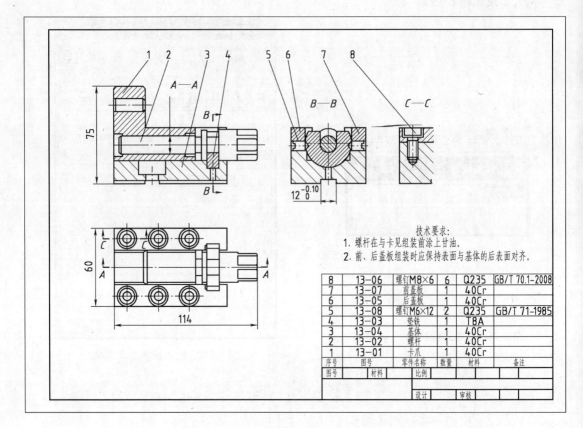

图 6-154　完成的夹紧卡爪部件工程图

打开手动气阀装配文件，将部件中所有零件的引用集替换为模型，并将整个部件中所有的非实体要素隐藏起来。启动"制图"应用模块，进入制图工作界面。设置图纸参数，"图纸"为"A3"、"使用单位"为"毫米"、"投影角度"为"第一象限角度"。

步骤 2　布置基本视图

使用［基本视图］命令，选择基本视图中的［左］视图，设置比例为 1∶1。将其布置在图纸中的适当位置，并根据制图要求补齐视图中的中心线。完成布置的基本视图，如图 6-155 所示。

步骤 3　布置全剖视图

单击"图纸布局"工具条的［剖视图］命令，选择基本视图。将剖切位置选择在部件中轴线上，向左拖动视图，放置在合适的位置上，并补齐中心线。完成布置的全剖视图如图 6-156 所示。

步骤 4　编辑两个视图

将基本视图中的剖切位置向上和向下拉开，将全剖视图中的非剖切零件进行处理，将相邻零件的剖面线方向或间距进行调整。完成编辑的两个视图如图 6-157 所示。

步骤 5　标注总体尺寸和配合尺寸

针对两个视图，先标注出总体尺寸和间隙尺寸；再针对全剖视图标注出气阀杆和气阀体的配合尺寸、两个螺孔尺寸。完成总体尺寸和装配尺寸标注的视图如图 6-158 所示。

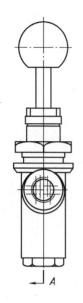

图 6-155　完成布置的基本视图

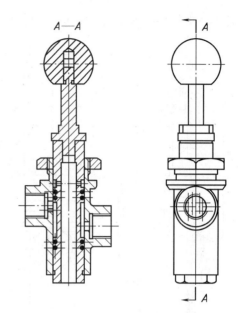

图 6-156　完成布置的全剖视图

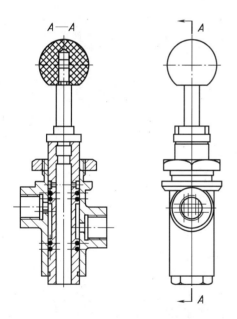

图 6-157　完成编辑的两个视图

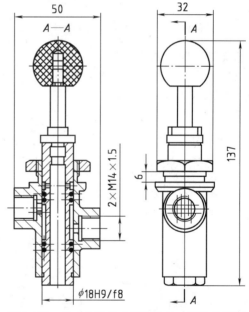

图 6-158　完成总体尺寸和配合尺寸标注的视图

步骤 6　标注零件序号

用手工方式对部件中的所有零件进行编号。由上至下依次使用［ID 符号］命令标注各零件的序号，并将序号的指引线由箭头形式更改为圆点形式。完成零件序号标注的视图如图 5-159 所示。

步骤 7　编辑零件明细栏

从导航器中，将以前保存的零件明细栏模板拖动到制图界面中。观察这个明细栏，会发现与已完成的零件序号并不一致。用前面讲述的方法，重新引用序号属性，并进行排序处

298

理。完成编辑的零件明细栏如图 5-160 所示。

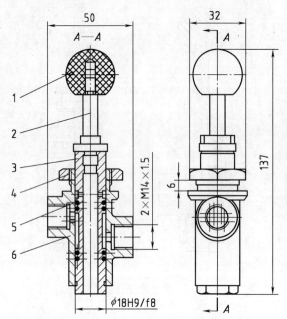

图 6-159　完成零件序号标注的视图

6	ZY-01-06	气阀体	黄铜	1	
5	ZY-01-05	密封圈	橡胶	4	
4	ZY-01-04	螺母	45	1	
3	ZY-01-03	气阀杆	40Cr	1	
2	ZY-01-02	芯杆	45	1	
1	ZY-01-01	手柄球	塑料	1	
序号	图号	零件名称	材料	数量	备注

图 6-160　完成编辑的零件明细栏

步骤 8　图面处理

调整各个视图和零件明细栏的位置，使整个图样页面协调、美观。最后完成的手动气阀部件工程图如图 5-161 所示。

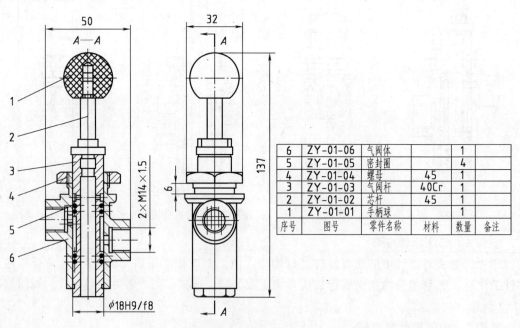

6	ZY-01-06	气阀体		1	
5	ZY-01-05	密封圈		4	
4	ZY-01-04	螺母	45	1	
3	ZY-01-03	气阀杆	40Cr	1	
2	ZY-01-02	芯杆	45	1	
1	ZY-01-01	手柄球		1	
序号	图号	零件名称	材料	数量	备注

图 6-161　最后完成的手动气阀部件工程图

知 识 梳 理

1. UG 的制图应用模块，主要用于将已完成设计的实体零部件转换为工程图的表达形式。制图模块所创建的工程图，是通过投影三维实体模型所得到的。它与建模模块是密切关联的。任何实体模型的修改操作，都会引起工程图的相应变化。因此，当发现零部件工程图中某些结构或尺寸有误时，只能通过编辑实体零部件模型进行修正。

2. 进入制图设计时，首先要设置一系列的制图参数，如图纸页面、制图样式、注释、剖切线、视图标签、工作界面的可视化等选项和参数。有些参数是必须要重新设置的，如使用单位、投影角度、剖切线样式、剖面符号和螺纹标准等，要让这些参数符合中国的技术标准；有些参数可以根据图面整齐和美观的需要，视具体情况自行设置，如文本格式、字体和符号的大小、尺寸和角度的表达方式等。

3. 视图的布局可根据零部件的复杂程度、结构特点和设计要求来确定。无论要布置哪种类型的视图，都需要首先布置基本视图，再由基本视图创建其他视图。布置其他视图时，要注意与基本视图的关联性。当需要调整某个视图的制图比例时，一般都需要将与其关联的视图比例作相应的调整。任何剖视图的剖切方式都不能修改，只能将其删除，重新选择剖切类型，布置所需的剖视图。

4. 重视所有视图中心线的编辑操作。通常，视图中的中心线会自动生成，但时常出现遗漏和不规范的情况，应当全部补齐和加以修正。有时某些中心线可能是尺寸标注的基准。经常用到的中心线有圆或圆弧十字中心线、回转体轴线、圆周布局的螺栓孔分圆线和矩形体对称中心线等。

5. 制图设计中要完成全部技术标注，不能有遗漏。技术标注类型有：尺寸及公差标注、几何公差标注、表面粗糙度标注和文字说明标注。

尺寸及公差标注有：长度、回转体、角度、圆直径、圆弧半径、螺纹和倒角等。

几何公差标注有：平行度公差、同轴度公差、垂直度公差、圆柱度公差等。

表面粗糙度标注有：加工表面、非加工表面、特殊处理表面等。

文字说明标注有：圆角半径、倒角边长、表面处理方法和操作要求等。

6. 重视零部件设计信息的录入。完整的制图设计，要求包含零件名称、图号、材料、数量、比例、设计者和设计日期等。这些信息有些反映在图样的标题栏内，有些反映在零件明细栏中。缺少必要的设计信息就不能成为生产所用的工艺文件。

训 练 作 业

用所学的制图知识和操作命令，完成下面训练作业项目的制图设计。

【6-1】 双轴卡座（零件），如第 1 单元图 1-86 所示。

【6-2】 托脚支架（零件），如第 1 单元图 1-103 所示。

【6-3】 螺旋千斤顶（部件），如第 5 单元图 5-200 所示。

【6-4】 真空阀（部件），如第 5 单元图 5-1 所示。

参 考 文 献

[1] 姚民雄.机械制图［M］.北京：电子工业出版社，2009.

[2] 姜永武.UG 典型案例造型设计［M］.北京：电子工业出版社，2009.

[3] 张士军.UG 设计与加工［M］.北京：机械工业出版社，2009.

[4] 张士军.典型运动机构仿真设计［M］.北京：机械工业出版社，2011.

[5] 吴拓.现代机床夹具典型结构图册［M］.北京：化学工业出版社，2011.

[6] 孟宪栋.机床夹具图册［M］.北京：机械工业出版社，2010.

[7] 李澄.机械制图习题集［M］.2 版.北京：高等教育出版社，2003.

[8] 钱可强.机械制图习题集［M］.6 版.北京：高等教育出版社，2010.